国家社会科学基金项目“污染型邻避设施规划建设中的公众参与机制研究”(15CGL051)研究成果

污染型邻避设施规划建设中的公众参与机制研究

晏永刚　著

科学出版社

北　京

内 容 简 介

污染型邻避设施规划建设中的公众参与机制研究是一项全新而又复杂的研究课题，已成为国内外政府、学术界和产业界共同关注的热点问题。本书综合运用管理学、经济学、社会学、统计学和系统工程等相关理论，紧扣污染型邻避设施规划建设中公众参与机制的构建，从影响因素识别、行为意向模型构建、行为演化博弈分析、有效性研究，到政策机制设计、构建与运行层面，搭建了公众参与的“理念–理论–方法–机制”的框架体系与实践操作途径。本书不仅从理论层面构建了公众参与行为原则、行为要求和行为过程的理论框架，而且从实践操作层面提供了公众参与的行动指南，有助于推进污染型邻避设施规划建设的科学化和民主化，推动污染型邻避设施项目的可持续发展。

本书既可以作为高校公共管理、管理科学与工程等相关专业本科生和研究生专业课程的辅助教材，又可以作为相关行业规划、建设主管部门制定项目发展规划和实施政策时的参考书。

图书在版编目(CIP)数据

污染型邻避设施规划建设中的公众参与机制研究/晏永刚著. —北京：科学出版社，2020.4

ISBN 978-7-03-064683-5

Ⅰ.①污… Ⅱ.①晏… Ⅲ.①环境污染–基础设施建设–公民–参与管理–研究 Ⅳ.①X799.1

中国版本图书馆CIP数据核字（2020）第044304号

责任编辑：韩卫军 / 责任校对：彭 映
责任印制：罗 科 / 封面设计：墨创文化

科学出版社出版
北京东黄城根北街16号
邮政编码：100717
http://www.sciencep.com

成都锦瑞印刷有限责任公司印刷
科学出版社发行 各地新华书店经销
*
2020年4月第 一 版 开本：787×1092 1/16
2020年4月第一次印刷 印张：12
字数：280 000

定价：98.00元
（如有印装质量问题，我社负责调换）

前言

科学民主决策、公众参与先行。当前，公众参与已从城市规划、旧城改造、环境保护领域进入石油化工、核电设施、垃圾处理、交通市政等领域。公众参与在我国城市规划、土地规划和环境评价等领域起步较早，但污染型邻避设施规划建设中的公众参与研究仍停留在倡导理念研究阶段，不仅缺乏规范的理论分析与实证研究，而且尚未形成统一、成熟的操作模式和政策机制。因此，科学、合理、有效的顶层公众参与机制设计，无论对当前学术界开展公共政策研究，还是对各级政府有关职能部门开展公共管理政策制定，都迫在眉睫而且至关重要。

污染型邻避设施是指对一定区域整体上存在某种公众效应，在生产或运营过程中可能产生污染，因具有潜在危险性或污染性导致民众反对设立的邻避设施。污染型邻避设施所具有的环境负外部性和成本效益不对称性，导致其规划建设往往遭到周边居民的抵制甚至引发激烈的冲突。随着我国工业化和城镇化进程的逐渐推进，以及公众法治和环保意识深入人心，因污染型邻避设施建设引发的冲突亦逐渐增多。污染型邻避设施的规划建设不仅需要建立在区域经济、社会、人口、资源和环境相互协调发展的基础上，其“公平性”“持续性”和“共同性”亦要求公众积极参与。

相较国外发达国家，我国公众参与制度起步较晚，相关法律法规、制度规范、工作方法等仍需完善，公众参与意识和参与程度仍有待加强。目前，学术界缺乏对公众参与邻避设施的模式、体制和策略的深入研究，对邻避设施公众参与的主体、范围和方式等许多层面没有明确定论，缺乏对公众参与行为选择的系统性研究，对完善公众参与邻避设施规划建设的机制和政策缺乏系统、科学的设计。在公众参与的有关文献中，研究仅限于邻避设施项目公众参与的必要性探讨及有关制度讨论等定性层面，而针对污染型邻避设施规划建设中的公众参与研究更是鲜见。鉴于此，本书立足于污染型邻避设施规划建设中的公众参与问题，以邻避设施中最为常见的、邻避效应最高的一种类型(污染型邻避设施)为研究对象，以公众参与机制为切入点，深入探讨我国污染型邻避设施项目公众参与现状、影响因素、行为选择及参与机制问题。研究成果不仅有助于整合邻避设施规划建设中公众参与的相关理论，有利于丰富和发展邻避设施公众参与的理论体系，而且有助于破解邻避设施规划建设中面临的难题，减少因邻避设施规划建设不当而引发的邻避冲突及群体性事件的发生，从而有利于各级政府部门(如环保、统计、发改、规划建设等部门)优化管理决策、降低社会稳定风险，进而为地方政府、项目企业、公众参与集合体等主体联合推进污染型邻避设施公众参与工作起到重要的政策支持和实践参考作用。

本书旨在分析污染型邻避设施规划建设中公众参与的行为框架，识别公众参与的关键影响因素，构建公众参与行为选择的概念模型，建立公众参与行为的博弈模型，设计公众参与的机制和政策，以期为污染型邻避设施项目的规划建设提供理论依据和决策参考。为确保研究目标的顺利实现，本书遵循“提出问题→文献研究→理论探索→公众参与现状及关键影响因素分析→行为意向模型构建→演化博弈模型构建→公众参与有效性评价→公众参与机制设计”的逻辑思路，综合运用经济学、管理学、社会学、统计学及系统工程的基本原理，基于利益相关者理论、计划行为理论、扎根理论、演化博弈理论、结构方程模型、云模型理论、机制设计理论，采取定性分析和定量分析相结合、理论分析和实证研究相结合、系统科学和行为科学相结合的集成研究方法，全面深入展开污染型邻避设施规划建设中的公众参与机制研究，并力图实现研究视角创新、研究思维创新、研究方法创新和政策机制创新。本书研究的主要成果和创新之处主要包括五个方面。

(1) 本书分析了污染型邻避设施规划建设中公众参与的总体现状，识别了污染型邻避设施规划建设中的关键影响因素。通过归纳分析污染型邻避设施规划建设中公众参与的现状，发现当前公众参与的现实困境主要包括五个方面：公众参与的法律制度不健全、公众参与的意识不强、公众参与的主体能力不足、公众参与的渠道单一、公众参与的时间和阶段滞后。通过运用文献研究法和专家咨询法，从公众参与主体、参与过程特征、环境特征和项目决策层面，初步识别污染型邻避设施规划建设过程中的公众参与影响因素(建立了含有 29 个因素的公众参与影响因素清单)。在此基础上，通过问卷调查和量表项目分析对公众参与影响因素进行了探索性因子分析，并基于主成分分析法和结构方程模型进行了验证性因子分析，最终得到关于外部环境、社会主体、项目决策和参与过程四个维度的 21 个关键影响因素。因素分析结果表明：①外部环境、公众参与社会主体、公众参与过程和项目决策均与污染型邻避设施规划建设中的公众参与存在正向相关关系，且效果显著；②在路径系数方面，污染型邻避设施规划建设中的公众参与受到外部环境、公众参与社会主体、项目决策和公众参与过程的共同影响，影响程度依次为外部环境>公众参与社会主体>项目决策>公众参与过程。根据影响因素识别的最终结果，本书分别从外部环境等四个层面做出相应的因素理论诠释，并从公众参与的制度化、公众参与主体的多元化和公众参与过程的常态化三个层面提出相应的模型启示及对策建议。

(2) 本书构建了基于计划行为理论(theory of planned behavior，TPB)的污染型邻避设施规划建设中的公众参与行为意向模型。以公众参与主体为研究对象，从公众个体内部视角引入对公众参与个体意愿有较强解释力的计划行为理论，构建污染型邻避设施规划建设中的公众参与行为意向模型。通过问卷调查、数据收集及数据检验等方式，深入分析影响我国污染型邻避设施规划建设中的公众参与行为意向的主要因素。行为意向分析结果表明：①行为态度、主观规范和知觉行为控制的路径系数分别为 0.532、0.231 和 0.303，具体表现为行为态度的影响程度最大，其次是知觉行为控制，主观规范的影响程度最小；②公众参与的行为态度受利益因素、社会责任和知觉行为控制的显著正向影响，路径系数分别为 0.763、0.221 和 0.271，但不受主观规范的影响；③公众参与的自我效能和保障条件对知觉行为控制有显著正向影响，路径系数分别为 0.267 和 0.636；④信任感对行为意向产生了显著负向作用，而风险感知对行为意向产生了显著正向作用，路径系数分别为-0.349 和 0.207。最后，根据行为意向分析结果分别从积极引导公众参与的正向态度、转变公众参与意识、从被动参与转向主动参与等层面提出了模型启示及有关政策建议。

(3) 本书构建了污染型邻避设施规划建设中公众参与行为的演化博弈分析模型。污染型邻避设施规划建设中的公众参与主体行为呈现出动态行为的特征。本书基于公众参与行为主体的视角，在演化博弈主体基本假设分析的基础上，分别构建了公众内部、政府与投资企业、投资企业与公众的演化博弈模型，并对不同情形下各博弈模型的稳定性展开分析，进而基于系统演化理论分析了污染型邻避设施规划建设中的公众参与的演化规律。演化博弈分析结果表明：①当公众因参与获得的增量效益大于部分公众参与付出的成本时，公众会以一定的概率选择参与，且全部参与的成本越低，公众选择参与策略的概率越高；当公众参与获得的增量效益小于部分公众参与付出的成本时，公众的行为会受参与获得的增量效益影响；②在政府与投资企业的演化博弈分析中，投资企业考虑公众利益诉求的概率与政府的监管成本成反比，而政府监管的概率与投资企业考虑公众利益诉求的成本成正比；③在公众与投资企业的演化博弈分析中，当公众参与获得的收益大于不参与获得的收益且投资企业考虑公众利益诉求获得的收益大于不考虑公众利益诉求获得的收益时，系统演化博弈具有唯一稳定策略(参与，考虑公众利益诉求)，即公众选择参与策略、投资企业选择考虑公众利益诉求策略。根据公众、政府、投资企业三者的演化博弈分析结果，以引导公众积极参与和投资企业配合公众参与实施为目标，分别从政府、公众及投资企业角度提出了相应的策略建议。

(4) 本书构建了污染型邻避设施公众参与有效性的评价体系。通过后验性评价的方式对污染型邻避设施规划建设中公众参与有效性做出评价，有助于从公众参与预期效果反馈的视角揭示影响公众参与效果的制约性要素，探索提升公众参与效果的关键性指标。因而本书综合运用文献计量分析法、专家咨询法初步识别了公众参与有效性的表征要素，进而运用主成分分析法识别出参与主体、参与过程、参与结果和参与环境四个隐变量。根据识别的表征指标和隐变量，以公众参与的有效性为总体目标层，以 4 个隐变量为系统准则层，以 17 项表征指标为基本指标层，建立污染型邻避设施规划建设中公众参与有效性评价指标体系，并对指标加以信度和效度检验。在此基础上，鉴于污染型邻避设施公众参与有效性评价的模糊性和随机性特征，考虑到公众参与有效性评价的定量分析和客观评价的需求，按照“组合评价”的研究思路，构建基于云模型和灰色关联分析法的污染型邻避设施公众参与有效性评价的 CM-GRA 集成模型及具体算法。而后，以山西省某市垃圾焚烧发电厂项目为例，通过问卷调查采集该项目规划建设中的公众参与相关数据，并加以实例分析，使之具有较强的实践运用价值。实例分析结果表明该项目规划建设中的公众参与的有效性一般，并根据公众参与有效性的评价结果提出了相应的模型启示。

(5) 本书设计了污染型邻避设施规划建设中的公众参与机制框架及政策机制。污染型邻避设施规划建设中的公众参与机制设计，不仅是污染型邻避设施科学化和民主化决策的重要内容，也是确保污染型邻避设施项目可持续规划和建设运营的重要前提，同时也是本书研究的出发点和着力点。本书按照“模型启示结果运用→比较分析→机制设计”的逻辑思路，首先，从公众参与机制立法保障、公众参与具体途径和参与模式等三个层面，对典型发达国家(美国、加拿大、英国、德国)污染型邻避设施公众参与制度展开全面比较分析，并形成有关比较启示。接着，在前述有关污染型邻避设施规划建设中公众参与理论阐释和模型分析的基础上，尝试理论发散与制度安排，并按照“自上而下”与“自下而上”相结合的思维原则，设计了政府、投资企业、公众“互动”的污染型邻避设施项目的“正向参与+逆向参与”公众参与机制框架。该公众参与机制框架详细界定了公众参与阶段、参与目标、参与主体、参与客体、参与主体职责、参与环境、参与方式、参与程序、参与途径等内容。然后，运用机制设计理论，基于参与主体内部及主体外部对公众参与不同的作用关系，按照“主体意识—主体能力—外部环境”的逻辑维度，采取政策机制设计内在动力与外部推力相结合的总体思路，分别从参与意识、参与能力、参与环境、参与途径、参与意见的吸收和结果反馈、参与时间节点、经济激励及培育鼓励环保非政府组织（Non-Governmental Organization，NGO）八个层面，综合设计污染型邻避设施规划建设中公众参与的政策机制，从而为污染型邻避设施规划建设中公众参与工作的有序推进和有效运行提供重要的政策支持和实践参考。

总之，本书基于系统与非系统相结合的思维视角，运用定性分析与定量分析相结合的方法，采取理论规范分析与案例实证研究相结合的范式，采用多学科理论深入探究污染型邻避设施规划建设中公众参与的作用机理、行为选择及政策机制，基于“自上而下”与“自下而上”相结合的逻辑思路，设计搭建公众参与的“理念→理论→方法→机制”知识平台。研究成果不仅从理论层面建构公众参与行为原则、行为要求和行为过程框架，而且亦从实践操作层面提供了公众参与的行动指南，从而有助于推进污染型邻避设施规划建设的科学化和民主化，推动污染型邻避设施项目的可持续发展。

笔者在攻读博士学位及在高校任教期间，长期关注并致力于公众参与制度与区域经济、项目管理和可持续建设管理领域中所面临的热点、难点问题的交叉融合研究，并于2015 年 6 月成功申报立项国家社会科学基金项目“污染型邻避设施规划建设中的公众参与机制研究”（15CGL051）。在获批立项国家项目的喜悦之余，笔者内心感受更多的是压力，这种压力主要源自两点：①该项目是笔者担任高校教师以来获批的第一个国家级研究项目，内心难免诚惶诚恐；②此前笔者了解到国家社会科学基金项目申报立项艰难，能够顺利通过鉴定并结项更是难上加难。笔者虽感学术研究之路艰辛，项目研究压力颇大，但坚信在学术研究的道路上，只要不懈努力和勤奋付出就一定会有收获。经过三载的刻苦钻研和辛勤付出，笔者主持的国家社会科学基金项目于 2018 年 7 月以良好成绩顺利通过鉴定并结项。借此，笔者衷心希望本书的出版不仅能为我国各级经济管理职能部门制定科学的项目发展规划和政策建议提供有益的理论依据及决策参考，而且能为后续邻避设施公众参与问题的进一步深入研究起到抛砖引玉的作用。

本书的出版得到了国家社会科学基金项目“污染型邻避设施规划建设中的公众参与机制研究”和重庆交通大学管理科学与工程学科经费的资助。本书内容源于笔者主持的国家社会科学基金项目的研究成果，研究成果得到了五位评审鉴定专家的高度评价和一致认可。同行专家一致认为研究成果综合运用管理学、经济学、社会学、统计学和系统工程等相关理论，紧扣污染型邻避设施规划建设中的公众参与机制的构建，从影响因素识别、行为意向模型构建、行为演化博弈分析、有效性研究，到政策机制设计、构建与运行层面，搭建了公众参与的“理念-理论-方法-机制”的框架体系与实践操作途径，研究成果在思维、视角、方法和机制等方面取得了较好的创新，圆满地完成了既定的课题研究任务，研究成果学术价值与应用价值较好。结合同行专家的鉴定意见，笔者继续对研究成果进行完善，形成最终书稿。在本书即将出版之际，笔者要感谢项目组的邢青松副教授、刘蓉博士、赖雄传博士和廖玉娟博士，还要感谢重庆交通大学经济与管理学院的张坤浩、唐小鸿、姚秋霞、张骞、费倩儒、钟思捷、赵学佼、娄沪鑫、宋宸宇等硕士研究生，他们参与完成了部分章节的撰写工作，同时感谢为笔者主持的国家社会科学基金项目在开题论证、调研咨询、模型构建、机制设计和成果鉴定过程中提供帮助及建议的相关专家和老师。

目　　录

第1章　绪论 ······ 1
1.1　研究背景及意义 ······ 1
1.1.1　研究背景 ······ 1
1.1.2　研究意义 ······ 3
1.2　文献综述 ······ 4
1.2.1　国外文献综述 ······ 4
1.2.2　国内文献综述 ······ 7
1.2.3　文献述评 ······ 11
1.3　研究目标及重点 ······ 12
1.3.1　研究目标 ······ 12
1.3.2　主要研究内容 ······ 12
1.3.3　研究重点 ······ 13
1.4　研究方法及研究技术路线 ······ 13
1.4.1　研究方法 ······ 13
1.4.2　技术路线 ······ 14
1.5　研究对象概念界定 ······ 15
1.5.1　邻避设施 ······ 15
1.5.2　污染型邻避设施 ······ 16
1.5.3　公众参与 ······ 16
1.5.4　污染型邻避设施公众参与 ······ 17
1.5.5　公众参与机制 ······ 17
1.6　研究创新点 ······ 17
1.7　本章小结 ······ 19
第2章　理论基础分析 ······ 20
2.1　公众参与阶梯理论 ······ 20
2.1.1　公众参与阶梯理论概述 ······ 20
2.1.2　公众参与阶梯理论对本研究的启示 ······ 22
2.2　公众参与污染型邻避设施的依据 ······ 23
2.2.1　公众参与污染型邻避设施的思想基础 ······ 23
2.2.2　公众参与污染型邻避设施的规范基础 ······ 24
2.2.3　公众参与污染型邻避设施的法律依据 ······ 24
2.3　利益相关者理论 ······ 25

2.3.1 利益相关者理论概述 …… 25
2.3.2 利益相关者的定义 …… 26
2.3.3 利益相关者理论对本研究的启示 …… 27
2.4 社会稳定风险评估 …… 28
2.4.1 社会稳定风险评估的定义及程序 …… 28
2.4.2 对污染型邻避设施开展社会稳定风险评估的意义 …… 29
2.5 扎根理论 …… 29
2.5.1 扎根理论概述 …… 29
2.5.2 扎根理论对本研究的启示 …… 30
2.6 演化博弈论 …… 30
2.6.1 演化博弈论概述 …… 30
2.6.2 演化博弈论基本理论及模型求解 …… 31
2.6.3 演化博弈论对本研究的启示 …… 33
2.7 本章小结 …… 34
第3章 污染型邻避设施规划建设中公众参与的现状分析及关键影响因素识别 …… 35
3.1 引言 …… 35
3.2 污染型邻避设施规划建设中公众参与的现状分析 …… 35
3.3 污染型邻避设施规划建设中公众参与的关键影响因素识别 …… 37
3.3.1 影响因素识别方法选择 …… 37
3.3.2 公众参与影响因素清单 …… 38
3.4 数据收集 …… 39
3.4.1 数据来源 …… 39
3.4.2 样本特征分析 …… 40
3.5 量表项目分析 …… 42
3.5.1 数据核验 …… 42
3.5.2 同质性检验 …… 43
3.6 探索性因素分析 …… 46
3.6.1 共同因素抽取 …… 46
3.6.2 信度与效度的再检验 …… 47
3.7 基于结构方程模型的公众参与关键影响因素分析 …… 48
3.7.1 研究方法 …… 48
3.7.2 研究假设 …… 50
3.7.3 模型构建及修正 …… 51
3.7.4 模型结果分析 …… 55
3.8 因素诠释及模型启示 …… 57
3.8.1 因素诠释 …… 57
3.8.2 模型启示 …… 58
3.9 本章小结 …… 58

第 4 章　污染型邻避设施规划建设中公众参与的行为意向分析 ……59
4.1　引言 ……59
4.2　污染型邻避设施规划建设中公众参与行为意向的影响因素分析 ……59
4.2.1　行为态度、主观规范和知觉行为控制 ……60
4.2.2　信任感和风险感知 ……61
4.3　基于 TPB 的污染型邻避设施规划建设中公众参与行为意向模型构建 ……61
4.3.1　研究假设 ……61
4.3.2　模型构建 ……62
4.4　研究设计 ……62
4.4.1　问卷设计 ……62
4.4.2　数据收集及样本分析 ……64
4.5　数据检验与结果分析 ……65
4.5.1　信度与效度检验 ……65
4.5.2　模型拟合检验 ……67
4.5.3　假设检验和结果分析 ……68
4.6　模型启示 ……70
4.7　本章小结 ……72
第 5 章　污染型邻避设施规划建设中公众参与行为的演化博弈分析 ……73
5.1　引言 ……73
5.2　污染型邻避设施规划建设中公众内部行为的演化博弈分析 ……74
5.2.1　公众内部行为的演化博弈分析基本假设 ……75
5.2.2　公众内部行为的演化博弈模型构建 ……75
5.2.3　公众内部行为的演化博弈模型稳定性分析 ……75
5.3　污染型邻避设施规划建设中政府与投资企业的演化博弈分析 ……76
5.3.1　政府与投资企业的演化博弈分析基本假设 ……77
5.3.2　政府与投资企业的演化博弈模型 ……77
5.3.3　政府与投资企业的演化博弈模型稳定性分析 ……78
5.4　污染型邻避设施规划建设中公众与投资企业的演化博弈分析 ……83
5.4.1　公众与投资企业的演化博弈分析基本假设 ……84
5.4.2　公众与投资企业的演化博弈模型 ……84
5.4.3　公众与投资企业的演化博弈模型稳定性分析 ……85
5.5　模型启示 ……93
5.5.1　积极引导公众参与 ……93
5.5.2　提升政府监管力度 ……94
5.5.3　引导投资企业积极配合提升公众参与 ……94
5.6　本章小结 ……94
第 6 章　污染型邻避设施公众参与有效性评价体系构建 ……95
6.1　引言 ……95

6.2 污染型邻避设施公众参与有效性评价指标体系的建立…………95
6.2.1 公众参与有效性表征指标的识别…………96
6.2.2 公众参与有效性表征指标的主观性调查…………99
6.2.3 公众参与有效性评价指标体系建立…………105
6.3 污染型邻避设施规划建设中公众参与有效性评价的CM-GRA集成模型的构建·106
6.3.1 云模型基本理论…………106
6.3.2 灰色关联分析法…………108
6.3.3 公众参与有效性评价CM-GRA集成模型构建…………111
6.4 案例研究：以山西省某市垃圾焚烧发电厂项目为例…………114
6.4.1 项目概况…………114
6.4.2 山西省某市垃圾焚烧发电厂项目公众参与情况…………115
6.4.3 山西省某市垃圾焚烧发电厂项目公众参与的有效性评价…………116
6.5 模型启示…………121
6.5.1 参与主体结构配置不尽合理、参与主体能力建设有待完善…………121
6.5.2 公众参与程度低、公众参与形式有待优化…………122
6.5.3 公众意见的重视程度不足、公众参与结果反馈有待强化…………122
6.5.4 公众参与支撑体系落后、相关法律制度亟待完善…………123
6.6 本章小结…………123
第7章 污染型邻避设施规划建设中的公众参与机制设计…………124
7.1 典型发达国家污染型邻避设施公众参与机制的比较分析…………124
7.1.1 典型发达国家邻避设施公众参与法律制度比较…………124
7.1.2 典型发达国家邻避设施公众参与途径比较…………127
7.1.3 典型发达国家邻避设施公众参与模式比较…………129
7.1.4 典型发达国家邻避设施公众参与案例研究的启示…………130
7.2 污染型邻避设施规划建设中的公众参与机制框架设计…………131
7.2.1 公众参与阶段划分…………133
7.2.2 公众参与目标确定…………134
7.2.3 公众参与主体界定…………134
7.2.4 公众参与客体界定…………135
7.2.5 公众参与主体职责确定…………136
7.2.6 公众参与环境确定…………137
7.2.7 公众参与方式：基于“自上而下”与“自下而上”相结合的互动式参与方式…………138
7.2.8 公众参与程序设计…………139
7.2.9 公众参与途径选择的二维矩阵构建…………143
7.3 污染型邻避设施规划建设中公众参与的政策机制…………146
7.3.1 培育和提高公众参与意识的政策机制…………146
7.3.2 提高公众参与能力的政策机制…………147

7.3.3 完善公众参与外部环境的政策机制 …… 148
7.3.4 拓宽多样化公众参与途径的政策机制 …… 149
7.3.5 改进公众参与意见吸收及结果反馈的政策机制 …… 150
7.3.6 前置公众参与时间节点和延长公众参与时间的政策机制 …… 151
7.3.7 建立引导公众参与经济激励的政策机制 …… 151
7.3.8 培育鼓励环保NGO公众参与的政策机制 …… 152
7.4 本章小结 …… 153
第8章 研究结论及展望 …… 154
8.1 研究结论 …… 154
8.2 研究展望 …… 156
参考文献 …… 158
附录A 污染型邻避设施规划建设过程中公众参与的关键影响因素调查问卷 …… 164
附录B 污染型邻避设施规划建设中公众参与行为意向的影响因素调查问卷 …… 168
附录C 污染型邻避设施规划建设中公众参与有效性的表征指标调查问卷 …… 171
附录D 山西省某市垃圾焚烧发电厂项目公众参与有效性调查问卷 …… 174

第1章　绪　　论

1.1　研究背景及意义

1.1.1　研究背景

1.1.1.1　现实背景

随着我国产业结构的调整和第三产业的快速发展，大量农村人口涌入城市，城镇人口规模逐年扩大。根据我国城镇化率的历年统计数据可以发现，2011 年我国城镇化率突破 50%，至 2016 年达到 57.35%，我国城镇化进程开始进入加速阶段(住房和城乡建设部，2016)。与此同时，根据住房和城乡建设部发布的《2016 年城乡建设统计公报》可以发现，2010～2016 年城镇建设面积与城镇人口之间的增长幅度出现明显落差(国家统计局，2016)。通过分析上述两组统计数据可知，目前我国城镇化率增长的速度已经超过了城镇建设的速度，有限的城市空间将要承载更多的人口。而城镇化进程的快速推进以及如此庞大的城镇人口数量，必然产生对基于满足城市正常运行和居民生活便利性的一系列公共设施的大量需求。在公共设施的兴建过程中，部分项目在促进国民经济发展和社会进步的同时，日益凸显出其环境负外部性、成本效益不对称性和对社会安全的威胁性，如包括垃圾填埋场、发电厂、化工厂等在内的邻避设施。由于邻避设施对一定区域整体上存在某种公众效应，在生产和运营过程中可能产生污染或存在潜在危险，所以邻避设施的规划建设往往遭到周边居民的极大抵制甚至引发激烈的邻避冲突。频发的邻避冲突激发了邻避危机这一城镇化进程中的衍生物和副产品，成为当前社会公共危机的主要表现形式，邻避危机的治理迫在眉睫。

究其根本，解决污染型邻避危机的关键在于解决环境问题和安全问题。据悉，我国的环境群体性事件曾达到年均 29%的增速，重大环境群体性事件的增速多次超过 100%，其中垃圾处理厂、垃圾焚烧发电厂等项目引发的群体性事件频次较多(刘明燕，2012)。引发群体性事件的原因一方面是邻避设施具有潜在的污染性，容易激发民众的敏感情绪，产生冲突事件；另一方面是我国在垃圾处理厂、垃圾焚烧发电厂等项目的运营过程中缺乏监管，空气污染、水污染等问题时常发生，引起公众不满，爆发邻避冲突事件。这些群体性事件标志着我国公民权利意识和环境意识的觉醒，公众越来越积极地参与到公共事务决策中，对公共事务决策的合理性提出质疑。与此同时，通过早期的对比研究发现，在污染型邻避设施规划建设过程中，引导公众参与该设施的选址决策，能够避免公众的强烈抵制。因此，污染型邻避设施这一涉及广大民众利益的公共决策项目，不仅需要建立在区域经济、社会、人口、资源和环境相互协调发展的基础上，其“公平性”“持续性”“共同性”更要求公众积极有效地参与。

从本质上讲，公众参与是现代社会公民的一项基本权利，体现了公平合理的基本准则，是现代公民的重要责任。推动公众依法有序参与，既是党和国家的明确要求，也是加快转变经济社会发展方式和全面深化改革步伐的客观需求。污染型邻避设施规划建设中引入公众参与有助于消除规划建设的社会负面效应，缓解其建设发展与公众意愿之间的矛盾，是尊重居民基本权利，促使项目达到政府、企业及社会公众等多方共赢局面，从源头上防止邻避冲突发生的重要力量。目前公众参与在我国仍处于初级阶段，相关政策及法律不完善导致公众参与的诉求得不到有效回应，公众参与水平严重不足。因此，污染型邻避设施规划建设中的公众参与机制亟待进一步完善。

1.1.1.2　理论背景

关于邻避设施问题的相关研究，自 2012 年开始学术界对其的关注呈攀升态势，相关论文数量增长迅速。污染型邻避设施具有的环境负外部性和成本效益不对称性已经让公众对其产生畏惧和排斥心理，加之政府在面对邻避设施的规划建设决策时多选择“自上而下”(决策—宣布—辩护)的模式，导致政府在公众面前的公信力降低。随着我国经济的快速发展，公众维权意识、法治意识及环境保护意识不断提高，公众希望通过采取一些行动来维护自身合法权益。公众的行动无疑给政府带来极大的困扰，因此政府需要找到合适的方法来解决这种矛盾，维护社会的稳定。

污染型邻避设施的规划建设活动不仅需要确保经济、社会、资源及环境等协调发展，亦需要积极引入行之有效且能够有效体现公众利益诉求的公众参与程序及公众参与制度。公众作为污染型邻避设施的关键利益相关者，对此类设施的规划建设有知情权、决策权及参与权。国外学者通过调查美国各州的危险废物处理设施选址的方案和影响选址的因素，指出公众参与在一定程度上将决定选址是否成功(Ibitayo et al.，1999)。公众参与是推进建设社会主义和谐社会、实现决策科学化与民主化的重要途径，公众参与制度的制定与完善能够适当缓解当前的邻避冲突现状。

公众参与污染型邻避设施规划建设在我国还处于萌芽阶段，根据美国社会学家提出的“公众参与的梯度理论”来看，我国公众参与在邻避设施规划建设上尚处于“没有参与”或“象征性参与”的阶段(包存宽，2013)。我国公众参与主要存在以下三点问题：①污染型邻避设施规划建设公众参与制度不完善。有关公众参与制度安排太含糊、不具体、缺乏实际操作性，参与主体、参与程度、参与形式、参与困境相关问题未在公众参与文本中具体指出说明(何艳玲，2014)。②政府集权制决策模式对公众参与的重视度不够，主要关心邻避项目如何尽快建设，从根本上忽视了公众参与的问题，让现有公众参与形式主义化和虚化(郑卫，2013)。③公众主体地位意识差，参与能力不足、参与意识薄弱、社会责任感不强、参与的组织功能单一(姜杰 等，2004)。

毫无疑问，公众参与对邻避设施规划建设的成败起着重要的作用。污染型邻避设施规划建设中公众参与存在的问题，以及公众行为的不可预测性，给政府及相关部门制定及完善公众参与政策带来巨大挑战。因此，有必要对污染型邻避设施规划建设中公众参与机制进行深入研究，为政府完善公共政策提供有益参考，进而推动我国污染型邻避设施项目的持续发展。

综上所述，本书立足污染型邻避设施规划建设领域，通过深入探析影响公众参与的关键因素、公众个体参与的行为意向、公众参与行为的演化博弈及公众参与有效性四个方面，提炼出促进公众参与的相关政策建议，进而设计出一套适用性好且可操作性强的污染型邻避设施规划建设中的公众参与机制，以期为政府制定有关公共管理政策提供有益参考，从而从根本上避免污染型邻避设施群体性事件的发生。

1.1.2　研究意义

1.1.2.1　理论意义

1. 丰富了污染型邻避设施公众参与的相关基本理论

公众具有环境权，社会公平与生态公平公正是生态文明建设的重要目标之一。环境资源具有外部性，相关设施建设必须考虑公众的合理诉求，这就需要积极主动地引导公众良性参与。可以说，在政府和市场之外，有组织、理性化的公众参与是推动生态文明建设并发挥好环境设施功能的重要力量。在保障公众知情权、参与权和监督权的基础上，以民主协商、研讨交流、科学论证等为平台，通过引导、互动等方式推动公众参与、与政府合作并形成共识是解决邻避问题的重要而有效的渠道。本书立足污染型邻避设施规划建设公众参与研究薄弱的特定情境，深入探究公众参与内在规律及政策机制，不仅有助于整合邻避设施规划建设中公众参与的相关理论，而且有利于丰富和发展邻避设施公众参与的理论体系，为我国政府投资体制改革及项目发展规划提供理论基础和方法借鉴。

2. 拓宽了现有研究的视角，为今后类似研究提供参考

国内关于污染型邻避设施公众参与的研究集中于定性理论研究、案例研究层面，而关于公众参与内在相互影响因素及各利益相关主体之间动态行为特征的研究较为少见。因此，本书在分析公众参与内在影响因素的基础上，从行为主体视角出发，分别构建公众参与行为意向模型和演化博弈模型，揭示我国污染型邻避设施规划建设中公众参与的主体行为的影响因素及动态规律，为今后类似研究及公众参与机制设计提供参考。

3. 对今后邻避设施项目的政策制定提供一定理论依据

我国目前关于邻避设施项目的相关法律政策尚不完善，本书立足公众参与视角，通过研究公众参与的关键影响因素、行为意向、相关利益主体动态博弈及有效性，深入探讨、分析我国污染型邻避设施项目公众参与的主体、目标、内容、程序和方法，并加以设计，制定公众参与的政策机制，不仅有利于启发邻避设施项目政策、决策及策略制定思路，而且也为政府部门改善公众参与的有效性和提高决策的合理性提供了理论基础。

1.1.2.2　现实意义

1. 有助于降低污染型邻避设施规划建设引发冲突的概率

污染型邻避设施具有的负外部性特征容易引发公众的抵触情绪，久而久之，公众便对

其具有邻避情结，近年来频频发生的邻避冲突事件给政府决策带来极大的困扰。作为污染型邻避设施的主要利益主体之一，公众对污染型邻避设施的接受程度对该设施是否顺利建设起着至关重要的作用。本书依次对污染型邻避设施公众参与的关键影响因素、行为意向、相关利益主体动态博弈及公众参与的有效性展开分析，提出在污染型邻避设施规划建设阶段充分发挥公众参与制度，纳入公众的真实意见和建议，直至达成共识，尽量消除引发冲突的导火线，降低污染型邻避设施规划建设引发冲突的概率，降低污染型邻避设施影响社会稳定的风险。

2. 有利于保障公众利益

公众是污染型邻避设施的直接利害关系人，通过对政府相关部门进行访谈和调查，有助于公众科学地认识污染型邻避设施规划建设中公众参与的现状，提高公众的参与意识和参与水平，规范公众的参与手段，并督促公众通过合理、有效地参与维护自身利益不受损害，从而避免公众盲目地抵制污染型邻避设施的规划和建设，这对公众利益的保障和群体性事件的治理具有重要的现实意义。

3. 为今后邻避项目的可持续发展提供借鉴

未来将公众参与纳入污染型邻避设施规划建设是社会发展的必然趋势，对于各级政府有关决策及监管职能部门而言，制定一套科学合理、行之有效的污染型邻避设施公众参与机制是一项迫在眉睫的工作。针对污染型邻避设施这类与公众利益密切相关的规划建设决策问题更加需要深入了解民意、广泛听取公众反馈意见，经过充分认证，由政府、公众、投资企业和第三方协商决策，并将公众参与工作贯彻到污染型邻避设施规划建设的全过程。研究设计污染型邻避设施规划建设中的公众参与机制有助于推进邻避设施规划建设的民主化和科学化，形成公众对邻避设施的有效监督，促进邻避设施项目的可持续发展。

4. 有利于为有关职能部门优化管理决策提供政策支持和实践参考

本书有助于破解邻避设施规划建设中面临的困境和难题，减少因邻避设施规划建设不当所引发的邻避冲突及群体性事件的发生，而且有利于各级政府部门(如环保、统计、发改、规划建设等部门)优化管理决策、降低社会稳定风险，进而为地方政府、项目企业、公众参与集合体等主体联合推进污染型邻避设施公众参与工作提供重要的政策支持和实践参考。

1.2 文献综述

1.2.1 国外文献综述

20 世纪 60 年代，美国公众开始抗议一些具有污染性的设施(如垃圾处理设施、废弃物处理场等)的建设，之后又将抗议对象扩展到医院、戒毒所、收容所及停车场等不具有直接污染性的公共设施等(Shanoff，2000)。随后，邻避设施引发的群体性事件蔓延到欧洲、亚洲等地区。20世纪80年代，荷兰、英国、瑞典等欧洲国家的公众对核废料、污水处理厂等邻避设施的选址、储存提出抗议。20世纪90年代，日本、韩国等亚洲国家也逐步发生了类似抗议。以欧美学者为代表的国外学者对邻避设施展开深入研究，且研究内容主要围绕邻避设施的邻避效应、邻避补偿、公众参与研究现状等方面展开，同时在研究对象、研究视角和研究方法上也有了较大的突破。

1.2.1.1　研究内容

1. 邻避效应方面

1977年，美国学者O' Hare首次讨论了石油精炼厂、核电设施、垃圾填埋处理厂等邻避设施选址中公众反对的问题，阐释了邻避设施的一般性特征及负外部影响(O' Hare，1997)。随后，邻避冲突成为公共管理和公共政策领域的重要议题。

关于邻避效应的理解层面，国外不同学者的观点不尽相同。Hunter 和 Leyden(2010)认为几乎没有证据证明邻避心理的利己主义标签，而公众的反对心理主要源于对政府的信任危机、健康的担忧等；Mann(2013)、Feldman 和 Turner(2014)阐释了邻避抗争来自居民的利己主义，表明邻避效应往往是带有道德谴责意味的贬义词。而Hager 和 Haddad(2015)以完全不同的视角，通过分析欧洲、亚洲、北美洲的邻避案例，论证得出不同政治环境下邻避运动可以推动创新解决方案产生的结论。

2. 邻避设施项目补偿方面

在邻避设施项目的补偿研究中，Flynn(2011)探讨了通过诉讼方式确定邻避索赔的政策依据，从而设立了补偿的司法政策框架。Pelekasi 等(2012)在调查社区接受意愿的前提下，提出了一个关于社区基金年度货币支付的估值方案。Germain 和 Peeters(2013)从土地租金的概念出发，建立了基于不同区域的地租税模型并用于实现对居民的补偿。

3. 邻避设施项目公众参与研究现状方面

与我国不同的是，国外关于公众参与的研究最早起源于1947年英国颁布的《城市规划法》，其中提到了城市规划过程中公众可以发表自己的意见，甚至设立了公众不满事项可上诉的机制。经过数十年的发展，发达国家关于邻避设施项目中的公众参与研究颇为成熟。

1)邻避设施公众参与认知方面

在邻避设施的公众参与认知方面，Ali 等(2010)揭示了内罗毕垃圾处理设施管理实践面临着公共意识缺失、公众参与薄弱的困境。Johnson 和 Scicchitano(2012)提出靠近现有或拟设邻避设施项目的居民由于风险认知水平较低，对邻避设施的认知大多来源于相关文献而不是直接做出反应。Wu 等(2014)通过对中国和日本的大学生进行问卷调查，得出日本的大学生对邻避设施的风险抱有较大担忧，而我国的大学生对邻避设施公众参与的意识较为薄弱；同时，Kawasaki 等(2016)通过分析日本居民对燃料电池汽车加氢站的风险感知态度，得出日本居民对其邻避意识较高，未来加氢站的规划建设必须建立在与居民进行有效风险沟通的基础上。

2）邻避设施公众参与必要性方面

关于邻避设施公众参与的必要性分析，Leitch（2010）聚焦于开发商在公众参与活动中扮演的角色，表明了开发商为不延误陆上风电厂项目获得规划许可，需要在申请规划前自愿引入公众参与程序。Olsen（2010）、Boatwright（2013）指出解决当地反对风能项目问题的重要途径是给予居民针对性信息，激励居民参与项目的投资决策和规划建设。

3）邻避设施公众参与对策方面

就邻避设施公众参与的对策研究方面，意大利对核电站的选址实行全民公决，通过在知名网站设立投票站来获取公众对核电站选址的反馈意见，公众参与程度明显较强（Pignataro et al.，2011）。Messina（2015）指出将社交媒体作为与公众对话、传递信息的平台，可以及时了解公众意愿和诉求，在一定程度上预防风险和降低社会成本。Frech（1991）建议将是否接受核废物处理设施的决定权授予社区，以此降低社会的感知风险，提高选址的成功性。Zhu 和 Wu（2016）提出政府通过完善制度来治理邻避危机面临的复杂结构性困境时，应在重塑居民政策认同、提高公共项目合法性的基础上，从价值整合、效益补偿和风险缓解三个维度构建政策共识。Komendantova 和 Battaglini（2016）针对社会公众的接受度问题，讨论了德国两个输电试点项目中通过采取基于利益相关者相互沟通的调查、反馈和现场观察方式，来有效避免邻避冲突。

1.2.1.2　研究对象

从研究对象上，早期较多学者侧重对污染型邻避设施展开研究，后来逐渐扩展到没有直接污染，但可能给周围居民带来其他负面影响的设施。Lesbirel（1998）以具有高风险污染的化工厂为研究对象，发现此类项目的规划选址会遭遇周边公众的抗议，并通过对不同国家此类问题的比较，提出参与选址决策的参与人和制定相关公共政策尤为重要。Portney（1984）对有毒废弃物处理厂的邻避问题进行研究，并使用一种新技术在火焰烟雾中进行夹带测量。Mcavoy（1998）以明尼苏达州某垃圾处理场选址失败为例进行分析，发现失败并不是技术问题，而是出于公众与官员在选址涉及的价值上产生分歧，指出公众参与有助于有效地决策，而不是减损项目决策效率。Takahashi（1997）用污名理论对流浪者和艾滋病患者福利设施的选址遭到附近居民反对的邻避现象进行说明，指出可从非生产力、危险性和个人责任这三个方面来解释社区拒绝人类服务设施的上升潮。Rgn 等（1996）指出社区居民心理健康的程度是社区精神卫生设施选址成功与否的关键。还有学者对公共住房（Gaber，1996）、收容中心（Gibson，2005）、机场（Suau-Sanchez P et al.，2011）等设施引发的系列问题进行研究。

1.2.1.3　研究视角

从研究视角上，学者分别从经济学、管理学、政治学等多个视角对邻避设施相关问题展开研究。Dorshimer（1996）从民主政治视角出发，以美国某能源再生工程选址问题为例，指出该工程在决策实施的过程中虽然组织了民众参与，但未能充分重视民众提出的意见及反馈的问题，该工程最终被迫移址，从而提出公众参与对缓解邻避冲突事件的重要性。Levinson（1999）以美国各州对危害污染物处理过程的征税情况作为研究的视角，综合运用经济学和公共政策学来分析邻避现象，各州采用对流入本州的污染物进行征税以降低污染物的流入机会，结果发现征税不能从根本上解决邻避冲突问题，反而对联邦和地方之后制定相关政策产生影响。Quah 和 Tan(2001)从经济学的角度出发，以“成本-效益”为准则分析了邻避设施给周围居民带来的影响，并且提出了选址的听证机制。Fischel(2000)也从经济学的角度分析邻避问题，指出邻避设施的规划建设可能会引发土地利用发生贬值的风险，而邻避现象则是房屋所有权者自我保护的一种理性反应，提出以提供保险来弥补这种风险的可能性和缺点。Wolsink(2000)从管理学的视角出发，分析了由风力发电厂引发的邻避现象，并将反对的理由分为成本、噪声、景观破坏、对自然的干涉及能源供给不稳定五类。

1.2.1.4　研究方法

从研究方法上，Tempalski 等(2007)采用问卷调查法对美国 32 个城市的注射针交换项目进行了调查，指出“邻避综合征”使当地政治家修改条例，注射针交换项目也被中止。Gladwin(1980)采用定量分析法分析了 1970～1978 年由邻避设施选址问题引发的 366 起环境纠纷，进而对当地居民反对区位选择的策略加以分类。Gibson(2005)采用案例分析法，剖析了美国西雅图本地居民反对为流浪者建设收容中心这一事件，认为邻避现象有时候不仅是一种土地纠纷，而且关乎人性和道德，指出发挥环保 NGO 的力量也许是减少邻避冲突的选择之一。

纵览国外有关邻避设施的研究成果可以发现，国外学者在其研究内容上已经十分丰富，对于邻避设施的邻避效应、邻避补偿、公众参与认知、公众参与必要性及公众参与的对策方面等理论问题已做了深入探索，同时可以发现国外研究更加侧重具体案例的分析，大多数偏向于实践，并且注重事情发生的本质缘由。在众多研究中，学者不仅仅局限于对邻避设施相关理论的研究，更将邻避设施的问题提升到政治学、社会学、经济学、心理学、环境科学等学科领域，综合运用比较、实证、统计等方法进行综合研究。随着研究的深入，他们也开始对如何解决邻避问题、公众参与制度等相关公共策略进行研究。但是，关于公众参与主体行为方面、评价体系及机制设计方面的研究成果较少。因此，这也是下一步研究应重点关注的问题。

1.2.2　国内文献综述

国内邻避设施有关研究相对国外较晚一些，其中港台地区对邻避设施的研究起步较早。为进一步掌握近年来关于邻避设施的研究进展及规律，本书以 CNKI(中国知网)为文献来源，以主题“邻避”为检索词，检索得到 2007～2017 年的相关文献共 1183 篇(图 1.1)。同时，为保证研究结论具有较强的可信度，将检索来源类别设置为“CSSCI”(中文社会科学引文索引)，得到 2007～2017 年 CSSCI 收录的文献共 268 篇(图 1.2)。

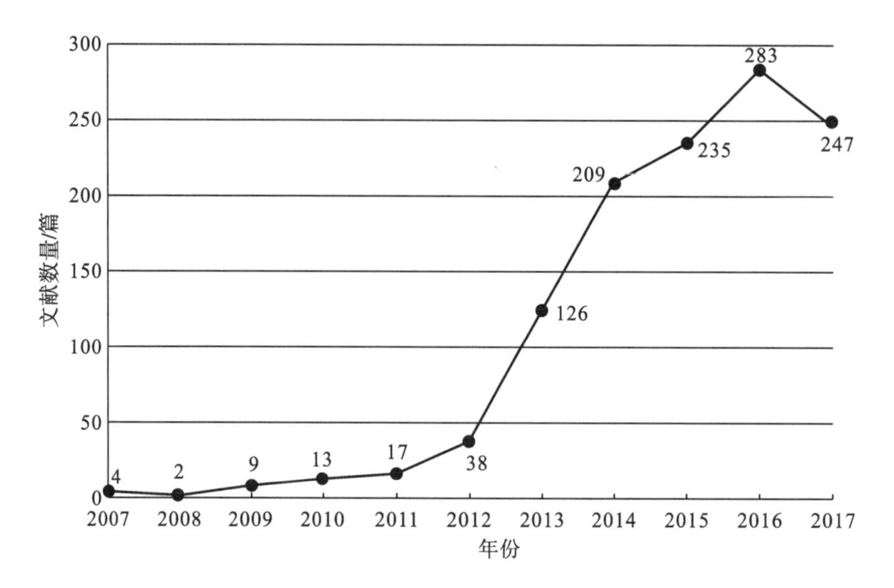

图 1.1　CNKI 收录的以“邻避”为主题的文献数量趋势

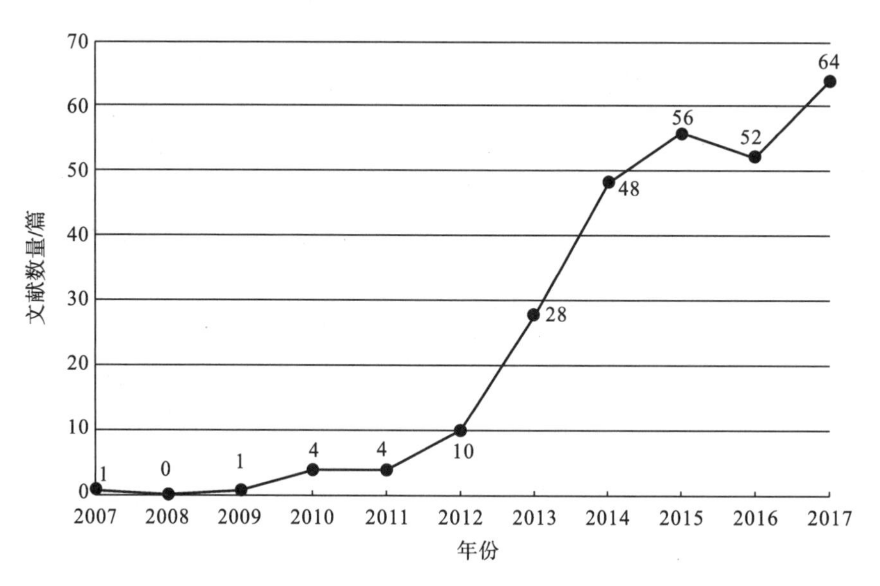

图 1.2　CSSCI 收录的以“邻避”为主题的文献数量趋势

从发表论文的数量看，无论是 CNKI 还是 CSSCI 收录，2007～2011 年关于邻避问题的研究成果较少，2012 年后，相关文献数量急剧增长，整体呈现“激增—缓增”趋势。CSSCI 收录文献数量同样符合“激增—缓增”的大致走向，并在 2017 年数量达到最大值。从文献的研究内容来看，2012 年以前我国关于邻避问题的研究大多停留在通过引用西方理论，结合我国实际情况，对邻避设施项目概念和特点认知进行探索的层面。随着西方数年来成熟的邻避冲突理论浸润，以及科研由浅入深、由表及里，加之我国邻避事件的频发，2012 年之后的相关文献大多以邻避设施具有的负外部性为出发点，对邻避冲突产生的原因等方面进行了深入探讨。

纵览国内邻避设施相关文献，本书通过文献梳理、分类发现我国对邻避设施概念、类别方面的研究已有较为丰富的成果，现有研究主要集中在邻避冲突成因，邻避设施公众参与的问题、方式、对策及影响因素方面。

1.2.2.1　邻避冲突成因方面

鄢德奎等(2016)根据邻避冲突主要源于民众厌恶情绪的角度，从选址不合理埋下隐患—建设单位责任不落实激发邻避情结—信息不对称加重邻避危机意识—利益诉求不满足导致邻避冲突的邻避事件发生这一机理，对多因素共同作用形成邻避现象进行深入分析；李文姣(2016)运用心理学中“心理台风眼效应”对邻避设施周边居民风险认知水平低于外围社会这一现象进行了解释；邹积超(2015)基于社会冲突产生本质，表明邻避冲突是政府和社会公众权利义务之间的对抗，政府的不公开决策及执政往往容易威胁社会公众公共权益的实现；刘智勇等(2016)、宫银海(2015)、刘晶晶(2014)提出了社会公众因邻避风险认知偏差、政府公信力缺失、信息不公开以及较高的污染事件发生频率所形成的邻避心理是造成邻避冲突的主要原因。同时，周亚越和俞海山(2015)表示邻避冲突的产生源于邻避设施具有的负外部性形成了以牺牲项目周边少数群众的利益，而换来大多数甚至全体公众利益共享的局面，即成本与利益的极大不平衡主导了邻避意识的支配地位产生。

1.2.2.2　邻避设施公众参与方面

20 世纪 90 年代，我国开始引入公众参与的相关概念和理论，并在城乡规划(韦飚 等，2015；李开猛 等，2014；王鹏，2014；许世光 等，2012；罗问 等，2010)、旧城改造(曾九利 等，2015；周文 等，2014；潘庆华，2013；方长春，2012)、土地利用(耿佳丽 等，2015；王利敏 等，2015，2010)等领域得到了一定的应用和发展。关于邻避设施项目规划建设过程中的公众参与，国内学者主要从以下四个方面进行了探索研究。

(1)邻避设施规划建设过程中公众参与存在的问题研究。郑卫(2013)结合北京六里屯垃圾焚烧发电厂的案例，从公众参与目的、公众参与主体、公众参与代表、公众参与形式和公众参与程度五个方面对公众参与存在的困境进行分析。翁士洪和叶笑云(2013)通过探讨宁波镇海 PX(para-xylene，对二甲苯)项目决策过程，揭示出我国政府决策中存在公众参与缺位、错位和越位现象，公众与政府沟通机制的不畅通使得双方形成了各自的行事逻辑。侯璐璐和刘云刚(2014)根据尺度政治分析方法和公众参与阶梯理论，通过对广州市番禺区垃圾焚烧厂选址事件深入研究发现，该事件中公众参与雏形已形成，但政府赋予社会公众的权力十分有限，公众参与并未发挥实际作用；同时，因我国现有公众参与制度不完善，程序不具体以及缺乏实际操作性，我国公众的参与程度还不够深入(何艳玲，2014)。在公众参与对象的选择上，陈洁琳(2013)指出政府主要考虑城市中的“精英阶层”，往往忽视了广大的社会民众，居民参与的广度有待提高。

(2)邻避设施规划建设过程中的公众参与方式研究。由于认识到决策封闭性与公众参与开放性的紧张关系，黄振威(2015)提出“半公众参与模式”是当前防止决策失误，应对公众挑战的一个重要机制。汤志伟和邹叶荟(2015)从公众参与的视角出发，指出应该改变网站投票、电话热线、问卷调查等单项交流方式，转向公众会议等双向交流对话机制。刘超等(2015)提出以议案、提案、座谈会、论证会、听证会、基层社会论坛、媒体协商等形式丰富现有公众参与方式。

(3)邻避设施规划建设过程中的公众参与对策研究。郑卫等(2015)以上海虹杨变电站事件为研究背景，指出要通过利益补偿方式保护社会公众利益，同时通过设立公正的公众参与程序来对邻避设施规划冲突进行有效管理。基于公众参与有效性的分析，王顺和包存宽(2015)提出公众参与在规划决策过程中的介入时机应进行前置，社区利益共同体集体行动和协同参与优化城市邻避设施决策将会减少邻避冲突发生的可能。

(4)邻避设施规划建设过程中的公众参与影响因素研究。在邻避设施公众参与的相关文献中，部分学者提到了一些影响公众参与行为的关键因素，但总体上对因素进行系统性识别的成果较少。杨秋波(2012)、刘超等(2016)针对典型邻避事件，分别从参与主体、参与客体、参与环境三个维度以及居民认知行为方面对公众参与的影响因素进行识别。任远(2014)将公众参与影响因素分为四大类：参与基础、外部支持、参与过程及成本效果。

由以上文献分析可以发现：现阶段国内学者在邻避项目公众参与的困境、方式及对策方面都有了一定的研究成果，且在研究视角、研究方法上逐渐多样化(表1.1、表1.2)。

表1.1　邻避设施规划建设中公众参与研究视角分类

研究视域分类	具体视角
与设施选址有关	空间正义视角
	物权法视角
	冲突的预防与解决视角
与设施自身特点有关	环境正义视角
	居民感官视角
相关机制研究	利益均衡视角
	信息传播和权利博弈视角
	法权配置视角

表1.2　邻避设施规划建设中公众参与研究方法分类

类别	研究方式	具体方法	比例/%
定性	文献研究	相关文献整理总结	50
	案例研究	典型案例分析研究	90
	理论研究	公众参与阶梯理论、均衡理论	60
	访谈	对话、访谈	5
定量	数理统计	回归、聚类、因子、比较、相关性、微观数据	35
	数学模型	博弈、结构方程模型、云模型、内增长模型、霍特林模型	15
	问卷调查	条件价值法	25

注：定性研究中存在同一篇文献运用多种研究方式的情况。

根据表1.2可得出三点结论。

(1)在污染型邻避设施规划建设的公众参与问题上，采用定性研究的比例大于定量研究。据表1.2可知，在污染型邻避设施公众参与的问题上，多数学者同时采用理论研究与案例研究对典型的污染型邻避事件展开分析。

(2)在定性研究中，理论研究涉及方法较单一。污染型邻避设施问题定性研究由最初的概念分析、问题讨论逐渐发展到理论方面的研究，但在整理过程中发现理论研究多是针对公众参与程度予以讨论，鲜有针对参与方式或参与效果的相关理论分析。

(3)在定量研究中，结合定性与定量研究方法从行为主体视角来揭示污染型邻避设施规划建设中公众参与行为及各利益主体作用过程的文献较少。据表 1.2 所列出的方法分类，现有文献主要采用的回归、聚类及因子等数理统计分析均是针对影响因素的相关分析，而所用到的相关数学模型则分别讨论了公众的受偿意愿、经济与环境的关系、因素影响效果等方面，针对公众参与行为主体的研究不足。

鉴于此，本书从公众群体到个体来揭示公众参与行为作用机理，进一步研究公众参与有效性问题，为公众参与机制设计思路奠定理论基础。

1.2.3　文献述评

纵观国内外关于邻避设施的现有研究可以发现，虽然中西方学者研究的起点与面临的邻避语境有较大差异，但其关注的话题、研究的视角与方法的运用在一定程度上是相通的。

从关注的话题来看，无论是发达国家，还是发展中国家，对于邻避冲突的解决都强调从大众心理层面出发，尊重公众的利益表达诉求，以制度化和框架化形式将公众参与积极纳入邻避项目的决策过程，形成邻避设施规划建设中的必要程序。

从研究的视角来看，国内外学者以自身专业背景结合研究热点的类别属性构成了邻避设施公众参与研究的学科支撑，形成了基于公共管理学、社会学、心理学、政治学等不同学科相互交叉的多学科视角研究体系，从而共同探索促进公众参与的最优路径。

从研究方法的运用来看，国内外关于邻避问题的研究都遵循定性与定量方法相结合的基本原则，力求体现科学研究的严谨性。

除此之外，通过对国内外研究现状的详细对比，发现其差异主要体现在以下三个方面。

(1)国外关于邻避问题的研究比我国早将近 60 年，并形成了一系列较为丰富的研究成果。而我国虽然随着国内学者近年来对邻避事件的持续关注，对于解决邻避问题的相关思路已初见端倪，但与发达国家仍存在一定的差距。

(2)在关注领域方面，发达国家研究范围较广，不仅涉及污染性、风险性较强的设施，而且将研究目光聚焦于负外部性相对较小的风能发电、清洁能源、保障房等基础设施，以期形成一个完整的研究体系，而我国目前的研究领域尚停留在易引发群体性事件的垃圾处理场站、化工厂等方面。

(3)关于公众参与的研究，国外学者灵活运用丰富的研究方法，多视角、多学科交叉地针对公众参与在不同邻避设施项目规划建设过程中的实践应用展开了深入探索，在经济学、管理学、政治学等领域对邻避设施相关问题的研究已有了较丰富的成果。国内研究方法运用相对单一，定性思维较为普遍，研究结论新意欠佳。尤其在公众参与的影响因素探析层面，国内学者大多运用案例研究或经验分析，定量研究方法较少。

综上所述，邻避设施公众参与问题已日益得到重视，国内外学者也纷纷从不同视域研究，相关的文献数量增长迅速，但同时，大多数研究偏宏观层面和中观层面的阐述，基于微观视角对公众个体行为意向及动态行为的研究较为鲜见，缺乏采用定量分析与实证研究的方法来系统探究公众参与的关键影响因素、行为意向及行为选择问题。鉴于此，本书立足污染型邻避设施规划建设过程，运用定性与定量相结合的方法，识别影响公众参与行为的关键影响因素，在构建公众参与行为意向模型、演化博弈模型及有效性评价模型的基础上，设计出一套适用性好且可操作性强的公众参与机制，以期为污染型邻避设施规划建设工作的科学化、民主化提供理论依据和实践参考。

1.3　研究目标及重点

1.3.1　研究目标

本书旨在分析污染型邻避设施规划建设中公众参与的行为框架，识别公众参与的关键影响因素，构建公众参与行为选择的概念模型，建立主体行为的演化博弈模型，构建公众参与有效性评价模型，设计公众参与的机制和政策，以期为污染型邻避设施项目的规划建设提供理论依据和决策参考。

1.3.2　主要研究内容

1.3.2.1　污染型邻避设施规划建设中公众参与关键影响因素识别

梳理总结国内外污染型邻避设施规划建设中公众参与的典型做法和成功经验，运用文献研究法和专家咨询法，整理出公众参与关键影响因素。通过问卷调查，采用 SPSS 软件及主成分分析法，提取影响公众参与行为的 4 个维度的关键因素，分别为外部环境、参与社会主体、项目决策和公众参与过程。运用 AMOS 软件，进一步建立 4 个概念层次的结构方程模型，分析 4 个关键因素，对污染型邻避设施规划建设中公众参与的作用效果及影响排序。

1.3.2.2　污染型邻避设施公众参与的行为意向模型构建

以计划行为理论为分析框架，结合文献研究、结构化访谈及专家咨询获取可能影响污染型邻避设施规划建设中公众参与行为意向的因素及因素间的相互关系，进而构建公众参与行为意向模型，提出相关研究假设。通过调查问卷，运用 SPSS 及 AMOS 软件进行探索性因子分析、验证性因子分析及路径分析，探究各因素对污染型邻避设施规划建设中公众参与行为意向的影响。

1.3.2.3　污染型邻避设施规划建设中公众参与行为的演化博弈分析

污染型邻避设施规划建设中的公众参与主体行为呈现出动态行为的特征，本书通过构建公众内部、政府与投资企业、投资企业与公众的演化博弈模型，对不同情形下各博弈模型的稳定性进行分析，探究污染型邻避设施规划建设中公众参与行为的演化规律，并根据公众、政府、投资企业之间的演化博弈分析结果，从政府、公众及投资企业角度分别提出相应的对策建议。

1.3.2.4 污染型邻避设施规划建设中公众参与有效性研究

综合文献研究、专家咨询和数理统计等方法，在识别并筛选出公众参与有效性表征指标的基础上，建立污染型邻避设施规划建设中公众参与有效性评价指标体系。基于定量分析和客观评价的研究思维，组合运用云模型和灰色关联分析法，构建污染型邻避设施规划建设中公众参与有效性评价的CM-GRA集成模型，并以山西省某市垃圾焚烧发电厂项目公众参与有效性调查问卷数据为基础，开展实例分析，验证了模型的有效性。

1.3.2.5 污染型邻避设施规划建设中公众参与的机制设计

在参考和借鉴典型国家(美国、加拿大、英国、德国)邻避设施公众参与机制的基础上，兼顾效率和公平，按照“自上而下”与“自下而上”相结合的思维，设计政府、投资企业、公众“互动”的污染型邻避设施项目“正向参与+逆向参与”的公众参与机制框架。该公众参与机制框架详细界定了公众参与阶段、目标、主体、客体、主体职责、环境、方式组合、程序设计、途径选择等内容，进而基于参与主体内部及主体外部对公众参与不同的作用关系，按照“主体意识—主体能力—外部环境”的逻辑维度，采取政策机制设计内在动力与外部推力相结合的总体思路，分别从参与意识、参与能力、参与环境、参与途径、参与意见的吸收和结果反馈、参与时间节点、经济激励和培育鼓励环保NGO八个层面，综合设计污染型邻避设施规划建设中公众参与的政策机制。

1.3.3 研究重点

根据本书研究的目标及主要研究内容，研究重点主要包括五点：

(1)识别污染型邻避设施公众参与的关键影响因素。

(2)构建污染型邻避设施公众参与的行为意向模型。

(3)构建污染型邻避设施规划建设中公众参与行为的演化博弈模型。

(4)建立污染型邻避设施规划建设中公众参与有效性评价模型。

(5)探索设计污染型邻避设施规划建设中公众参与的政策机制。

1.4 研究方法及研究技术路线

1.4.1 研究方法

(1)采用文献研究、调查研究、规范分析相结合的方法，分析污染型邻避设施规划建设中公众参与的总体现状。按照“文献研究法→频度统计法→专家调查法→指标体系筛选”的方法识别污染型邻避设施公众参与的关键影响因素，利用SPSS软件进行主成分分析，并建立结构方程模型，分析关键因素作用效果排序。

(2)基于计划行为理论，采取问卷调查法、因子分析法和结构方程模型，分析污染型邻避设施中公众参与行为意向的主要影响因素，建立污染型邻避设施公众参与的行为意向模型。

(3) 采用动态博弈理论建立污染型邻避设施规划建设中公众参与行为的演化博弈模型，并基于演化博弈理论分析公众参与的演化规律，进行效益成本分析，求得各博弈模型的演化稳定策略。

(4) 通过文献研究、专家咨询和数理统计等方法梳理公众参与有效性影响因素，并运用云模型和灰色关联分析法构建污染型邻避设施规划建设中公众参与有效性评价的CM-GRA集成模型。

(5) 采用比较研究法对典型发达国家(美国、加拿大、英国、德国)邻避设施公众参与制度开展比较分析，进而运用机制设计理论，按照“自上而下”与“自下而上”相结合的思维，界定公众参与阶段、目标、主体、客体、主体职责、环境、方式组合、程序设计、途径选择等内容，分别从参与意识、参与能力、参与环境、参与途径、参与意见的吸收和结果反馈、参与时间节点、经济激励和培育鼓励环保NGO八个层面设计公众参与的政策机制。

1.4.2　技术路线

本书研究遵循“提出问题→文献研究→理论探索→现状剖析及关键影响因素分析→行为意向模型构建→演化博弈模型构建→有效性评价模型构建→机制设计”的思路，重点研究污染型邻避设施规划建设中公众参与机制，为污染型邻避设施项目的规划建设提供理论依据和决策参考，技术路线如图1.3所示。

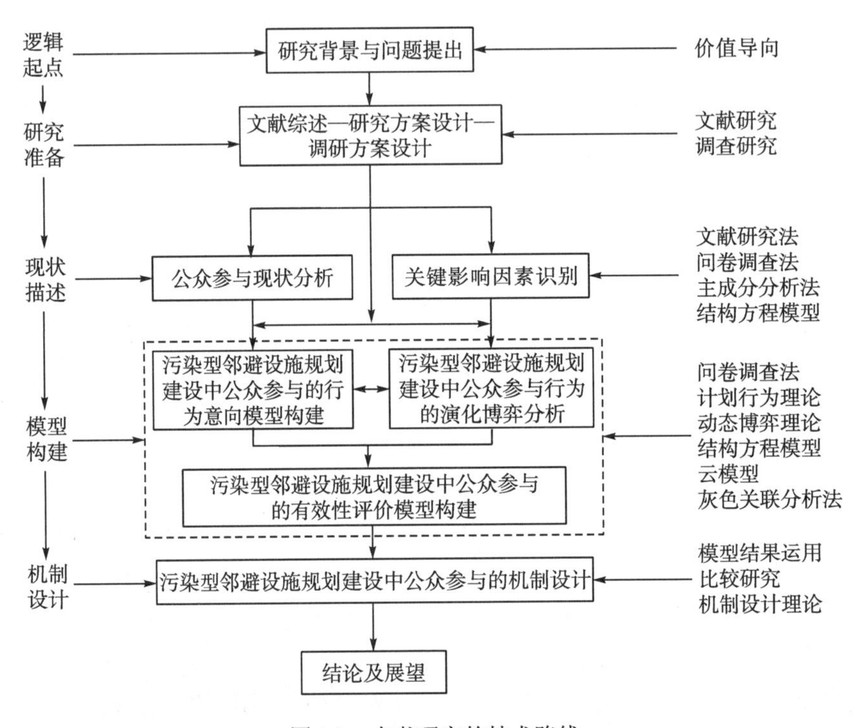

图1.3　本书研究的技术路线

1.5　研究对象概念界定

1.5.1　邻避设施

作为一个舶来词，“邻避”在英文中为 not in my backyard，意思为“不要在我家后院”。这一表述逐渐被我国学者接受，并衍生出“邻避设施”“邻避情结”“邻避冲突”“邻避效应”等多个术语。与其他词有明显区别的是，邻避设施容易激发居民邻避情结，产生邻避冲突。关于邻避设施概念界定方面的研究，李永展(1997)用令人感到厌恶的公共设施来形容邻避设施，侯锦雄(1997)用“不宁适公共设施”来界定邻避设施的特性，而管在高(2010)也指出邻避设施具有显著的负外部效应，会给周围居民带来一定污染威胁或者心理影响。

此外，根据广大学者研究目的、研究方法及学科分类的不同，目前关于邻避设施的分类主要有以下三种，如表 1.3 所示。

表 1.3　关于邻避设施的分类

代表学者	分类角度		设施名称
李永展(1997)	邻避效果	不具邻避效果	公园、图书馆
		具轻度邻避效果	学校、车站
		具中度邻避效果	疗养院、性病防治中心、高速公路等
		具高度邻避效果	丧葬设施、垃圾焚化炉、污水处理厂等
陶鹏和童星(2010)	损失维度	污染类	垃圾焚烧场、磁悬浮列车站、飞机场
		风险聚集类	核电厂、化工厂、加油站
		污名化类	戒毒中心、监狱、传染病医院
		心理不悦类	殡仪馆、火葬场、墓地
诸大建(2011)	设施类型	能源类设施	核能发电厂、火力发电厂、炼油厂等
		废弃物类设施	垃圾处理焚化厂、污水处理厂等
		社会类设施	特殊交通设施，火葬场、殡仪馆、精神病院等

在综合前述关于邻避设施概念的典型表述及分类的基础上，本书认为对于邻避设施的概念界定具体可以从以下三个特征进行甄别和界定。

(1)邻避设施具有公共属性。邻避设施是城市维系和发展的必需品(郑炜，2014)，虽然其投资主体属性有异，但大多数邻避设施的兴建是为了满足城市化进程中人们对生产、生活条件的日益需求，出于对社会公共效用的发挥。无论邻避设施有偿还是无偿使用，均不影响其在服务范围内所体现的公共属性这一本质。

(2)邻避设施产生负外部效应。邻避设施的又一显著特点在于其具有明显或潜在的污染性或危险性。该特点源于邻避设施项目的基本性质，垃圾处理场站、PX 项目、钼铜厂等设施的设置会对周围环境造成一定污染，威胁周边居民的健康安全，给居民心理造成严重不安，同时损害了社区形象及居住景观(余晔，2014)。由此带来的负外部效应正是邻避设施项目遭到居民抵制的根本原因。

(3)邻避设施带来不均衡的成本效益。邻避设施带来的社会公共效用是基于某一区域甚至全社会公众的利益，其产生的负外部性往往由周边少数居民承担，因而造成了不均衡的成本与效益，体现了不公平的社会局面。

综上所述，本书认为邻避设施通常是指基于社会需求和公众便利，对一定区域整体上存在某种公众效应，在生产或运营过程中可能发生污染、爆炸、泄漏或引起公众心理上的不适应，进而导致规划建设遭到民众抵制或反对的城市公共设施。

1.5.2 污染型邻避设施

带有环境污染类的邻避设施一般称为污染型邻避设施。目前，污染型邻避设施是国内学者研究邻避问题的重点对象，也是最常引发邻避冲突的公共设施。

鉴于目前学术界对于污染型邻避设施的概念还没有统一的表述，本书在综合归纳现有研究的基础上，将污染型邻避设施概念界定为对一定区域整体存在某种公众效应，但生产或运营过程中可能对空气、水、土壤造成污染及产生噪声等的设施，因具有潜在污染性或危险性使得公众不愿居住、生活在其附近，如垃圾处理厂、垃圾焚烧发电厂、污水处理设施等。

1.5.3 公众参与

自“公众参与”一词引入我国，经过 20 多年的发展，公众参与的概念和内涵逐渐实现了丰富和完善，并在国内某些领域得到了一定应用。虽然当前国内学者对公众参与的理解不完全相同，但无论是我国较早进行公众参与研究的学者俞可平(2006)，还是近年来开展公众参与研究的学者，如刘敏(2012)、杨一浏(2016)等，对公众参与的定义概括都体现了公众参与的基本内涵。

(1)公众参与基于国家政策、法律制度的强制性保障。公众参与是在法律允许范围内参与社会事务的一项活动，必须遵循相应的参与程序。公共决策机构应按照法律的有关规定将公众参与纳入决策过程，并采取相应措施保障公众参与的权利，尊重公众的利益诉求。

(2)公众具有维护自己合法利益的参与权利。公众可以在特定主体合理赋权的范围内与可能影响或对自身合法权益已经造成损害的相关机构就损害事宜进行沟通和协商。其中，赋权的范围包含对参与相关社会事务的意见知情权、发言权、建议权和表决权等。

(3)公众参与的主体对应参与的具体内容。公众参与是一项针对具体参与内容、带有目的性的活动。公众参与指向的内容不同，公众参与主体就要随着参与活动的目标愿望和所处社会背景而改变。

鉴于此，本书的公众参与立足于研究对象，是指利害关系人、一般社会公众和相关社会组织基于合理的利益诉求，通过各种合法渠道和途径参与政府对于公共事务的决策，以影响决策或政策制定的整个过程，实现公众与决策机构的有效沟通，达到多方共赢局面，从而体现决策的科学性和民主性。

1.5.4　污染型邻避设施公众参与

综合前述对污染型邻避设施和公众参与概念的界定，本书认为污染型邻避设施公众参与是指公众按照相关规定的程序，个人、社区组织或者非营利性团体等非政府性组织通过合法途径，向政府表达意愿、发表意见、提出要求，从而参与污染型邻避设施项目决策和规划建设的全过程，即为表达自身利益诉求及影响污染型邻避设施决策和建设过程的一种行为。

1.5.5　公众参与机制

机制是达到既定目标的一种规则，在社会学中的内涵可以表述为在正视事物各部分存在的前提下，协调各部分关系以更好地发挥作用的具体运行方式。机制主要具有以下三个特征。

(1) 机制本身含有制度的因素，是经过实践检验证明有效且较为固定的方法，即具有完整的实施程序、手段和方法等，通常不根据个人主观意志改变，要求所有相关人员遵守。

(2) 机制是在各种有效方式、方法的基础上总结和提炼的具体规则，不仅仅是一种形式和思路。一般将经过实践检验后梳理总结的内容进行一定的加工，使之系统化、理论化，能有效地指导实践，同时具有理论性和实践性。

(3) 机制一般是依靠多种方式、方法联合来起作用的，具有多元化的特性，并不是仅利用一种方式或方法。例如，在建立公众参与机制的同时，还应有相应的监督机制和评价机制来保证工作的落实、推动、评价等。

综上所述，由于当前研究还未对公众参与机制的概念做出统一的表述，本书在结合公众参与和机制含义的基础上，认为公众参与机制是指为达到公众有效参与的目的，从公众参与阶段、公众参与目标、公众参与主体、公众参与客体、公众参与主体职责、公众参与环境、公众参与方式、公众参与程序、公众参与途径等方面着手，制定出一套针对公众参与的各个阶段、各个层面的制度化规则。

1.6　研究创新点

目前，公众参与在我国城市规划、土地规划和环境评价等领域起步较早，但污染型邻避设施规划建设中的公众参与研究仍停留在倡导理念研究阶段，不仅缺乏对公众参与问题展开规范的理论分析与实证研究，而且尚未形成统一、成熟的操作模式和政策机制。鉴于此，本书以系统科学和行为科学为指导，结合参与主体内部及主体外部对公众参与不同的作用机理，按照“中观关键影响因素分析→微观行为意向及行为选择分析→宏观政策机制设计”的思路，分别从理论框架建构、模型方法探索及政策机制设计等层面深入开展污染型邻避设施规划建设中的公众参与机制研究，力图在污染型邻避设施公众参与的认识论和方法论层面实现理论创新和政策创新。具体而言，本书主要在以下四个层面展开了视角创新、思维创新、研究方法创新和机制设计创新。

(1)本书深入揭示污染型邻避设施规划建设中公众参与的关键影响因素。尽管众多研究均将公众参与视为一般邻避设施或公共投资建设项目的关键成功因素，但针对污染型邻避设施规划建设中公众参与关键影响因素的系统性研究较为少见。本书基于问卷调查法、频度统计法、主成分分析法和结构方程模型，从外部环境、公众参与社会主体、公众参与过程和项目决策四个层面揭示污染型邻避设施规划建设中公众参与关键影响因素，构成研究思维层面的创新。

(2)本书率先开展污染型邻避设施规划建设中公众参与的行为意向及行为选择研究。现有关于邻避设施规划建设中公众参与行为的研究主要集中在公众的邻避态度方面，鲜有学者基于行为科学视角对公众参与行为选择展开针对性研究。为此，一方面，从公众个体内部视角引入对公众参与个体意愿有较强解释力的计划行为理论，构建污染型邻避设施规划建设中的公众参与行为意向模型；另一方面，基于动态行为演化视角分别构建公众内部、政府与投资企业、投资企业与公众的演化博弈模型，并分析公众参与主体行为选择的演化规律，从而构成研究视角层面的创新。

(3)本书基于系统评价方法构建污染型邻避设施规划建设中公众参与有效性的CM-GRA 集成评价模型。鉴于公众参与有效性评价的模糊性和随机性特征，本书突破传统公众参与评价研究的思维模式，通过后验性效果评价的方式，按照“组合评价”的研究思路，将云模型和灰色关联分析法组合运用，在建立污染型公众参与有效性表征指标体系的基础上构建污染型邻避设施公众参与有效性评价的 CM-GRA 集成模型，并加以实例分析，使之具有较强的实践运用价值，进而达到从公众参与预期效果反馈的逻辑视角，揭示影响公众参与效果的制约性要素，以期为公众参与制度设计应当从何维度、从何层面展开政策机制设计埋下理论伏笔，从而构成研究方法层面的创新。

(4)本书系统科学设计污染型邻避设施规划建设中的公众参与机制。鉴于现有研究缺乏针对污染型邻避设施公众参与政策机制的系统科学设计，一方面，本书按照“模型启示结果运用→比较分析→机制设计”的思路，结合我国污染型邻避设施公众参与的现实特征及特定情境，按照统筹公众参与效率与参与公平相结合的理念，基于“自上而下”和“自下而上”相结合的思维原则，设计了污染型邻避设施规划建设中的公众参与机制框架，明确界定公众参与阶段、参与目标、参与主体、参与客体、参与主体职责、参与环境、参与方式、参与程序、参与途径等内容；另一方面，按照“主体意识—主体能力—外部环境”的逻辑维度，采取政策机制设计内在动力与外部推力相结合的总体思路，分别从参与意识、参与能力、参与环境、参与途径、参与意见的吸收和结果反馈、参与时间节点、经济激励和培育鼓励环保 NGO 八个层面，综合设计污染型邻避设施规划建设中公众参与的政策机制。研究成果不仅从理论层面构建了公众参与行为原则、行为要求和行为过程的理论框架，而且从实践操作层面提供了公众参与的行动指南，从而系统搭建了公众参与的“理念→理论→方法→机制”的知识平台，构成了机制设计层面的创新。

1.7 本章小结

本章首先介绍了研究背景和研究意义；其次通过对国内外文献综述进行总体评价，并得出相关文献研究启示；接着提出本书研究的目标及重点，对主要研究内容予以概括；围绕研究内容，阐述了相应的研究方法及技术路线，为后续研究起到提纲挈领的作用；最后界定了研究对象的内涵，提出本书研究的创新点。

第2章　理论基础分析

关于污染型邻避设施规划建设中公众参与的理论诠释，本书研究分别从公众参与阶梯理论、公众参与污染型邻避设施的依据、利益相关者理论、社会稳定风险评估、扎根理论、演化博弈等视角予以理论阐释，为全书研究奠定理论基础和指定研究方向。

2.1　公众参与阶梯理论

2.1.1　公众参与阶梯理论概述

2.1.1.1　Arnstein 的公众参与阶梯

由于公众参与涉及的具体参与方式和参与路径表现为多种形式，因此对于不同的情境，应当采用不同的参与形式和参与途径。国外对于公众参与理论的研究，最具代表性的是 Arnstein(1969)在《美国规划师学会志》上发表的 *A Ladder of Citizen Participation*（《市民参与的阶梯》），该文将公众参与类型分成了三个层次、八个类别。按公众参与的程度，三个层次分别为非参与层次、形式性参与层次和实质性参与层次；八个类别分别为：操纵、治疗、告知、咨询、安抚、合作、权利委任、市民控制(图 2.1)。这八个类别由浅到深表明公众参与的不断深入。

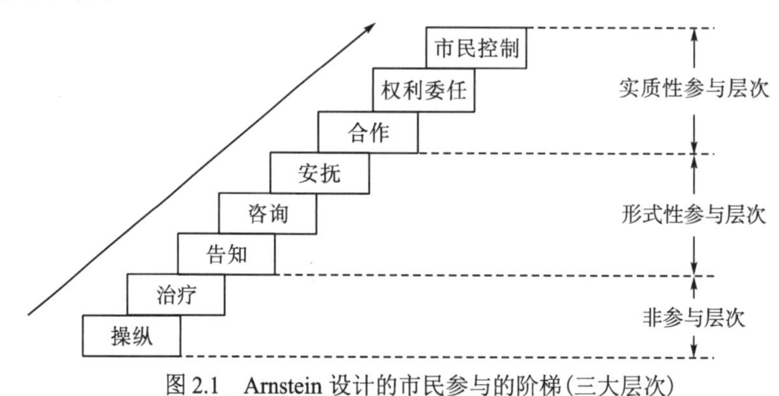

图 2.1　Arnstein 设计的市民参与的阶梯(三大层次)

资料来源：根据 *A Ladder of Citizen Participation* 整理

(1)非参与层次。该层次为公众参与的最低层次，分为两个类别：操纵和治疗。操纵是指邀请公众的代表人做无实权的顾问，实质上完全由政府来决策；治疗是指政府只关注公众态度变化，目的在于改变公众对政府的不满，而不是改善产生不满的各种因素。

(2)形式性参与层次。该层次为市民参与阶梯的第二层次，其参与方式分为告知、咨询和安抚。告知是指政府直接告知公众决策结果；咨询是指政府向公众征求意见；安抚是指政府允许公众参与但不能进行决策，即享有建议权但没有决策权。

(3) 实质性参与层次。该层次是市民参与阶梯的最高层次，具体类别形式为合作、权利委任、市民控制。合作是指政府与公众建立基于权利、责任互享的合作伙伴关系；权利委任是指公众享有法律赋予的批准权，可以代替政府批准公共事务；市民控制是指公众可以对某些项目进行直接管理、规划和批准。

公众参与层次不同，其适用范围也不同。对于公众参与三个层次的适用范围，可以从公众参与意识、公众参与能力和公众参与环境三个维度来界定。公众参与意识是指公众对于决策事物的兴趣及行使参与权的意愿；公众参与能力是指足以支持公众自身参与决策专业知识及恰当行使参与权利的素养；公众参与环境是指与公众参与相关的制度准则。公众参与意识强、参与能力高、参与环境好一般表现为实质性参与层次；公众参与意识弱、参与能力高、参与环境好一般表现为形式性参与层次；公众参与意识弱、参与能力低、参与环境差则大多表现为非参与层次。

2.1.1.2　Andrew F. Acland 的公众参与阶梯理论

英国对话设计有限公司的 Acland 认为 Arnstein 的公众参与阶梯理论在今天仍然适用 (蔡定剑，2009)。但根据公众参与的实际情况，Acland 修正了 Arnstein 的理论，并在 2009 年发表了一篇名为《设计有效的公众参与》的论文，论文中提出了更为完善的公众参与阶梯理论 (图 2.2)。

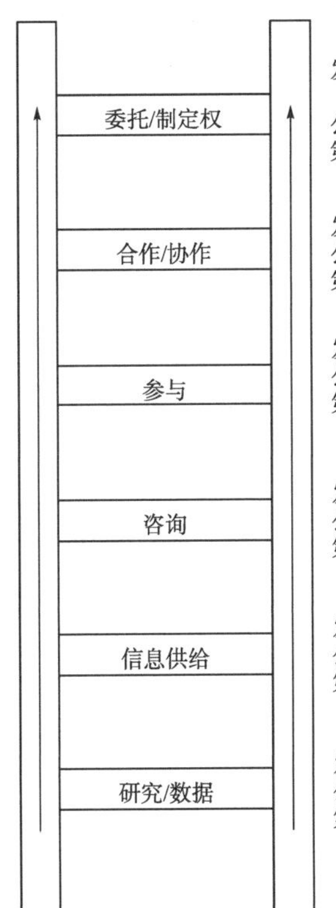

发起者：能使公众履行责任，他们最有条件接受公众转移给他们的资源和决策
公众：承担责任和执掌权力
第三方：鼓励将权力下放给那些最有条件并负责地使用它的人

发起者：与那些最有条件使用它的人共享资源和共同决策
公众：获得资源和权力而无须接受完全的责任
第三方：实现为整体利益的创造性协同

发起者：使公众积极参与，以提高参与质量和尽可能地扩大决策所有权
公众：积极相助并尽可能地对于他们未能分享的决策施加影响
第三方：提高决策质量、包容性和可持续性

发起者：在具体政策或建议上获得反馈
公众：提供反馈以期影响政策或建议
第三方：通过那些可能受影响的人审查完善政策或建议

发起者：增进公众对政策或建议的认识
公众：了解政策或建议以发挥影响
第三方：提高公众的意识，授权他们进一步参与

发起者：收集有关态度、观点和偏好的信息
公众：促成公众观点的集体描述
第三方：使政策或建议建立在公众观点的基础上

图 2.2　Acland 设计的市民参与的阶梯理论

资料来源：根据论文《设计有效的公众参与》整理

Acland 的公众参与阶梯理论更为准确地概括了西方发达国家的公众参与类型，公众参与阶梯模型更加简单化和可操作化。与 Arnstein 的公众参与阶梯理论对比可以发现，Acland 的公众参与阶梯理论有三点不同。

(1) 去除了操纵和治疗两个非参与层次。Acland 去除非参与层次并不是说它不存在了，而是认为它不涉及任何形式的参与，因此从根本上来说就不属于公众参与。而且，随着公众参与能力和权利意识的提高，对非参与层次的辨识更加清晰，所以就去除了非参与层次。

(2) 从发起者、参与者和第三方主体三个视角来描述公众参与阶梯理论。发起者的出发点是考虑哪种程度的公众参与更有助于实现决策目标；参与者关心的是自己的声音能否被真正聆听，以及如何更大限度地发挥自己的参与作用；第三方关注的是发起者和参与者的互动如何才能更好地提高决策质量。

(3) 研究和数据采集是最低层次的阶梯。Acland 认为政府收集公众有关决策的态度及观点，并汇总成一个公众观点的集体描述体现在相关政策和建议中，这个过程具有微弱的参与性。

2.1.1.3 国内公众参与阶梯理论演进

近年来，国内的一些学者也对 Arnstein 的公众参与阶梯理论进行了修正和改进，具有代表性的两位学者是中国政法大学的蔡定剑教授和中国人民大学的孙柏瑛教授。

蔡定剑(2009)将 Arnstein 的八个阶梯分为更简单的四个层次：低档次的参与、表面层次的参与、高层次的表面参与及合作性参与。其中，操纵和治疗属于低档次的参与；告知和咨询属于表面层次的参与；纳谏属于高层次的表面参与；伙伴关系、委托授权和公众控制属于合作性参与。

孙柏瑛(2005)把公众参与阶梯与一个国家的政治体制发展状况联系起来，将公众参与阶梯分为三个层次，即政府主导型参与、象征型参与和完全型参与。其中，政府主导型参与包括操纵和治疗，多见于民主化程度较低、政治精英发挥绝对支配作用的国家；象征型参与包括告知、咨询、纳谏和伙伴关系，常存在于民主化刚刚起步，公众权利和意识开始觉醒并争取参与权的国家；完全型参与包括委托授权和公众控制，主要存在于民主和自治程度较高的发达国家。

2.1.2 公众参与阶梯理论对本研究的启示

公众参与阶梯理论对公众参与的方法和技术产生了很大的影响，为公众参与成为可操作的技术奠定了理性的基础，至今仍广为世界各地的公众参与研究者和实践者所采用。根据 Arnstein 的分析，实质性参与体现为公众部分或完全掌握城市发展与管理的决策权；形式性参与中，公众对决策基本不能产生实质性的影响；而非参与旨在教育公众遵循政府的政策，实质是家长式的权威。从中可以看出，体现公众真正参与的是能够享有决策权，从城市的规划开始就能影响城市管理。

污染型邻避设施是城市发展规划中的一部分，公众有权参与其决策，但公众参与的实际情况往往是非参与或形式性参与，直到项目建设或者项目运营侵害到公众利益时才引起各方的重视。因此，有必要在污染型邻避设施规划建设中引入公众参与，探索“自上而下”与“自下而上”相结合的公众参与方式和渠道，使公众参与由非参与、形式性参与向实质性参与发展，提高决策科学化和民主化程度。Arnstein的公众参与阶梯理论认为公众参与权越大，参与效果越好，但越来越多的学者认为公众参与权并非越大越好。在特定的情境下，任何参与方式都可能是有效的。对于公众参与的形式，应当分层次、分阶段、分场合、分情景来设计制定，而且还要考虑不同国家、特定情境的要求。

目前，我国公众参与制度体系的建立仍处于探索阶段，市民参与阶梯理论有效弥补了我国公众参与相关理论的欠缺，对本书研究具有以下启示。

(1)公众参与深度逐渐加强的必然趋势。市民参与阶梯表明了公众参与层次的加深必将是一个持续渐进的过程。目前我国公众参与层次主要处于非参与和形式性参与层次，需要进一步深化公众参与层次来促进政府决策融入公众的利益诉求。

(2)政府管理能力逐步提升。公众参与层次的递进也体现了公众参与制度的进一步完善和政府管理能力的逐步提升。政府在推动公众参与、设置针对性参与渠道的同时，应着眼未来公众参与发展趋势，在更新自身管理观念、创新管理模式、提高管理效率等方面做好准备。

2.2　公众参与污染型邻避设施的依据

2.2.1　公众参与污染型邻避设施的思想基础

参与式民主(participatory democracy)由阿诺德·考夫曼于1960年提出，主要强调公众与政府及职能部门共同对某公共事件进行协商讨论，使公共问题得到解决的一种政治参与。同时该理论认为，对政治的参与能够强化公众的政治素养，培养公众对公共问题的关注，有助于鼓励公众积极参与并关注政治事务。20世纪70年代，卡罗尔·佩特曼从政治的角度深入探讨了参与式民主，认为公众参与在国家公共事务决策中起着核心作用，并建构了该理论的基本框架，标志着参与式民主理论正式形成。20世纪80年代，参与式民主得到进一步发展，参与式民主被看作是未来的一种政治制度。英国著名哲学家和经济学家约翰·米尔在《代议制政府》中提到，一个国家若希望其政治生活达到较为美满的境界，需要良好的制度设计及较高的公民品质，而后者较前者更为重要，同时表示政治参与能够培育公民精神，认同民主化这一时代趋势。总而言之，参与式民主的思想推动公众参与进一步发展。

改革开放初期，中国经济基础薄弱、文化落后、政治制度不健全抑制了公众参与的开展。随着我国经济社会的逐步发展和文化软实力的逐渐提升，公众参与公共事务越发受到人们的重视。公众参与能够促进邻避设施的规划、选址程序公开、公平与公正，能够完善邻避设施的规划、选址、建设当中对公益内容的判断(陈凯丽，2013)。可见，国内外相关公众参与理论及政策为公众参与污染型邻避设施规划建设奠定了坚实的思想基础。

2.2.2 公众参与污染型邻避设施的规范基础

我国的根本政治制度是人民代表大会制度，这也为公众参与重大事项决策提供了机会。2004 年国务院印发的《全面推进依法行政实施纲要》中就有涉及公众参与的内容，提出要形成科学化、民主化、规范化的行政决策机制和制度，及时反映人民群众的要求及意愿。同时，第五部分规定了“建立健全公众参与、专家论证和政府决定相结合的行政决策机制”及“社会涉及面广、与人民群众利益密切相关的决策事项，应当向社会公布，或者通过举行座谈会、听证会、论证会等形式广泛听取意见。重大行政决策在决策过程中要进行合法性论证”等有关内容。2010 年国务院印发了《国务院关于加强法治政府建设的意见》，第四部分提出“要把公众参与、专家论证、风险评估、合法性审查和集体讨论决定作为重大决策的必经程序。作出重大决策前，要广泛听取、充分吸收各方面意见，意见采纳情况及其理由要以适当形式反馈或者公布”。可见，公众参与是提升重大决策民主性和科学性的一个重要措施。

部分学者对公众参与的合理性及重要性提出了自己的看法。江必新和李春燕(2005)认为西方参与式民主理论的兴起为公众参与提供了一定的思想支持，西方国家将公众参与作为公共行政的主导运作模式，随着世界经济一体化，各国对公众参与的重视程度将逐渐提升。姜明安(2004)认为，人民代表大会制度与公众参与共同构成中国现代民主的基本模式，前者是我国宪法上的体现，后者则是一种参与制民主，两者相辅相成共同维护我国公民的民主权，并明确指出参与制民主并不是完全代替代表制民主，而是通过扩大公众直接参与公务而使代表制民主更加完善和健全。郑文玉(2012)指出公众参与能直接表达利益诉求及维护自身合法权益，也能提高行政执法的效率，是建立法治国家的必要条件。

可见，不管是政府界还是学术界，均认为公众参与是提升政府决策科学性和民主性的重要举措，特别是重大决策更要听取并吸收公众意见。这些观点无疑为公众参与污染型邻避设施的规划建设奠定了规范基础。

2.2.3 公众参与污染型邻避设施的法律依据

我国法律对公众应当享有的权利及履行的义务做了详细规定，其中自由权、平等权、选举权和社会权为公众参与提供了机会。污染型邻避设施可能给周围居民的生命健康、环境、经济等造成影响，换言之，该类设施的规划建设容易侵犯公民的生命权、健康权等，而国家有保护公民权利的义务，公众参与正是国家立法对这种保护义务的履行。《中华人民共和国宪法》第三十三条规定公民在法律面前一律平等。目前，污染型邻避设施的选址大多为贫困地区，因为贫困地区公民的法律意识薄弱、稍有补偿便同意设施的修建，但是这种行为恰恰侵犯了公民的平等权。因此政府及决策部门应当平等地分析此类设施规划建设的利弊，积极鼓励公众参与并听取他们的利益诉求和意见建议，合理、合规及合法地实施污染型邻避设施的规划建设。

2.3　利益相关者理论

在污染型邻避设施规划建设中，会遇到许多利益相关的主体，这些主体对项目的决策、推进及后续的运营都会产生重要的影响。过去许多学者主要关注的利益相关主体为项目政府部门和投资企业，而实际更大一部分利益相关者是社会公众。因而引入利益相关者理论，建立相对固定的利益相关者组织结构不仅十分必要，而且也能够为公众实质性参与污染型邻避设施规划、建设和运营提供保障。

2.3.1　利益相关者理论概述

利益相关者理论最早应用于企业治理领域。1984 年，Freeman 出版了《战略管理：利益相关者管理的分析方法》一书，明确提出利益相关者管理理论是指企业的经营管理者为综合平衡各个利益相关者的利益要求而进行的管理活动。该理论认为任何一个公司的发展都离不开各利益相关者的投入或参与，企业追求的是利益相关者的整体利益，而不仅是某些主体的利益。随后，利益相关者理论被广泛应用到战略管理、企业伦理等方面。

利益相关者理论的发展可依据利益相关者影响、利益相关者参与、利益相关者共同治理三个概念为标志划分为三个阶段，即利益相关者影响阶段、利益相关者参与阶段、利益相关者共同治理阶段(王身余，2008)(图 2.3)。

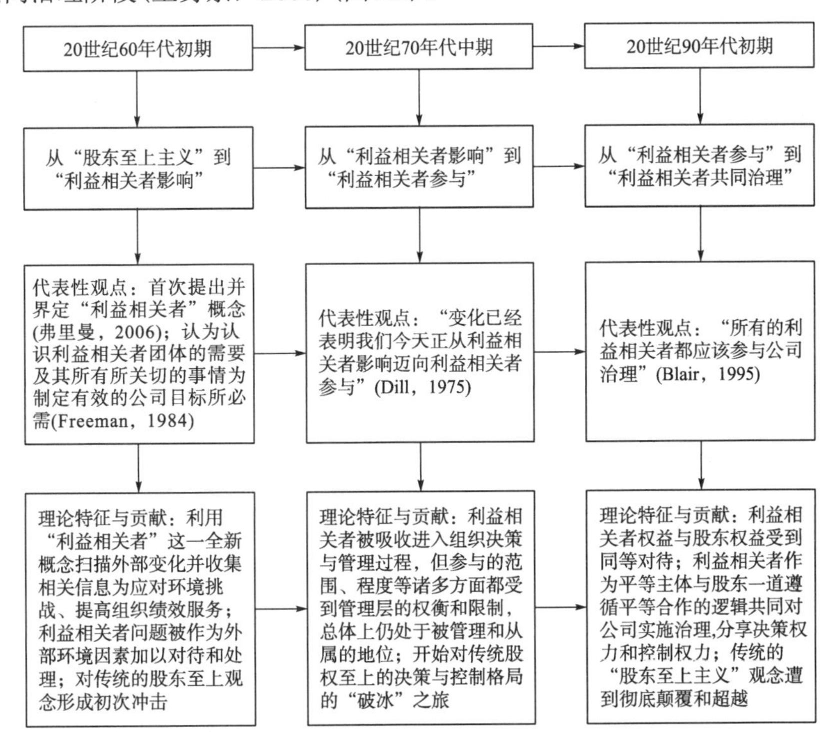

图 2.3　利益相关者理论发展中的三个阶段

资料来源：根据“从‘影响’‘参与’到‘共同治理’——利益相关者理论发展的历史跨越及其启示”整理

2.3.2　利益相关者的定义

利益相关者理论的核心是识别具体问题中的利益相关者，以及这些利益相关者的具体利益取向和主体之间的利益交换条件，并对其在问题中的影响程度和能力做出评估，最后通过合理协调和管理利益相关者的利益分配来解决问题。因此，利益相关者理论的关键是识别具体的利益相关者。对于利益相关者，代表性的定义如下。

Freeman(1984)从广义上对利益相关者进行了定义，他认为："利益相关者是能够影响一个组织目标的实现，或者受到一个组织实现其目标过程影响的所有个体和群体。"这个定义强调利益相关者与企业的关系，当然这个定义对利益相关者的界定十分广泛，除了传统意义上的股东、债权人、供应商等，还将社区、环境、媒体等对企业活动有直接或间接影响的都看作利益相关者。

贾生华和陈宏辉(2002)认为利益相关者是指那些在企业中进行了一定的专用性投资，并承担了一定风险的个体和群体，其活动能够影响企业目标的实现，或者受到企业实现其目标过程的影响。这一定义既强调专用性投资，又强调利益相关者与企业的关联性，有一定的代表性。

联合国城市治理项目组结合发展实践，归纳出利益相关者的三要素为：①利益受到问题影响或者其行为极大地影响着问题；②拥有信息、资源及战略规划形成和执行所需要的专家；③控制相关执行工具的人(刘淑妍，2010)。

根据上述利益相关者的定义，公众参与中的利益相关者主体应包括被项目直接或潜在影响的，能为项目提供重要知识或信息，且能够影响项目实施及对项目感兴趣的相关组织、群体或个人。结合污染型邻避设施规划建设中的实际情况，对本书研究中的利益相关主体及其利益诉求、逻辑关系进行梳理，如图2.4～图2.6所示。

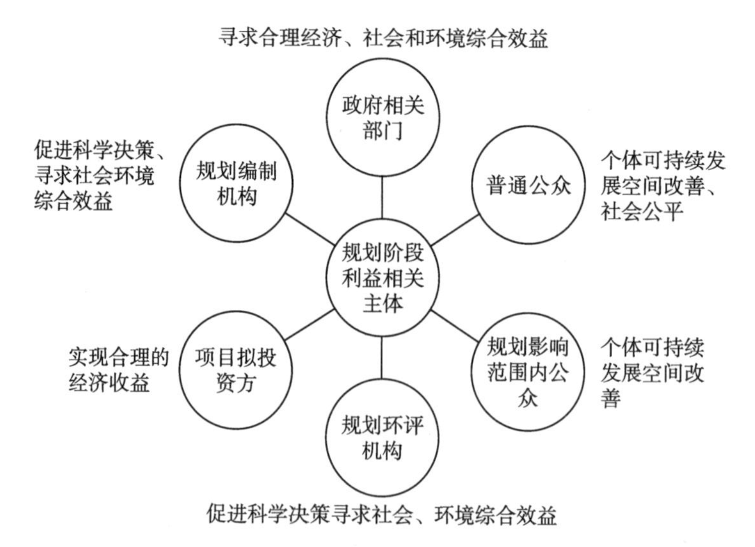

图2.4　污染型邻避设施规划阶段利益相关主体及其利益诉求

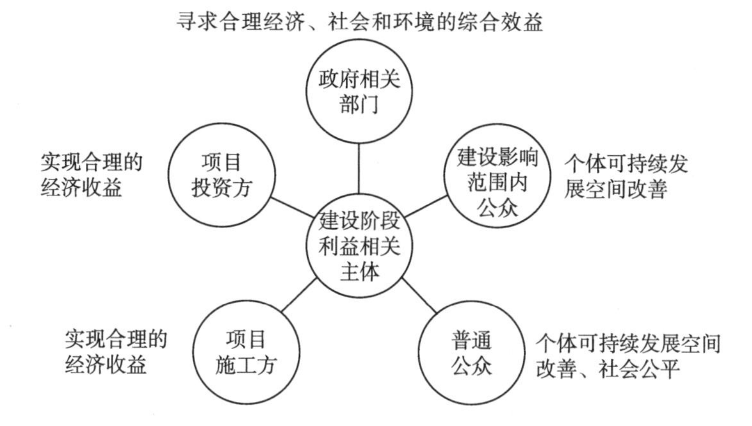

图 2.5　污染型邻避设施建设阶段利益相关主体及其利益诉求

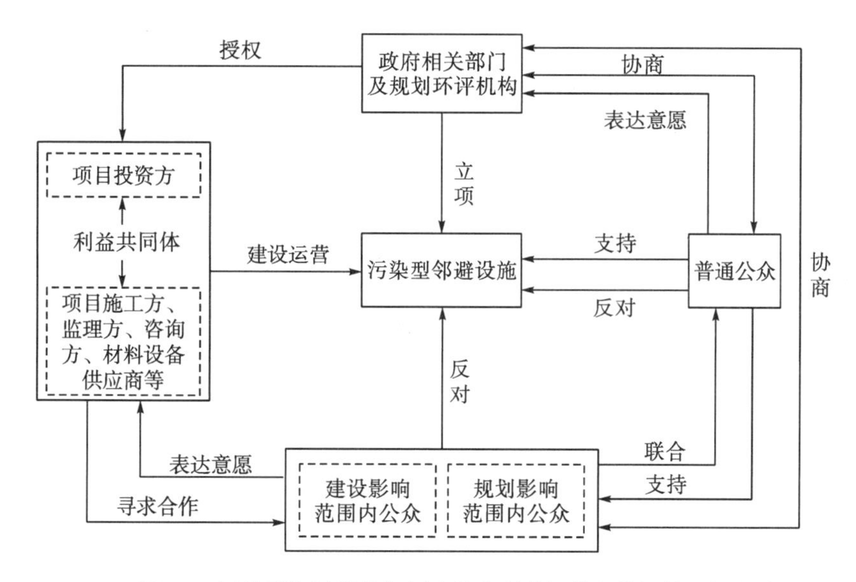

图 2.6　污染型邻避设施规划建设中利益相关主体间的逻辑关系

2.3.3　利益相关者理论对本研究的启示

利益相关者理论的不断发展，一方面给政府公共事务管理提供了新的理论指引，另一方面也提出了在公共事务管理过程中应充分听取公众意见，保证公众利益与社会利益、国家利益相互平衡的要求。基于利益相关者理论的利益相关者分析已被广泛应用到社区资源管理、冲突管理、公共决策等领域。在建设工程领域，已有学者运用利益相关者理论来分析大型工程项目建设方案(应立弢，2015)、工程项目治理(王介石，2011)、工程项目进度管理(张洁，2015)等问题。

污染型邻避设施是典型的带有潜在环境污染的工程项目，与一般工程项目相比，其利益相关者涉及面更广，利益相关者之间的关系更为复杂。由于涉及众多的利益相关主体，不同利益相关主体会根据各自利益诉求或利益目标导向来调整各自的行为策略，因而要揭示利益相关者的相互影响关系。针对利益诉求的有效考虑，特别是考虑来自基层最普遍的公众利益诉求，对于决策科学化和公平化更加富有意义和价值。

概括而言，利益相关者理论对本研究的启示在于两点。

(1)为公众参与主体界定提供理论支撑。本书将利益相关主体定义为在污染型邻避设施项目规划建设中，对污染型邻避设施具有直接或潜在影响、能为项目提供重要知识或信息，且能够影响项目实施的以及对项目感兴趣的组织、群体或个人。污染型邻避设施受影响群体数量庞大，公众意愿表达极有可能发展为非理性的过激行为，政府应重视事件的紧迫性，及时做好相应的防范和应对措施。

(2)为政府探讨治理路径提供理论工具。在污染型邻避设施的规划建设过程中，最核心的利益相关者主要为政府、投资企业、社会公众，其对利益的诉求和风险的承担能力差别较大。投资企业和社会公众主要是追求自身利益最大化，而政府作为发挥协调功能的关键主体，应关注全局整体利益。在各方利益博弈过程中，政府要基于利益相关方的多元性，按照平等合作思路，通过分配决策权来统筹各方利益，实现多方共赢。

2.4 社会稳定风险评估

2.4.1 社会稳定风险评估的定义及程序

社会稳定风险评估，是指与人民群众利益密切相关的重大决策、重要政策、重大改革措施、重大工程建设项目，与社会公共秩序相关的重大活动等重大事项在制定出台、组织实施或审批审核前，对可能影响社会稳定的因素展开深入调查、科学预测和综合评估，制定风险应对策略和预案，以有效规避、预防、控制重大事项实施过程中可能产生的社会稳定风险，从而有助于确保重大事项顺利实施。

唐钧(2015)结合社会发展的四个典型阶段，给出了社会稳定风险评估的定义(表 2.1)及社会稳定风险评估的程序(图 2.7)。

表 2.1 社会稳定风险评估的定义

阶段划分	定义
粗放阶段	仅评估项目或政策等待评事项，是否具有可能引发群体性事件的风险
规范阶段	在政策、项目、活动的制定或实施之前，通过全面、科学地分析可能影响社会稳定的因素，预测其损害程度，预估责任主体的承受能力，进而综合评定风险等级
精细阶段	系统应用风险评估的科学方法，全面评估待评事项可能引发的社会稳定风险，客观预估责任主体和管理部门对社会稳定风险的内部控制和外部合作能力，科学预测相关利益群体的容忍度和社会负面影响，提前预设风险防范和矛盾化解的措施，进而确定该待评事项的当前风险等级，并形成循环
人性阶段	同时兼顾两个维度：一是民众抵触和抗议的最小化，即底线思维的反对最小化；二是民众满意度的最大化，即人性化导向的满意度最大化

资料来源：根据《社会稳定风险评估与管理》(唐钧，2015)整理。

制定评估方案	由评估主体对已确定的评估事项制定评估方案，明确具体要求和工作目标
组织调查论证	评估主体根据实际情况，将拟决策事项通过公告公示、走访群众、问卷调查、座谈会、听证会等多种形式，广泛征求意见，科学论证，预测、分析可能出现的不稳定因素
确定风险等级	对重大事项社会稳定风险划分为A、B、C三个等级。人民群众反映强烈，可能引发重大群体性事件的，评估为A级；人民群众反映较大，可能引发一般群体性事件的，评估为B级；部分人民群众意见有分歧的，可能引发个体矛盾纠纷的，评估为C级。评估为A级和B级的，评估主体要制定化解风险的工作预案
形成评估报告	在充分论证评估的基础上，评估主体就评估的事项、风险、结论、应对的措施编制社会稳定风险评估报告
集体研究审定	重大事项在实施前必须由集体研究审定。评估主体将评估报告、化解风险工作预案提交主管部门审批，主管部门组织会议集体研究，视情况做出实施、暂缓实施或不实施的决定。对已批准实施的重大事项，评估主体要密切监控运行情况，及时调控风险、化解矛盾，确保重大事项顺利实施

图 2.7　社会稳定风险评估的程序

资料来源：根据《社会稳定风险评估与管理》(唐钧，2015)整理

2.4.2　对污染型邻避设施开展社会稳定风险评估的意义

我国近年来频发的邻避群体性事件表明，邻避设施建设引起的社会矛盾逐渐成为社会冲突的主要导火索，尤其是污染型邻避设施的环境负效应所引发的环境损害及社会稳定风险事件呈现出逐渐增加的态势。为此，针对污染型邻避设施建设开展社会稳定风险评估研究具有重要的科学价值和学术意义。通过揭示污染型邻避设施建设的环境损害对社会稳定的作用机理，建立和完善社会稳定风险评估模型和防范机制。

2.5　扎 根 理 论

2.5.1　扎根理论概述

作为与量化研究相对应的方法论，质性研究方法基于自然情境，采用归纳思路分析资料，建立社会内部一致性理论体系的流程体现了学术研究尊重事实的基本准则，是科学研究的重要工作(任嵘嵘 等，2015)。1967 年，由 Glaser 和 Strauss(1968)共同提出的扎根理论已成为目前质性研究中真正形成操作体系且影响最广泛的方法之一。扎根理论是一种结合归纳与演绎、定性与定量分析的方法，其最大特征是研究过程不需要建立在先验性结论和假设的基础上，从而有助于对当前理论体系尚不完善、实践现象难以解释的相关问题开展研究。扎根理论起源于社会学，现已在心理学、教育学、管理学、政治学等多个社会科学领域得到有效运用。可见，扎根理论的运用有助于缓解理论研究与经验研究之间存在的

严重脱节现象。

扎根理论的操作步骤主要为开放性编码—主轴性编码—选择性编码三个过程，研究的一般流程如图 2.8 所示。其基本逻辑在于深入情境收集研究数据，通过对数据不断比较，材料逐步编码，形成抽象化、概念化的思考分析(开放性编码)，再从数据资料中提炼出概念和主范畴(主轴性编码)，最终识别核心范畴(选择性编码)，并在此基础上构建理论。

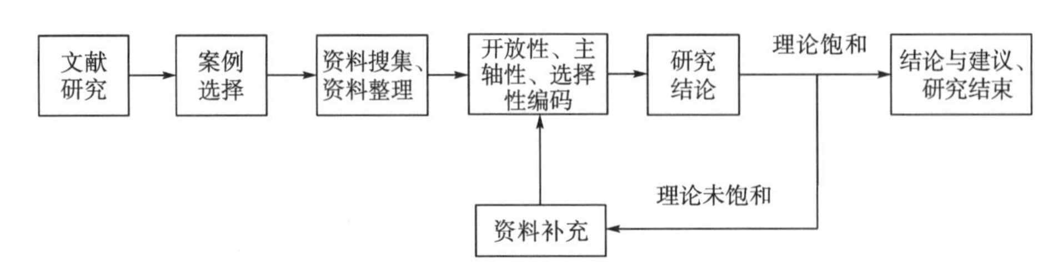

图 2.8　扎根理论研究方法的一般流程

2.5.2　扎根理论对本研究的启示

在当前条件下，结合研究问题的需要，运用扎根理论研究法开展研究，有助于推动中国管理研究的发展。对本书而言，引入当前质性分析方法中应用较为广泛和成熟的扎根理论，其启示意义主要有两点。

(1)加深对污染型邻避设施公众参与的认识。借助扎根理论对污染型邻避设施公众参与的现状进行比较、归纳和演绎分析，形成更高层次的概念认识，再对不同的概念进行比较、建立联系，在这个过程中加深对污染型邻避设施公众参与的认识。

(2)揭示邻避事件发生的内外成因。由于污染型邻避设施规划建设中涉及的众多利益相关主体在邻避事件的成因机理分析中具有不便量化的特征，故选择扎根理论可以有效地解决多主体参与行为间互动关系的影响问题，为后文关于公众参与行为影响因素的探究提供理论基础。

2.6　演化博弈论

2.6.1　演化博弈论概述

传统博弈论假设参与博弈的主体是完全理性的，参与人能对环境所产生的任何变化做出迅速、准确的反应，只要拥有决策所需的信息，博弈的经济系统即能迅速达到均衡，然而这在现实社会中是不切实际的假设(Gintis，2009)。演化博弈论(evolutionary game theory)假设参与博弈的主体是有限理性的，参与人通过相互学习和模仿来改变自己的策略选择，以期达到均衡状态(约翰·梅纳德·史密斯，2008)。

演化博弈理论源于生物进化论，受到达尔文有关“物竞天择，适者生存”的进化论思想的影响，人类在面临复杂问题时，常常凭借本能的直觉去效仿较成功的策略行动，这点与动物的行为模式非常相似。而早在 1948 年 Marshall 就指出“物竞天择，适者生存”这一演化观点能够很好地解释现实世界(Mankiw，2008)。20 世纪 70 年代，Smith 和 Price 在他们发表的论文中首次提出了演化稳定策略(evolutionary stable strategy，ESS)概念，这一概念的提出标志着演化博弈理论诞生(Mankiw，2008)。1978 年，Taylor 和 Jonker(1978)在观察生态演化现象时提出了复制动态(replicator dynamic，RD)概念，演化博弈理论得到突破性发展。演化稳定策略和复制动态构成了演化博弈理论的两大基本概念，分别表示演化博弈系统的稳定状态和向这种稳定状态的动态调整与收敛过程。

2.6.2　演化博弈论基本理论及模型求解

2.6.2.1　演化稳定策略

演化稳定策略(ESS)是 Smith 和 Price 在研究生态演化过程时提出来的，其核心思想是：任一群体中必然会存在着任何小的突变群体，如果该群体的初始行为模式获得的期望支付高于突变群体，那么原群体便能消灭入侵的变异群体，最终仅有原群体存在而达到演化稳定状态，原群体的行为策略即为演化稳定策略。这种对 ESS 的定义有较为严格的条件限制，它定义群体为单群体，且群体中个体数目无限大等，正因为它的条件限制了其在学术界的运用，但随着学者对演化博弈论研究的深入，这个定义得到拓展。

1980 年，Sesline 首次对适用于描述多群体均衡的演化稳定策略进行了定义。1988 年，Sheae 首次对适用于描述有限规模群体均衡演化稳定策略进行了定义。1990 年，Foseter 和 Youn 等建立起了以学习模型和随机稳定均衡(stochastically stable equilibrium，SSE)为核心的演化博弈理论。根据参与博弈的总体个数，演化稳定策略也有所不同，可分为单群体演化稳定策略和多群体演化稳定策略。

1. 单群体演化稳定策略

假设在某一单群体内，个体采用的原策略为x，而突变个体采用的策略为y，群体中突变主体所占比例为$\varepsilon(\varepsilon\in(0,1))$，未突变的主体所占比例即为$1-\varepsilon$。那么此时随机选择的个体将以$1-\varepsilon$的概率使用原策略$x$，以$\varepsilon$的概率使用突变策略$y$。如果个体使用原策略$x$的期望支付大于使用突变策略$y$的支付，则说原策略$x$是演化稳定策略。单群体演化稳定策略的定义为：如果对任何突变策略$y\neq x$，存在$\bar{\varepsilon}_y\in(0,1)$，使得

$$u\left[x,\varepsilon y+(1-\varepsilon)x\right]>u\left[y,\varepsilon y+(1-\varepsilon)x\right] \tag{2.1}$$

对任何$0<\varepsilon<\bar{\varepsilon}_y$都成立，那么$x$则为演化稳定策略。

$\bar{\varepsilon}_y$是与突变策略y相关的常数，被称为侵入边界(invasion barriers)，$\varepsilon y+(1-\varepsilon)x$表示由选择原策略群体与选择突变策略群体所组成的混合群体。其中$u(x,y)$表示效用函数，也被称为期望支付，$u\left[x,\varepsilon y+(1-\varepsilon)x\right]$即表示选择原策略的个体在与采用混合博弈群体中任何一个主体博弈获得的期望支付，$u\left[y,\varepsilon y+(1-\varepsilon)x\right]$即表示选择突变策略的个体在与采用混合博弈群体中任何一个主体博弈获得的期望支付。此类仅在单个群体中展开的博弈为典型的对称博弈，仅适用于研究单个群体。

2. 多群体演化稳定策略

假设存在 n 个群体，每个群体具有足够多的个体，且每个个体都有一个混合策略，从每个群体中随机重复地抽取一个个体进行的多个参与者的博弈称为多群体演化博弈。多群体演化稳定策略的定义为：如果对于任何 $y \in \sum$ ，$y \neq x$ ，存在 $\overline{\varepsilon}_y \in (0,1)$ ，对任何 $0 < \varepsilon < \overline{\varepsilon}_y$ 和 $w = \varepsilon y + (1-\varepsilon)x$ ，存在 i ，使得

$$u_i(x_i, w_{-i}) > u_i(y_i, w_{-i}) \tag{2.2}$$

则称策略组合 $x = (x_1, x_2, x_3, \cdots, x_n) \in \sum$ 为演化稳定的策略组合（曼瑟尔·奥尔森 等，2014）。此类发生在多个群体中的个体之间的博弈称为非对称博弈，也是现实社会经济中出现较多的策略博弈。

2.6.2.2 复制动态微分式

复制动态是指博弈群体中选择某一策略数量的增长率等于选择该策略所获得的支付与平均支付之差，演化博弈过程一般包含两个可能的行为演化机制，即选择机制（selection mechanism）和突变机制（mutation mechanism）。选择机制指在此次博弈中获得较高支付的策略，在下一次博弈中被更多的个体选择；突变群体中的参与个体随机地选择突变策略，突变策略或许获得较高支付，或许获得较低支付，最终只有获得较高支付的策略才能生存下来。针对演化博弈参与主体行为的调整过程，Taylor 和 Jonker（1978）提出的复制动态模型是使用最为广泛的一种。参与博弈的群体数量不同，复制动态也不同，根据参与博弈的群体数可分为单群体演化博弈的复制动态和多群体演化博弈的复制动态。

1. 单群体演化博弈的复制动态

假设单群体中的个体数为 n，所有个体都采用一个纯策略 S_i，$S_i \in \{S_1, S_2, \cdots, S_n\}$ ，设在 t 时刻，x_i 表示群体中采用纯策略 S_i 的比例，且是随着时间 t 变化的微分函数，则 $x(t) = (x_1, x_2, \cdots, x_m)$ 表示该单群体在 t 时刻的状态。如若在群体中随机抽取两个个体进行对称配对博弈，采用纯策略 S_i 所获得的期望支付为 $u(s_i, x)$ ，群体的平均期望支付为 $u(x, x)$ 。由此可得到单群体演化博弈的复制动态的微分式：

$$\frac{dx_i}{dt} = x_i(t) = x_i[u(s_i, x) - u(x, x)] \tag{2.3}$$

式中，dx_i / dt 表示选择纯策略 S_i 的增长率。当 dx_i / dt 为正时，表明选择纯策略 S_i 的个体获得的期望支付大于群体的平均期望支付；当 dx_i / dt 为负时，表明选择纯策略 S_i 的个体获得的期望支付小于群体的平均期望支付；当 dx_i / dt 为零时，表明两者相等。

2. 多群体演化博弈的复制动态

在具有 n 个群体的总体中，第 $i(i \in (1,n))$ 个群体中选择采用第 k 种策略的个体在该群体中的比例为 x_{ik}，$x_{ik} = \{x_{i1}, x_{i2}, \cdots, x_{im_i}\}$ 表示 i 群体的混合策略。从众多个体中随机抽取某一个体进行多群体的演化博弈，$u(s_{ik}, x_i)$ 表示群体 i 中采用第 k 种策略所获得的期望支付，$u_i(x)$ 表示群体 i 在策略组合 x 下的期望支付。由此可得到单群体演化博弈的复制动态的微

分式：

$$\frac{\mathrm{d}x_{ik}}{\mathrm{d}t}=x_{ik}(t)=x_{ik}[u_i(s_{ik},x_i)-u_i(x)] \tag{2.4}$$

2.6.2.3　演化博弈模型及求解

针对以上的复制动态微分式，根据 Friedman（1998）提出的检验均衡点稳定性的方法，通过雅可比矩阵来判断平衡点的局部稳定性。由于本书涉及二维对称、非对称博弈，故在此仅考虑二维博弈的复制动态微分式求解，具体如下。

参与博弈的群体在此称为群体 1 和群体 2，群体 1 采用原策略的概率为 x_1，群体 2 采用原策略的概率为 x_2，策略组合 $x=(x_1,x_2)\in\mathbf{R}^2$，则群体 1 的复制动态微分式为 $x_1(t)=f(x_1)$，群体 2 的复制动态微分式为 $x_2(t)=f(x_2)$。当 $x_i(t)=f(x_i)=0$ 时，可解得微分方程式的均衡点 x^*（x^*为一个常数），参与群体 1 和参与群体 2 的复制动态微分式所组成的雅可比矩阵为

$$\boldsymbol{J}=\begin{pmatrix}\frac{\partial f(x_1)}{\partial x_1} & \frac{\partial f(x_1)}{\partial x_2}\\ \frac{\partial f(x_2)}{\partial x_1} & \frac{\partial f(x_2)}{\partial x_2}\end{pmatrix}=\begin{pmatrix}a_{11} & a_{12}\\ a_{21} & a_{22}\end{pmatrix} \tag{2.5}$$

当所求均衡点对系统雅可比矩阵的行列式和迹同时满足：

$$\begin{aligned}&\det\boldsymbol{J}=\begin{vmatrix}a_{11} & a_{12}\\ a_{21} & a_{22}\end{vmatrix}=a_{11}a_{22}-a_{21}a_{12}>0\\ &\mathrm{tr}\boldsymbol{J}=a_{11}+a_{22}<0\end{aligned} \tag{2.6}$$

则说明该均衡点是渐进局部稳定的。如果 det$\boldsymbol{J}$ 和 tr$\boldsymbol{J}$ 都大于零，表明对应均衡点不稳定；如果 det$\boldsymbol{J}$ 小于零，表明对应均衡点为鞍点。

2.6.3　演化博弈论对本研究的启示

在污染型邻避设施规划建设中，各参与主体存在利益冲突，在非完全信息条件下并不能一开始就找到最优策略来实现自身利益最大化，而是在选择策略的过程中通过吸取其他利益相关主体的经验和教训，结合其余参与者的策略选择及内外部影响因素来调整自身策略，最终实现各自利益的最大化，为此在污染型邻避设施规划建设中各主体策略选择是随着时间而逐渐演变的一个过程，这与演化博弈理论基本符合。鉴于演化博弈理论对组织行为问题的解决具有良好的适用性，本书将基于公众、政府及投资企业三个视角，采用演化博弈理论来分析污染型邻避设施规划建设中各主体行为由被动向主动、消极向积极、非合作向合作逐渐转变所需要的内外条件。有关污染型邻避设施规划建设中公众参与行为的演化博弈分析将在第 5 章予以重点阐释。

2.7 本 章 小 结

本章分别对公众参与阶梯理论、公众参与污染型邻避设施的依据、利益相关者理论、社会稳定风险评估、扎根理论、演化博弈进行理论诠释，从而为本书研究奠定理论基础和提供正确的研究指南。

第3章　污染型邻避设施规划建设中公众参与的现状分析及关键影响因素识别

3.1　引　　言

污染型邻避设施规划建设中的公众参与是实现公民知情权、参与权、决策权和环境权的具体路径和制度保障，充分发挥公众参与作用有助于增强公众对污染型邻避设施的接受程度、缓解污染型邻避设施建设与公众意愿的矛盾。然而，我国污染型邻避设施规划建设中的公众参与现状存在较大问题，大多处于形式化参与和被动式参与阶段，因而对污染型邻避设施规划建设中的公众参与现状进行分析是揭示公众参与问题的重要前提。

自2006年起，我国学术界开始了关于污染型邻避设施的探讨，近年来邻避冲突事件频发，污染型邻避设施规划建设过程中的公众参与问题引起学术界和政府的广泛关注，相关文献数量呈现井喷趋势。然而现有研究主要集中于公众参与的现状问题、案例研究等方面，对公众参与的影响因素研究较为薄弱，大多停留在定性或概念层面，缺乏对污染型邻避设施规划建设中公众参与的关键影响因素及其相互作用关系的深层次研究。

鉴于此，本章在分析污染型邻避设施规划建设中公众参与现状的基础上，采用定性和定量相结合的方法，从逻辑关系的视角出发，立足于污染型邻避设施规划建设过程，综合运用文献研究法、频度统计法、主成分分析法（principal component analysis，PCA）及结构方程模型（structure equation model，SEM）深入揭示影响公众参与污染型邻避设施规划建设过程的关键影响因素，以期为公众参与行为选择及政策机制设计提供理论依据，从而为污染型邻避设施的政策制定者采取有效的政策策略提供理论参考。

3.2　污染型邻避设施规划建设中公众参与的现状分析

综合现有学者关于污染型邻避设施规划建设中公众参与现状的研究，可以归纳出公众参与的现实困境主要有以下五点。

1. 公众参与的法律制度不健全

法律制度是污染型邻避设施规划建设中公众参与最基本的保障。尽管我国在城市规划、环境影响评价等领域已出台了公众参与相关法律规定，明确表示公众参与的重要性，但我国法律关于公众参与的规定属于原则性层面，对公众参与的具体制度、程序、渠道、范围以及保障措施等并未做出具体的可操作性的规定，对其法律效力也没有明确规定，大多数为宏观性的法律架构，缺乏具体的参与代表遴选、参与人数比例、意见处理及技术规范等规章制度，且其他领域的公众参与法律制度并非均适用于污染型邻避设施规划建设过程。实际上，这些客观条件限制了公众参与，使公众的知情权和参与权难以得到体现，导致公众参与不足。

2. 公众参与的意识不强

我国公众参与起步较晚，社会对其不够重视。长期以来，大多数公众认为规划管理就是政府的事，尚未形成自觉的参与意识。尽管近年来公众的参与意识渐渐觉醒，但是公众参与的主动性不高。究其原因，一是公众普遍存在“搭便车”的心理，不希望自己承担参与的时间成本和风险；二是公众不了解参与污染型邻避设施规划建设的工作，认为自己参与能力不足，所提出的要求和建议无法直接影响政府的决策过程，这在很大程度上降低了公众参与的动力。

3. 公众参与的主体能力不足

由于污染型邻避设施在后期运营中可能会产生电磁辐射、噪声、废气、污水等方面的威胁，所以与一般公共项目的规划设计相比，污染型邻避设施的技术设计方面具有较强的专业性，其公众参与的门槛要求也更高。对于具有较强专业性和技术性特征的污染型邻避设施规划建设过程，如果公众参与主体自身缺乏必需的专业技术知识，则无法很好地履行参与权利，进而极可能对规划决策质量和项目实施监督效果产生不良影响。

4. 公众参与渠道单一

公众参与的渠道是否充分和参与方式是否多样直接影响公众参与的效果。与发达国家公众参与形式相比，我国公众参与形式较为单一，普遍为民意调查和规划成果公示，即常常以问卷调查的形式出现并辅以相应的信息发布。少数邻避项目举行讨论会、座谈会等，但这些方法往往仅被视作一种辅助手段未得到广泛开展，同时调查结果具有片面性，难以被政府相关部门重视，以致最终规划选址的决策很少采纳公众的意见，公众对规划结果大多只是被动地接受。

5. 公众参与的时间和阶段滞后

目前，大多数污染型邻避设施规划建设决策中公众参与的时间和阶段存在滞后的问题，在项目前期阶段，公众一般处于“全然不知”的状态，参与介入时间点一般为项目开始启动后，但此阶段介入公众易与政府相关部门因各方意见分歧严重而引发群体性事件。因此，污染型邻避设施规划建设中存在着严重的公众参与时间和阶段滞后的问题，公众参与时间和阶段的滞后，客观导致了项目决策信息的不对称，而后期项目信息的“突然”公开，容易给民众造成极大的心理不适感，使民众对建设项目产生本能的疑虑和不信任，最终导致项目建设受到民众的极力反对而被迫取消或改址，造成重大的经济损失。

综上所述，全面、系统探究污染型邻避设施公众参与的关键影响因素，有助于找出制约公众参与的重要障碍因素，为进一步设计公众参与机制提供一定的政策参考。

3.3　污染型邻避设施规划建设中公众参与的关键影响因素识别

3.3.1　影响因素识别方法选择

在影响因素识别的方法选择方面，使用频次较高的主要有德尔菲法、头脑风暴法、案例分析法和文献研究法。为便于污染型邻避设施规划建设过程中公众参与影响因素识别的方法确定，对不同方法的优缺点及在本书中的适用程度进行了对比分析(表 3.1)。

表 3.1　因素识别常用方法对比

序号	方法名称	操作程序	优点	缺点	适用程度
1	德尔菲法	①确定研究领域内的有关专家，成立专家小组(一般不超过 20 人)；②以邮件/信件方式向所有专家提问，并附上问题背景材料；③回收、整理汇总所有专家意见，以不记名方式反馈给专家小组成员，并征询意见；④重复步骤③3～6 轮，不断统一专家意见，形成结论	①集思广益，扬长避短，充分结合专家学识、经验	①对专家的个人经验和主观能力要求较高；②易忽视少数人意见，导致片面预测；③过程复杂，耗时较长	中等
2	头脑风暴法	①制订研究议题，敲定与会人数、会议时间和地点，通知与会人员参加会议；②专家以简短方式自由发言，不允许私下交流和评论别人；③筛选相关因素，并进行针对性补充和讨论	①创造性思维激发；②专家相互补充产生“组合效应”	①易受心理因素影响；②专家集中开会实施困难	一般
3	案例分析法	①确定案例选择标准，保证选择口径的一致性；②收集案例资料并进行分析；③汇总相关因素	①案例获取来源广泛，如调研、报道、文献资料等；②资料易得性强	①结论准确性受资料来源影响较大；②应用时应与其他方法结合使用，以避免研究者主观判断	中等
4	文献研究法	①设计研究议题和研究目标；②搜集、鉴别、整理相关文献；③形成可操作的、可重复的文献研究活动，并总结得出结论	①书面调查，信息获取较为准确、可靠；②不需要大量研究人员，不需要特殊设备，省时、省钱、效率高；③基于现有成果进行研究，是获取知识的捷径	①依赖研究者文献搜集和整理的能力；②文献资料的质量标准难以保证	较好

区别于其他学者结合案例研究法、文献研究法进行因素识别，本书采用文献研究法的原因不仅在于：①文献研究法受外界制约较少，研究者可克服时间、成本限制；②文献研究法信息准确、科学性强；③对研究者来说，拥有基本的学术能力经过培训即可掌握，实践性强。更主要的是，虽然公众参与相关概念和理论的引入促进了我国执政思路和决策形态逐步向以公众参与治理为主体的转换，激发了国内学者深入探索公众参与和积极实践的研究热情，但目前关于污染型邻避设施公众参与影响因素研究较少、较不完整，相关案例

资料的获取难度较大，案例研究法不太适用于本书的影响因素识别。而通过分析整理文献资料，可以广泛地参考借鉴其他领域公众参与行为影响因素的研究成果。

3.3.2 公众参与影响因素清单

本书研究运用文献研究法，搜集整理自 2010 年以来各领域关于公众参与研究的相关文献，以探究公众参与行为影响因素为核心主题，对文献进一步分析，并选择各领域公众参与的部分代表性文献，梳理出影响公众参与行为的关键因素，结果如表 3.2 所示。

表 3.2 文献研究法识别公众参与影响因素

序号	学者	领域	影响因素
1	杨秋波(2012)	邻避设施决策	①主体方面：公众参与决策的积极性、参与公众的代表性、公众环境意识等； ②客体方面：公众参与目标的明确程度、公众参与的收益预期、公众参与工具与参与目标的匹配程度等； ③环境方面：政府信息公开程度、新闻媒体关注程度等
2	任远(2014)	邻避设施决策	①参与基础：项目信息公开程度、公众的代表性、公众参与意识等； ②外部支持：专家作用、环保 NGO 作用； ③参与过程：公众参与的互动性、公众参与的持续性等； ④成本效果：公众参与中成本的消耗、公众意见对决策的影响
3	杨一浏(2016)	旧城改造	信息不对称；公众参与意识、能力；政府、企业、公众角色定位；公众参与运行模式；制度保障
4	李姝静等(2015)	旧城改造	法律制度；公众参与意识与能力；公众参与组织与运行机制
5	麻晓菲(2016)	环境保护	政府管理观念；法律保障机制；公众参与程度
6	张倩倩(2013)	环境保护	公众参与意识；公众参与能力；公众参与机制；公众参与渠道；法律制度保障
7	陈昕(2010)	环境影响评价	公众人数和基本情况；信息公开程度；公众参与时间；公众参与途径
8	杨梦瑀(2015)	环境政策制定	公众环境意识；政府回应度；信息公开程度；对政府的信任度
9	姜维国(2014)	环境影响评价	利害关系人；法律制度；公共政策；市场经济发展水平；社会信息化程度
10	樊伟成(2013)	工程项目	传统文化；信息不对称；公共机构与公众的互动；信息公开和透明化；政府信任度
11	彭亚洲(2011)	工程项目	体制、法律、技术、主观认识原因
12	孙晓琳(2014)	核电项目	①行为态度：利益驱动、自我实现、社会责任等； ②主观规范：主要群体、次要群体等； ③知觉行为控制：便利性、自我能力等
13	冯一帆(2014)	非经营性政府投资项目	①参与主体：政府、公众、专家； ②参与制度：参与渠道、参与监督与保障； ③参与实务：时间成本、费用成本
14	潘丽军(2017)	地方立法	传统观念；公众参与制度、部门利益、公众参与能力
15	任小明(2012)	土地规划	参与机制的完善程度、公众的经济水平、规划过程中的政府行为
16	张雪(2012)	社区规划	公众对规划内容的理解程度、公众素质和意识

由此可见，国内关于公众参与的研究虽涉及邻避设施决策、旧城改造、环境保护、环境影响评价、工程项目、核电项目、非经营性政府投资项目、地方立法、土地规划及社区

规划等多个领域，但以影响因素作为针对性议题的学者较少，多以概念阐述方式提出有关因素，同时公众参与影响因素的分类标准尚未形成统一化或系统化的体系。

为保证污染型邻避设施规划建设过程中公众参与影响因素识别的有效性，本书基于表 3.2 对文献研究法梳理出的影响因素进行综合分析，通过统计概念相同及相似的影响因素出现频次，提炼出适用于所有领域的共同影响因素。同时采取面对面访谈、电话访谈等方式就污染型邻避设施公众参与的关键因素向政府及事业单位、建设单位、施工单位、咨询单位工作人员以及高等院校专家学者共 28 人进行咨询。通过结合污染型邻避项目特征以及我国邻避危机治理范式，在参考借鉴杨秋波(2012)、任远(2014)等关于邻避设施决策领域公众参与影响因素识别思路的基础上，从公众参与主体、参与过程特征、环境特征和项目决策层面综合考虑污染型邻避设施规划建设过程中的公众参与影响因素，并初步构建了如表 3.3 所示的影响因素清单。

表 3.3　污染型邻避设施规划建设中的公众参与影响因素清单

符号	影响因素	符号	影响因素
c_1	参与主体的代表性	c_{16}	公众参与的收益/成本
c_2	公众参与的热情	c_{17}	公众参与的时效性(越早越好)
c_3	公众的环境意识	c_{18}	参与行为影响决策的概率
c_4	公众参与代表履职能力	c_{19}	公众参与方式的决策影响
c_5	公众参与目的的针对性	c_{20}	公众参与方式与参与目标的匹配程度
c_6	公众的社会经济地位	c_{21}	政府信息公开程度
c_7	政府赋权公众的程度	c_{22}	环评机构的中立/客观程度
c_8	政府对于公众参与的态度	c_{23}	新闻媒体的关注程度
c_9	环保 NGO 的参与程度	c_{24}	相关法律法规的健全程度
c_{10}	专业人士与公众之间的平衡与互动	c_{25}	社会文化关于公众参与的接受程度
c_{11}	公众参与目标的明确程度	c_{26}	项目的邻避效应(环境影响)
c_{12}	公众参与过程的介入程度	c_{27}	项目的影响程度和范围(社会经济方面)
c_{13}	公众参与过程的透明性	c_{28}	项目决策主体(投资、建设和运营)的开明性
c_{14}	公众参与过程的独立性	c_{29}	项目经济、社会、环境的综合效益和费用的合理性
c_{15}	公众参与的完整性		

3.4　数据收集

3.4.1　数据来源

由于污染型邻避设施规划建设过程中公众参与影响因素具有不可直接量化性，本书运用利克特标准 5 级量表设计调查问卷。在考虑污染型邻避设施规划建设领域特性的基础上，问卷的填写者(即受访对象)选择来自政府部门、高校以及与邻避设施项目相关的建设单位、施工单位、工程咨询单位的工作人员及部分群众，从而在遵循问卷数据客观性的基础上保证了对污染型邻避设施规划建设领域公众参与相关事项的理解能力，调查结果较为有效。问卷共发放了 143 份，回收 143 份，回收率为 100%，剔除异常问卷 7 份，剩余有效问卷 136 份，有效率为 95.1%，满足样本的基本要求。关于污染型邻避设施规划建设中公众参与的关键影响因素的调查问卷，详见附录 A。

3.4.2 样本特征分析

经分析，有 45.84%以上的受访对象具有硕士及以上学历，具有本科学历的占 36.46%，专科、高中及以下学历的受访对象分别占 12.50%、5.20%(图 3.1)，在一定程度上具有较广的覆盖性。

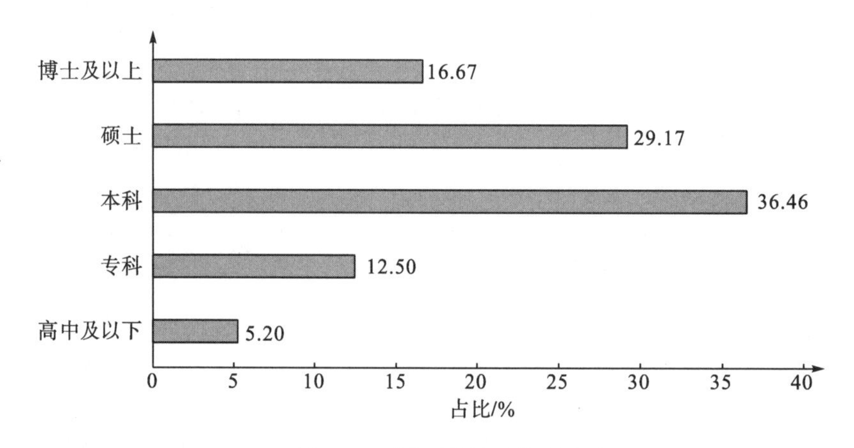

图 3.1 受访对象的受教育程度

根据问卷中的公众参与基本认知调查结果显示，一半以上的受访对象对我国污染型邻避设施规划建设中的公众参与了解很少，处于完全不了解状态的人数占受访对象总数的 11.70%，没有人完全了解我国污染型邻避设施规划建设中的公众参与(图 3.2)，可见我国污染型邻避设施决策中还需要对公众参与进行大量宣传和引导。

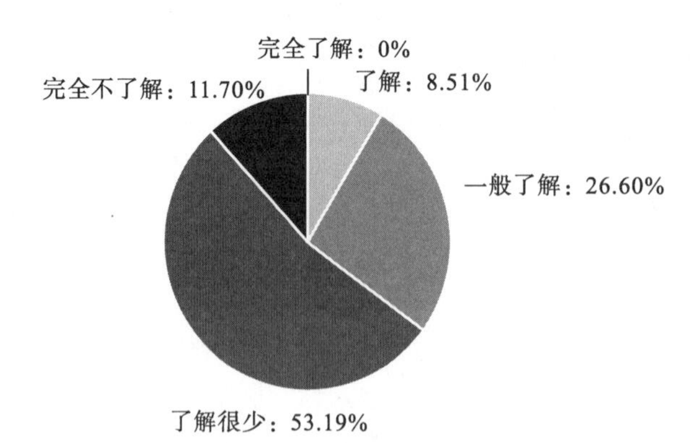

图 3.2 污染型邻避设施规划建设中的公众参与了解程度调查

在公众参与的有效性层面(图 3.3)，6.38%的人觉得我国现阶段公众参与完全没用，认为公众参与有效性较差的占 87.23%，可见我国公众参与水平十分低下，公众参与的持续推进还需要较长时间。同时，为保证公众参与的有效性，52.13%的调研对象觉得公众参与应该实现全程参与，而认同环评法时间规定和决策阶段参与的人分别占 22.34%、21.28%。

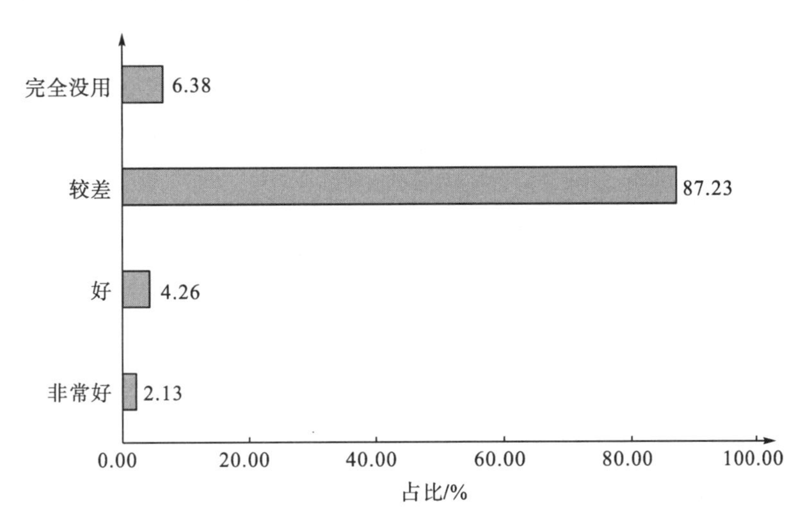

图 3.3　污染型邻避设施规划建设过程中的公众参与有效性

对于公众而言，决定其能参与污染型邻避设施的规划建设阶段的关键在于提供多样化的参与渠道。随着互联网的快速发展和新媒体的崛起，当污染型邻避设施的兴建可能影响正常生活和工作，甚至威胁生命健康时，公众更趋于以向新闻媒体求助，网上发帖，到政府部门上访，积极参加座谈会、论证会或听证会等参与方式表达自身的利益诉求，同时采取法律诉讼、向环保 NGO 求助等也是公众参与可以选择的方式(图 3.4)。

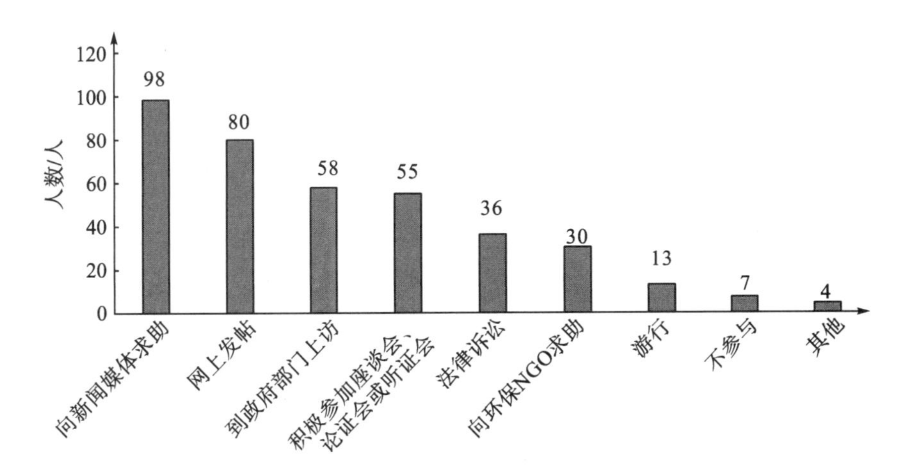

图 3.4　公众参与方式的选择

关于公众参与活动中所产生的部分费用，受访对象中有 54.26%的人不能接受个人承担，剩下 45.74%的人能够承受低于 500 元的合理费用。从图 3.5 可以看出，公众投入参与活动的时间倾向于 1～3 天，时间越长，人数越少。在其他选项中仅有一位专家愿意投入时间直到项目建好。

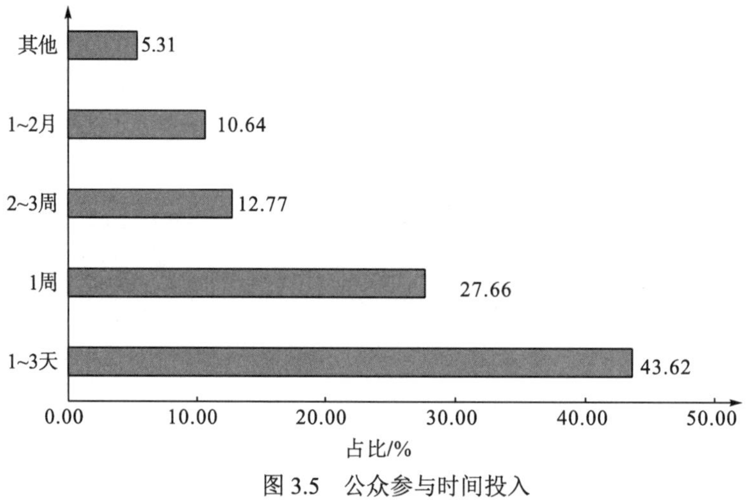

图 3.5　公众参与时间投入

综上所述，民众对于我国公众参与的了解甚少，即使项目决策过程中引入了公众参与，都往往以走过场等非参与层次的参与方式进行，参与程度太低。为保障公众切身利益的实现，我国的公众参与机制应在综合考虑公众参与渠道、参与时机、参与时间投入、参与成本等基础上进行构建。

3.5　量表项目分析

项目分析的主要目的在于检验编制的问卷量表或检验问卷中个别题项的适切性或可靠程度。通过对项目分析的检验可以探究各个受试对象在每个题项的差异或进行题项间的同质性检验，项目分析结果可作为个别题项筛选或修改的依据(吴明隆，2010)。

3.5.1　数据核验

在进行数据检验前，运用 SPSS 22.0 软件执行描述性统计量的程序，对输入的数据文件进行核验，输出结果如表 3.4 所示。通过检验数据峰度、偏度及标准差可以发现各项因素指标的峰度、偏度取值为(−2,2)，满足正态分布的要求。

表 3.4　影响因素统计描述

因素	最小值	最大值	均值	标准差	偏度	峰度
c_1	2	5	4.459	0.787	−1.452	1.635
c_2	2	5	4.377	0.778	−1.001	0.163
c_3	1	5	4.262	0.929	−1.329	1.668
c_4	1	5	3.574	1.087	−0.357	−0.554

续表

因素	最小值	最大值	均值	标准差	偏度	峰度
c_5	1	5	3.885	1.112	−0.744	−0.194
c_6	1	5	3.148	1.263	−0.236	−0.774
c_7	1	5	4.180	1.008	−1.182	0.794
c_8	2	5	4.393	0.862	−1.355	1.063
c_9	1	5	3.574	1.008	−0.259	−0.559
c_{10}	1	5	3.902	0.907	−0.769	0.701
c_{11}	2	5	4.213	0.878	−0.895	0.016
c_{12}	2	5	4.066	0.873	−0.596	−0.403
c_{13}	2	5	4.213	0.897	−1.014	0.319
c_{14}	2	5	4.082	0.936	−0.797	−0.199
c_{15}	2	5	3.967	0.856	−0.596	−0.103
c_{16}	1	5	3.475	1.058	−0.282	−0.519
c_{17}	—	5	4.049	1.007	−0.911	0.260
c_{18}	—	5	4.082	0.881	−0.919	0.421
c_{19}	—	5	3.705	0.863	−0.023	−0.727
c_{20}	—	5	3.803	0.963	−0.747	0.240
c_{21}	2	5	4.475	0.721	−1.289	1.264
c_{22}	2	5	4.328	0.889	−1.294	0.967
c_{23}	2	5	4.115	0.915	−0.774	−0.240
c_{24}	1	5	4.295	0.955	−1.465	1.861
c_{25}	1	5	3.852	0.946	−0.551	0.067
c_{26}	2	5	4.115	0.819	−0.783	0.343
c_{27}	2	5	4.295	0.823	−1.160	1.035
c_{28}	1	5	3.902	0.995	−0.637	−0.108
c_{29}	1	5	4.066	0.946	−0.988	0.825

3.5.2　同质性检验

同质性检验主要包括信度(reliability)检验、共同性(communalities)与因素负荷量(factor loading)检验。信度代表量表的一致性或稳定性，可定义为真实分数(true score)的方差占测量分数方差的比例，旨在检验因素删除后整体量表的信度系数变化情况。社会学领域有关类似利克特量表的信度估计大多采用克龙巴赫 α 系数(Cronbach' s α coefficient)，克龙巴赫 α 系数又称为内部一致性系数。共同性表示题项能解释共同特质或属性的变异量，因素负荷量则表示题项与总量表的关系程度，其值越高，同质性也就越高。

运用 SPSS 22.0 进行信度检验，得到样本总体的克龙巴赫 α 系数为 0.940，满足理想量表对总量表内部一致性系数至少达到 0.800 的要求，表明样本的内在信度非常好。

在项目整体统计量表(表 3.5)中，得到测量指标 c_6、c_{17} 的修正的项目总相关数值分别为 0.321 和 0.374，低于 0.400 的最低标准，表明其相关关系较弱。

表 3.5　整体统计量表

因素	项目删除时的尺度平均数	项目删除时的尺度方差	修正的项目总相关	项目删除时的克龙巴赫 α 系数
c_1	112.393	260.709	0.579	0.938
c_2	112.475	258.987	0.656	0.938
c_3	112.590	257.746	0.584	0.938
c_4	113.279	257.938	0.484	0.940
c_5	112.967	256.966	0.500	0.939
c_6	113.705	261.345	0.321	0.943
c_7	112.672	255.291	0.612	0.938
c_8	112.459	254.419	0.759	0.936
c_9	113.279	260.704	0.440	0.940
c_{10}	112.951	260.781	0.492	0.939
c_{11}	112.639	257.134	0.644	0.938
c_{12}	112.787	256.604	0.667	0.937
c_{13}	112.639	254.334	0.730	0.937
c_{14}	112.770	253.046	0.742	0.936
c_{15}	112.885	260.203	0.547	0.939
c_{16}	113.377	261.172	0.402	0.941
c_{17}	112.803	262.794	0.374	0.941
c_{18}	112.770	259.113	0.569	0.938
c_{19}	113.148	262.228	0.467	0.939
c_{20}	113.049	255.314	0.643	0.938
c_{21}	112.377	263.305	0.521	0.939
c_{22}	112.525	256.420	0.661	0.937
c_{23}	112.738	261.063	0.478	0.939
c_{24}	112.557	252.551	0.744	0.936
c_{25}	113.000	256.867	0.603	0.938
c_{26}	112.738	257.930	0.663	0.938
c_{27}	112.557	256.151	0.728	0.937
c_{28}	112.951	253.281	0.687	0.937
c_{29}	112.787	253.770	0.708	0.937

一般而言，共同性值若低于 0.200，表示该指标与共同因素的关系不紧密，而从表 3.6 可以发现，共同性值为 0.159 的 c_{16} 与共同因素关系微弱。

表 3.6　因素间的共同性分析结果

因素	初始	萃取	因素	初始	萃取
c_1	1.000	0.388	c_{16}	1.000	0.159
c_2	1.000	0.503	c_{18}	1.000	0.369
c_3	1.000	0.396	c_{19}	1.000	0.248
c_4	1.000	0.248	c_{20}	1.000	0.458
c_5	1.000	0.296	c_{21}	1.000	0.318
c_7	1.000	0.411	c_{22}	1.000	0.494
c_8	1.000	0.624	c_{23}	1.000	0.252
c_9	1.000	0.202	c_{24}	1.000	0.615
c_{10}	1.000	0.290	c_{25}	1.000	0.406
c_{11}	1.000	0.491	c_{26}	1.000	0.495
c_{12}	1.000	0.504	c_{27}	1.000	0.579
c_{13}	1.000	0.580	c_{28}	1.000	0.552
c_{14}	1.000	0.611	c_{29}	1.000	0.572
c_{15}	1.000	0.336			

按照因素负荷量不小于 0.45 的标准，测量指标 c_9 的因素负荷量未满足数据检验要求(表 3.7)。

表 3.7　因素的成分矩阵

因素	成分 1	因素	成分 1
c_1	0.623	c_{16}	0.398
c_2	0.709	c_{18}	0.608
c_3	0.629	c_{19}	0.498
c_4	0.498	c_{20}	0.677
c_5	0.544	c_{21}	0.564
c_7	0.641	c_{22}	0.703
c_8	0.790	c_{23}	0.502
c_9	0.449	c_{24}	0.784
c_{10}	0.538	c_{25}	0.637
c_{11}	0.701	c_{26}	0.703
c_{12}	0.710	c_{27}	0.761
c_{13}	0.762	c_{28}	0.743
c_{14}	0.782	c_{29}	0.756
c_{15}	0.580		

综上所述，在后续分析中将删除与样本共同性关系不紧密的 c_6、c_9、c_{16}、c_{17} 共 4 项测量指标。

3.6 探索性因素分析

3.6.1 共同因素抽取

项目分析完成后，为检验量表的构建效度(construct validity)，应进行探索性因素分析(exploratory factor analysis，EFA)。采用因素分析可以抽取变量间的共同因素，以较少的概念代表原来较为复杂的数据结构。所谓效度,主要是指检验问卷的有效程度，即研究有效的测量值与真实值的有效程度。

在执行因素分析程序时，以KMO(Kaiser-Meyer-Olkin)指标值的判断准则作为检验数据的标准。程序执行结果为，问卷总量表的KMO为0.814，呈现的性质为“良好”标准，表明变量间具有共同因素存在，变量适合进行因素分析。此时的显著性概率值p=0.000(<0.05)，接近于零检验，拒绝虚无假设，同样代表总体的相关矩阵间有共同因素存在，适合进行因素分析。

为对污染型邻避设施规划建设过程中公众参与行为影响因素进行探索性因素分析，本书采用主成分分析法，根据解释总变异量表中特征值个数、解释变异量的百分比以及结合问卷设计的维度，抽取了4个共同因素进行转轴，转轴前后4个共同因素可以解释的总变异量相同，均为61.988%，符合主成分分析法的基本要求。表3.8为转轴后的成分矩阵，转轴时采用内定的Kaise正态化处理方式，转轴共进行了9次迭代换算。通过按照因素负荷量进行排序，以0.400的因素负荷量选取标准，可以发现：共同因素一包含c_{21}、c_{22}、c_{20}、c_{29}、c_{24}、c_{27}、c_7、c_8、c_{26}九项因素(表3.8中阴影部分，后同)，符合外部环境构念特性，旨在描述以制度为中心支持公众参与的外部环境，比如人文环境、宣传环境等；共同因素二包含c_{11}、c_3、c_{25}、c_2、c_1、c_{23}、c_{10}七项因素，符合公众参与社会主体构念特性，旨在描述与政府相对应的由一般公众、相关专家、环保NGO以及新闻媒体等构成的集合体，因个性特征、参与意识、参与能力等不同，其在污染型邻避设施公众参与中的影响也不同；共同因素三包含c_4、c_5、c_{14}、c_{13}、c_{12}、c_{15}六项因素，符合公众参与过程构念特性，旨在描述污染型邻避设施公众参与过程目标设计、具体流程及步骤的科学合理化，从而实现公众参与预先设定的价值性准则；共同因素四包含c_{18}、c_{19}、c_{28}三项因素，符合项目决策构念特性，旨在描述项目决策主体对公众参与的接受程度以及公众参与对项目决策的实际性影响。因此，共抽取关于污染型邻避设施规划建设过程中的公众参与行为的四个因素，即外部环境、公众参与社会主体、公众参与过程、项目决策。

表3.8 转轴后的成分矩阵

因素	成分			
	1	2	3	4
c_{21}	0.756	0.188	0.113	−0.006
c_{22}	0.719	0.357	0.152	0.117
c_{20}	0.671	0.191	0.159	0.307

续表

因素	成分			
	1	2	3	4
c_{29}	0.578	0.433	0.051	0.463
c_{24}	0.564	0.450	0.205	0.343
c_{27}	0.525	0.440	0.450	0.042
c_7	0.493	0.026	0.456	0.314
c_8	0.484	0.228	0.466	0.402
c_{26}	0.475	0.285	0.322	0.061
c_{11}	0.142	0.731	0.392	0.097
c_3	0.219	0.691	0.146	0.174
c_{25}	0.204	0.621	0.048	0.423
c_2	0.277	0.586	0.255	0.301
c_1	0.388	0.574	0.282	−0.082
c_{23}	0.265	0.518	−0.075	0.270
c_{10}	−0.009	0.515	0.354	0.218
c_4	−0.052	0.209	0.726	0.099
c_5	0.236	0.105	0.715	0.000
c_{14}	0.190	0.345	0.696	0.368
c_{13}	0.452	0.136	0.691	0.235
c_{12}	0.200	0.360	0.627	0.239
c_{15}	0.445	−0.116	0.513	0.412
c_{18}	0.160	0.149	0.309	0.700
c_{19}	0.020	0.261	0.116	0.700
c_{28}	0.411	0.341	0.181	0.618

3.6.2　信度与效度的再检验

区别于上述内容基于问卷总量表的信度、效度检验内容，此时主要是对抽取出的外部环境、公众参与社会主体、公众参与过程、项目决策四个层面的影响因素进行各层面信度、效度检验(表3.9)。经验证，外部环境层面的内部一致性 α 系数为0.905，信度指标甚为理想，余下的公众参与社会主体、公众参与过程、项目决策层面的内部一致性系数均达到高信度的指标范围($0.7 \leqslant \alpha < 0.9$)。同时，四个层面的KMO均大于0.7，表明处理后的数据可靠性较好。

表3.9　各因素层面的信度、效度验证

因素层面	信度验证		效度验证		
	α 系数	项数	KMO	Bartlett's	Sig.
外部环境	0.905	9	0.878	282.864	0.000
公众参与社会主体	0.835	7	0.808	145.635	0.000
公众参与过程	0.856	6	0.878	149.160	0.000
项目决策	0.734	3	0.751	38.695	0.000

3.7 基于结构方程模型的公众参与关键影响因素分析

3.7.1 研究方法

结构方程模型(SEM)作为统计学范畴中的一般框架,近年来被广泛用于社会科学领域的复杂关系分析。结构方程模型可以整合因素分析和路径分析两种统计方法，主要处理潜变量与观测变量以及潜变量之间的关系，进而获得自变量对因变量的直接效果、间接效果和总效果(吴明隆，2009)。

完整的结构方程模型包含测量模型(measurement model)与结构模型(structural model)(图 3.6)，在测量模型中将指标变量称为测量变量(或观察变量、指标变量、显性变量)，模型图中以正方形或长方形对象表示，测量模型中的指标变量通常都是量表的题项。以利克特标准 5 级量表为例，测量模型中各指标变量的平均数为 1～5，量表中的构念因素在结构方程模型中称为潜在变量(latent variables)，模型图中以圆形或椭圆形对象表示，测量模型的潜在构念是量表在探索性因素分析中萃取的因素，这些构念因素无法直接被观察测量，而是由各指标变量来反映。结构方程模型中以单箭头符号直接表示变量间的因素关系，双箭头符号表示两个变量间有共变关系，但是没有因果关系。

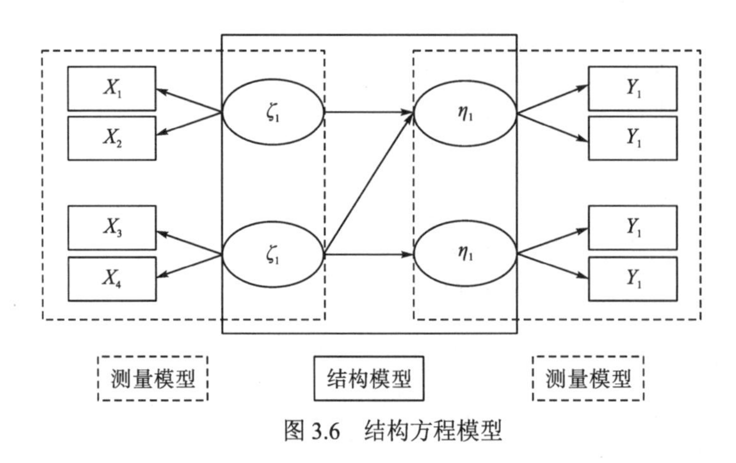

图 3.6 结构方程模型

1. 测量模型

测量模型是根据观察变量定义潜变量的测量模型，反映的是观察变量与潜变量的关系。式(3.1)表示外生标识变量 x 与外生潜变量 ξ 之间的关系，式(3.2)表示内生标识变量 y 与内生潜变量 η 之间的关系。观察变量 x 和 y 通过因子荷载 Λ_x 和 Λ_y 分别与潜变量 ξ 和 η 相关。

$$\boldsymbol{X} = \boldsymbol{\Lambda}_x \xi + \delta \tag{3.1}$$

$$\boldsymbol{Y} = \boldsymbol{\Lambda}_y \eta + \varepsilon \tag{3.2}$$

式中，$\boldsymbol{X}$ 为外源指标组成的向量；$\boldsymbol{\Lambda}_x$ 为 $(p \times m)$ 阶矩阵，表示连接 $\boldsymbol{X}$ 变量与 ξ 变量的因子荷载矩阵；δ 为 $\boldsymbol{X}$ 变量的测量误差；$\boldsymbol{Y}$ 为内生指标组成的向量；$\boldsymbol{\Lambda}_y$ 为 $(q \times n)$ 阶矩阵，表示

连接$\boldsymbol{Y}$变量与η变量的因子荷载矩阵；ε为$\boldsymbol{Y}$变量的测量误差。

2. 结构模型

结构模型主要是反映潜变量间效应关系的结构方程，潜变量间有直接的关系，也有间接的关系，方程表示如下：

$$\eta=\boldsymbol{B}\eta+\boldsymbol{\Gamma}\xi+\zeta \tag{3.3}$$

式中，η代表相应的内生潜变量；ξ为外源潜变量；内生与外源潜变量由带系数矩阵$\boldsymbol{B}$和$\boldsymbol{\Gamma}$及误差向量ζ的线性方程连接，其中$\boldsymbol{B}$代表某些内生潜变量对其他内生潜变量的效应，$\boldsymbol{\Gamma}$为代表外源潜变量对内生潜变量的效应，ζ代表回归残差，且$E(\zeta)=0$，ζ与ξ、η不相关。

相较传统分析方法，结构方程模型近年来受到国内学者广泛欢迎的原因如下。

(1)允许测量误差的存在。测量误差或多或少存在于各研究领域，误差是不可避免和不可忽略的。传统的线性回归方法虽然容许因变量存在测量误差，但是却假设自变量无误差，使得假设条件与人的认知局限不符合，而以外显指标间接表示潜变量方式的结构方程模型通过允许误差存在使得处理潜变量及其指标成为可能。

(2)结构方程模型可以同时处理多个因变量之间的关系。传统方法的分析过程大多依附于单一的因变量，对多个因变量的分析依靠的是通过对单一变量处理的整合，而结构方程模型容许潜变量由多个观察变量构成，并对模型没有设置严格的限制条件，从而更体现出模型的实际性。

(3)结构方程模型可以同时评价多维因子之间的相互关系。区别于传统方法分析潜变量关系的“两步走”，结构方程模型通过一个模型展现测量变量自身和变量之间的关系，综合考虑了检验变量的信度、效度以及变量的测量误差。

(4)结构方程模型具有弹性。结构方程模型对变量限定条件较少，能处理单一指标或多指标从属的因子分析以及特殊情况下的模型拟合，并且允许变量间的共变方差关系。

(5)结构方程模型能检验模型适配度。结构方程模型可以计算参数，可以对整个模型进行拟合分析，并在拟合结果中选出拟合度最好的模型，进一步得到最能解释现实情况的模型。

本书将结构方程模型用于污染型邻避设施规划建设中的公众参与关键影响因素探究，主要源于结构方程模型对该研究议题具有一定的可行性。本书旨在通过研究影响公众参与污染型邻避设施规划建设的关键因素来构建引导公众积极参与的框架。基于该议题的研究背景及案例依托，通过对公众参与关键影响因素的探索性分析，得出了外部环境、公众参与社会主体、公众参与过程、项目决策四个构念层次的关键影响因素，并构成了结构方程模型的潜在变量。然而，潜在变量对应的所有测量指标都不能很好地进行直接测量，并存在变量间路径关系复杂的情况。因此，需要借助结构方程模型的优势，对影响污染型邻避设施规划建设过程公众参与的四个构念层次的关键影响因素以及潜在变量之间的关系进行有效探究。

通常情况下，结构方程模型主要包括以下五个步骤。

(1)模型表述：模型估计之前形成的最初理论模型。该模型是在理论研究或实践经验的基础上形成的。

(2) 模型识别：模型识别决定设定模型的参数估计是否有唯一解。如果模型设定错误，模型估计可能不收敛或无解。

(3) 模型估计：结构方程模型的估计方法有多种，最常用的是最大似然估计法，近年来，一些稳健估计法也被广泛应用。

(4) 模型评估：获得模型的参数估计值后，需要评估模型是否能较好地拟合数据。如果模型对数据拟合良好，则经过该步骤后建模过程可以停止。

(5) 模型修正：如果模型对数据拟合不好，则需要重新设定或修改模型。此时，需要决定如何删除、增加或修改模型中的参数，通过重新设定参数以提高模型拟合度。

3.7.2　研究假设

1. 测量模型的假设

由于模型中潜变量都是不能直接测量的，因此需要用可以直接测量的变量来解释。污染型邻避设施规划建设过程影响公众参与行为的四个构念层次的关键影响因素则作为结构方程模型的潜变量。根据上述的研究成果，四个潜变量均用两个以上的观测变量来进行估计。

潜变量外部环境由“政府赋权公众的程度(c_7)”“政府对于公众参与的态度(c_8)”“公众参与方式与参与目标的匹配程度(c_{20})”“政府信息公开程度(c_{21})”“环评机构的中立/客观程度(c_{22})”“相关法律法规的健全程度(c_{24})”“项目的邻避效应(c_{26})”“项目的影响程度和范围(c_{27})”“项目经济、社会、环境的综合效益和费用的合理性(c_{29})”9 个测量变量来表示。

潜变量公众参与社会主体由“参与主体的代表性(c_1)”“公众参与的热情(c_2)”“公众的环境意识(c_3)”“专业人士与公众之间的平衡与互动(c_{10})”“公众参与目标的明确程度(c_{11})”“新闻媒体的关注程度(c_{23})”“社会文化关于公众参与的接受程度(c_{25})”7 个测量变量来表示。

潜变量公众参与过程由“公众参与代表履职能力(c_4)”“公众参与目的的针对性(c_5)”“公众参与过程的介入程度(c_{12})”“公众参与过程的透明性(c_{13})”“公众参与过程的独立性(c_{14})”“公众参与的完整性(c_{15})”6 个测量变量来表示。

潜变量项目决策由“参与行为影响决策的概率(c_{18})”“公众参与方式的决策影响(c_{19})”“项目决策主体的开明性(c_{28})”3 个测量变量来表示。

2. 结构模型的假设

通过现有理论基础，提出以下研究假设。

假设 H1：外部环境对污染型邻避设施规划建设中的公众参与具有正向影响。

假设 H2：公众参与社会主体对污染型邻避设施规划建设中的公众参与具有正向影响。

假设 H3：公众参与过程对污染型邻避设施规划建设中的公众参与具有正向影响。

假设 H4：项目决策对污染型邻避设施规划建设中的公众参与具有正向影响。

3.7.3　模型构建及修正

1. 一阶验证性因素分析模型

为探究探索性分析中得到的四个构念因素之间的关系，本书假定构念因素间具有相关关系，建立如图 3.7 所示的多因素斜交的一阶验证性因素分析模型(first-order CFA Model)，并对模型的适配度进行验证。

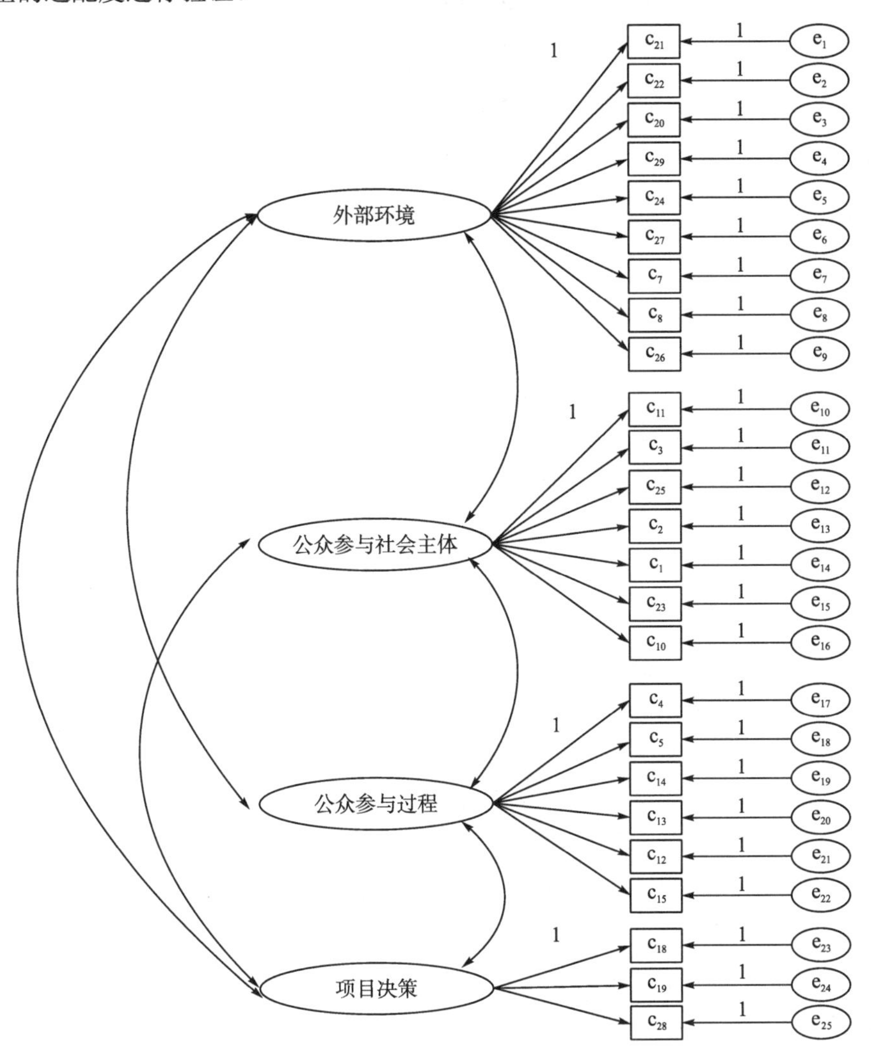

图 3.7　基于多因素斜交的一阶验证性因素分析模型

通过运用 AMOS 22.0 软件对模型的拟合度进行分析，得到该模型的适配度参数分别为：显著性概率 p=0.214(>0.05)，表示未达显著水平，接受虚无假设，卡方自由度比值 1.233<2.000，表示模型的适配度良好。模型适配度指标中的 RMR=0.037(<0.050)，GFI=0.918(>0.900)，AGFI=0.927(>0.900)，PGFI=0.594(>0.500)，均达到模型的适配度标准。通过对表 3.10 所示的潜在变量对其测量指标的标准化回归系数进行分析，可知标准化回归系数代表共同因素对测量变量的影响，表示潜在因素对测量指标的直接效果值，该值一般为 0.50～0.95，表示模型的基本适配度良好。表中，“c_{20}→外部环境”“c_{29}→外部环境”“c_{25}→公众参与社会主体”“c_5→公众参与过程”的标准化回归系数分别为 0.387、0.492、0.446、0.323，低于标准化回归系数的最低要求，因此将在后续分析中删除该 4 项测量指标。

表 3.10　标准化回归系数

测量指标	相关性	潜变量	回归系数
c_{21}	←	外部环境	0.715
c_{22}	←	外部环境	0.543
c_{20}	←	外部环境	0.387
c_{29}	←	外部环境	0.492
c_{24}	←	外部环境	0.698
c_{27}	←	外部环境	0.654
c_7	←	外部环境	0.764
c_8	←	外部环境	0.771
c_{26}	←	外部环境	0.786
c_{11}	←	公众参与社会主体	0.592
c_3	←	公众参与社会主体	0.783
c_{25}	←	公众参与社会主体	0.446
c_2	←	公众参与社会主体	0.703
c_1	←	公众参与社会主体	0.651
c_{23}	←	公众参与社会主体	0.622
c_{10}	←	公众参与社会主体	0.509
c_4	←	公众参与过程	0.535
c_5	←	公众参与过程	0.323
c_{14}	←	公众参与过程	0.681
c_{13}	←	公众参与过程	0.806
c_{12}	←	公众参与过程	0.709
c_{15}	←	公众参与过程	0.572
c_{18}	←	项目决策	0.557
c_{19}	←	项目决策	0.524
c_{28}	←	项目决策	0.866

在潜变量的相关系数表中(表 3.11)，各潜变量之间的相关系数均在 0.500 以上，表明潜变量之间存在中高度相关关系。同时外部环境与公众参与过程、项目决策、公众参与社会主体的相关系数分别为 0.754、0.779、0.845，均在 0.750 以上，显示了该四项因素可能存在另一个更高阶的共同因素。

表 3.11 潜变量的相关系数

潜变量 *a*	相关性	潜变量 *b*	相关系数
公众参与社会主体	↔	项目决策	0.732
外部环境	↔	公众参与过程	0.754
外部环境	↔	项目决策	0.779
外部环境	↔	公众参与社会主体	0.845
公众参与社会主体	↔	公众参与过程	0.686
公众参与过程	↔	项目决策	0.682

2. 二阶验证性因素分析模型

二阶验证性因素分析模型(second-order CFA Model)是一阶验证性因素分析模型的特例，又称为高阶因素分析。之所以提出二阶因素分析模型，乃是在前文构建的一阶验证性分析模型中发现原先的一阶构念因素间具有中高度的关联程度，且一阶验证性分析模型与样本数据可以适配。因此，本书构建了如图 3.8 所示的二阶 CFA 初始模型。模型中一阶构念因素外部环境、公众参与社会主体、公众参与过程、项目决策为内生潜变量，分别对应 7 个、6 个、5 个、3 个测量指标，同时增列了估计残差项 e_{22}、e_{23}、e_{24}、e_{25}，外生潜变量为高阶构念因素“污染型邻避设施规划建设中的公众参与”，且假设测量变量间没有误差共变存在，也没有跨负荷量存在，每个测量变量均只受到一个初阶构念因素影响。

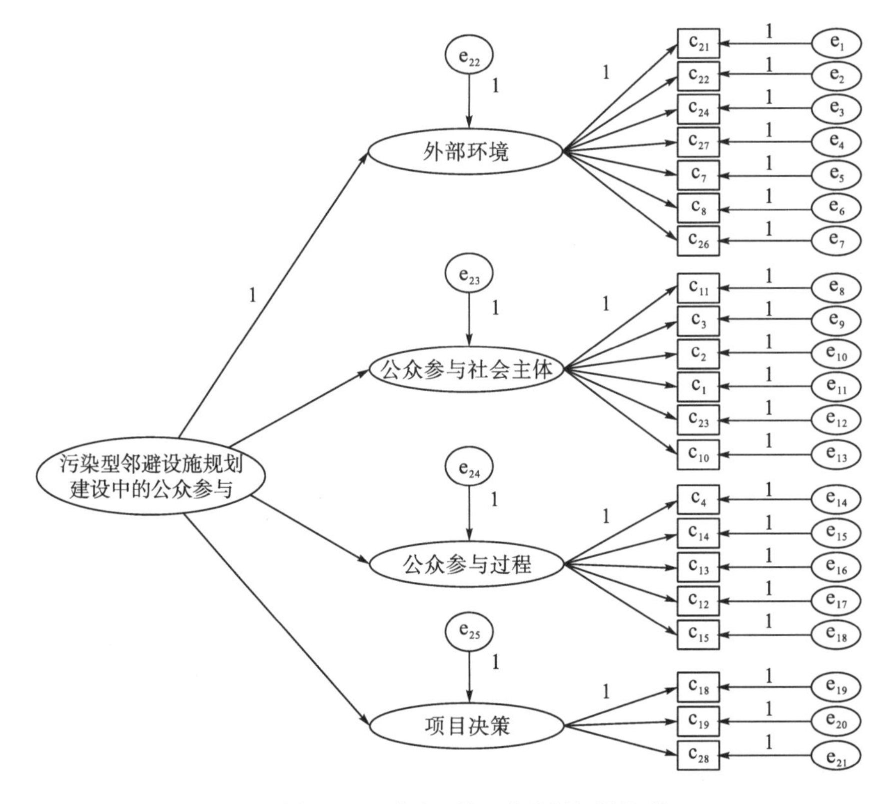

图 3.8 二阶验证性因素分析初始模型

在初始二阶 CFA 模型的适配度检验方面，显著性概率 $p=0.036<0.05$，达到显著水平，拒绝虚无假设，表示模型与数据无法契合。因此，根据修正指标值中的数据，通过增列误差变量 e_5 和 e_6、e_1 和 e_2 之间的共变关系，得到修正后的二阶 CFA 模型的显著性概率 $p=0.424$(>0.05)，接受虚无假设，表示假设模型与样本数据可以适配。此外卡方自由度比值为 1.016(<2.000)，表示二阶 CFA 模型可以被接受(表 3.12)。

表 3.12　适配度卡方值

模型	NPAR	CMIN	DF	*p*	卡方自由度比值
默认模型	48.000	186.012	183	0.424	1.016
饱和模型	231.000	0.000	0	—	—
独立模型	21.000	627.675	210	0.000	2.989

本书选择 AMOS 中常用的整体模型适配度指标(包括绝对适配统计量、增值适配统计量、简约适配统计量和残差分析指标)对模型的外在质量进行评估。将表 3.13 中各指标的临界值和模型检验结果进行对比可知该二阶 CFA 模型拟合良好。

表 3.13　SEM 整体模型适配度评价标准及模型检验结果

名称	临界值	模型检验结果	是否适配
拟合优良度指标	>0.90 以上	0.926	是
调整的拟合优良度指标	>0.90 以上	0.924	是
均方根拟合度指标	<0.05	0.019	是
近似误差均方根拟合度指标	<0.05(适配良好)　<0.08(适配合理)	0.036	是
基准化适配度指标	>0.90 以上	0.904	是
相对适合度指标	>0.90 以上	0.938	是
增量适合度指标	>0.90 以上	0.963	是
比较适合度指标	>0.90 以上	0.961	是
赤池信息准则	越小越好	282.012	是

综合修正后的二阶 CFA 模型和标准化回归系数(表 3.14)，得到外生潜变量“污染型邻避设施规划建设中的公众参与”对内生潜变量外部环境、公众参与社会主体、项目决策、公众参与过程的直接效果值分别为 0.924、0.856、0.713、0.664，四个构念因素均对污染型邻避设施规划建设中的公众参与存在正向相关关系，且效果较为显著(标准误差 SE>0，临界比 CR>1.96，$^{***}p<0.001$)。污染型邻避设施规划建设中的公众参与受到外部环境、公众参与社会主体、项目决策、公众参与过程的共同影响，影响程度依次为外部环境>公众参与社会主体>项目决策>公众参与过程。同时，由表 3.14 也可以得到各测量指标对一阶因素的影响效果。

表 3.14　二阶验证性因素分析模型的标准化回归系数

测量指标	相关性	潜变量	相关系数
项目决策	←	污染型邻避设施规划建设中的公众参与	0.713
公众参与过程	←	污染型邻避设施规划建设中的公众参与	0.664
公众参与社会主体	←	污染型邻避设施规划建设中的公众参与	0.856
外部环境	←	污染型邻避设施规划建设中的公众参与	0.924
c_{21}	←	外部环境	0.699
c_{22}	←	外部环境	0.515
c_{24}	←	外部环境	0.565
c_{27}	←	外部环境	0.533
c_{7}	←	外部环境	0.721
c_{8}	←	外部环境	0.735
c_{26}	←	外部环境	0.736
c_{11}	←	公众参与社会主体	0.529
c_{3}	←	公众参与社会主体	0.789
c_{2}	←	公众参与社会主体	0.776
c_{1}	←	公众参与社会主体	0.622
c_{23}	←	公众参与社会主体	0.562
c_{10}	←	公众参与社会主体	0.504
c_{4}	←	公众参与过程	0.516
c_{14}	←	公众参与过程	0.676
c_{13}	←	公众参与过程	0.812
c_{12}	←	公众参与过程	0.727
c_{15}	←	公众参与过程	0.554
c_{18}	←	项目决策	0.564
c_{19}	←	项目决策	0.523
c_{28}	←	项目决策	0.861

3.7.4　模型结果分析

上述二阶 CFA 模型中，得到外部环境、公众参与社会主体、项目决策、公众参与过程的路径系数依次降低的原因在于政府、社会和企业共同组成了污染型邻避项目突发事件治理工作的三大主体，政府作为核心主体，起主导作用，其职能侧重于为其他社会主体提供政策引导及协调服务，并营造良好的法律制度环境；社会是重要主体，包括个人、家庭、社区、社会媒体等，构成了公众参与机制实施的主要对象；企业作为特殊治理主体，主要体现在污染型邻避设施决策层面，是对政府和社会的有益补充。包含三大主体的污染型邻避项目突发事件的多元共治体系，推动了公众参与过程的具体实施，并根据公众参与过程的各项特征衡量项目决策民主程度，判断污染型邻避设施规划建设过程中公众参与的有效性。

以下分别对四个层面构念因素的测量指标进行具体分析。

1. 外部环境因素层面

一方面，污染型邻避项目具有的环境负外部性和成本效益不对称性是引起污染型邻避项目冲突甚至突发事件的根本所在，体现了该类设施项目的污染本质。另一方面，污染型邻避项目作为社会现代化趋势的必然产物，也推动着城市的发展和社会的不断进步。因此，需要分别从社会经济和环境角度对污染型邻避项目的利弊特征加以描述。

政府作为公共事务决策的领导者，在促进公众参与的过程中扮演着至关重要的角色。为给公众参与提供良好的外部环境，政府应改变传统观念，充分发挥其法律法规制定、环境监管执法等方面的职责和权力，通过以服务人民社会生活为目的的污染型邻避项目建设信息公开，保障公众的知情权、参与权、表达权和监督权。

相对于普通公众而言，第三方环评机构因具有较强的专业优势，可以成为政府和民众间的沟通桥梁。为更友好地推动公众参与，第三方环评机构的中立及客观性需要强化。

2. 公众参与社会主体层面

(1)鉴于公众参与社会主体是公众参与的核心要素之一，包括公众参与热情、公众参与的环境意识、公众参与目标的明确程度等在内的6项影响因素均是对污染型邻避设施规划建设过程的公众参与主体风险认知和行为意识方面的刻度，描述了公众基于污染型邻避设施风险认知和社会公共环境责任所具有的越来越高的主人翁意识和知情权要求。

(2)信息技术的高速发展推动了以个人为中心的新媒体从边缘走向主流，成为公众参政议政、诉求民意的重要渠道，将过去关于项目建设信息的被动式获取转化为主动获取，促进了公众民意的直接表达以及与专业人士、政府机关之间的有效沟通。

当前，我国正处在一个社会结构转换、机制转轨、利益调整和观念转变的过程，大量工程项目建设，尤其是污染型邻避设施的规划建设很容易引发公众的主动介入和具体作为，从而产生邻避冲突。因此，聚焦污染型邻避设施公众参与关键影响因素研究，采取有效策略促进公众参与，对整个公众参与制度设计具有重要意义。

3. 项目决策层面

项目决策层面是以公众参与和污染型邻避设施决策的复杂关系为出发点考虑的，具体表现在多样化的参与方式和不同参与行为的决策影响。而污染型邻避设施决策主体的开明性在促进公众参与方面发挥着积极作用，且其与我国决策体制民主化的发展程度密切相关。在污染型邻避设施决策的实践中，民主化的程度直接决定污染型邻避设施决策结果的质量。

当前我国决策环节公众参与较弱，普遍存在于污染型邻避设施规划建设过程，源于所采用的“自上而下”决策机制虽然保证了项目上马建设的效率，却有失公平。加之社会精英参与决策模式在解决邻避冲突、污染型邻避项目突发事件中日益凸显出的不适应性，我国污染型邻避设施决策体制面临着贴近广大民众的必然要求。因此，为科学分配决策权，实现普通公民影响项目决策的制度化，污染型邻避设施建设需要统筹“自上而下”与“自下而上”的决策机制，通过加强决策层面的公众参与来规避在规划、建设、运营阶段可能出现的社会矛盾。

4. 公众参与过程层面

公众参与的具体过程对于公众参与的效果影响仍然是不可忽视的。外部环境、公众参与主体、项目决策从不同的角度为公众参与创造了必要条件，而公众参与过程的程序化程度往往对公众参与的有效性产生直接影响。虽然现有的社会协商对话制度、听证制度及舆论信访制度等在邻避危机处理中取得了一定成效，但公众实际参与相对而言流于形式，影响范围和深度有限，公众参与代表性和普遍性欠佳。因此，从公众参与程序合理化角度出发，基于针对性、独立性、公开性、完整性的基本原则，完善公众参与遴选机制，重视听证中的质证环节，保证参与过程公开透明可以增强公众参与程序的可操作性。同时，借助电子信箱、微博、微信等方式实现网上投票，建议市长热线、信访办公室建立事前预防机制，对提高社会民众对污染型邻避设施项目的认同度具有很大帮助。

3.8　因素诠释及模型启示

3.8.1　因素诠释

本书以公众参与切入污染型邻避设施规划建设过程的研究议题，通过借助结构方程模型建立公众参与关键影响因素的验证性因素分析模型，得出不同因素对公众参与行为的作用效果，旨在为公众参与行为选择及政策制定奠定理论基础，从而促进污染型邻避项目的可持续发展。

基于前述关于污染型邻避设施公众参与关键影响因素的研究结果，可以得出以下结论。

(1) 外部环境是公众参与的核心。公众参与权利的实现往往取决于政府对公众参与的态度和赋权公众参与的程度。任何一种权利的实现是要基于外部环境的氛围，这种氛围一方面取决于国家立法层面下的制度保障，通过完善公众参与制度、公众参与辅助机制、公众参与司法救济等将公众参与行为划定为合理范围内的权利行使，即构建公众参与的法律环境。另一方面，服务型政府的定位将引入公众参与变成可能，并在此基础上大力宣传公众的环境意识和权利义务。简而言之，政府主导作用下的外部环境在一定程度上决定了公众参与的有效性和参与的深度。

(2) 公众参与行为的四个层面的关键影响因素具有中高度相关关系，参与机制的建立要在综合四个层面关键影响因素的情况下实现。外部环境、公众参与社会主体、项目决策、公众参与过程相互影响，外部环境改变公众参与社会主体特征、项目决策特征以及公众参与过程特点，社会主体的改变同样会造成外部环境的改变，同时项目决策和参与主体又在公众参与过程中起着重要作用。总之，这是一个符合各参与主体关于项目利益相关性的复杂作用关系。因此，在构建公众参与机制时，应以全局视角把控公众参与的方向，要认识到任一因素、任一环节的缺失都会对公众参与的效果产生重大影响。

3.8.2　模型启示

在综合模型结果分析及研究结论的基础上，从公众参与的制度化、公众参与主体的多元化和公众参与过程的常态化三个层面提出以下对策建议。

(1)在公众参与的制度化方面，要求政府通过立法形式明确污染型邻避设施规划建设过程公众参与的内容和流程，以建立公众参与辅助机制，以司法救济为分析视角，完善公众参与的制度。

(2)在公众参与主体的多元化方面，通过改变政府由传统统治型决策地位向服务型政府转型，承认公众在参与活动中的主体地位；通过“企业公民”的定位提高企业的社会责任感；通过加强公众参与的权利意识和责任意识，明确公众参与的主人翁地位。

(3)在公众参与过程的常态化方面，通过合理选择污染型邻避设施规划建设过程公众参与方式以及利用新媒体方式的参与渠道使公众参与成为听取民意的经常性活动，以便加快我国决策体制的科学民主化进程。

3.9　本 章 小 结

揭示公众参与问题的重要前提是对公众参与现状进行分析，找出公众参与内在问题的关键是研究公众参与影响因素。本章首先综合现有相关学者关于污染型邻避设施规划建设中公众参与现状的研究，归纳出公众参与的现实困境，提出通过探究污染型邻避设施公众参与影响因素，找出影响公众参与的关键原因；进而运用文献研究法及咨询的方式构建污染型邻避设施规划建设中的公众参与影响因素清单，并通过调查问卷的方法收集数据，接着通过量表项目分析删除与样本共同特质关系不紧密的测量指标，通过探索性因素分析检验量表的构建效度。在此基础上，借助结构方程模型建立公众参与影响因素的验证性因素分析模型，得出不同因素对公众参与行为的作用效果。最后，根据污染型邻避设施公众参与关键影响因素的研究结果得出结论，并在研究结果和结论的基础上提出建议，为公众参与行为选择及政策制定奠定理论基础。

第4章　污染型邻避设施规划建设中公众参与的行为意向分析

4.1　引　　言

随着社会经济的发展及人民生活水平的提高，公众参与各种公共事务的管理和决策的意识逐渐提高，公众参与成为协调社会发展和公众意愿的重要手段之一。长期以来，公众对污染型邻避设施认识不足，一直对类似垃圾焚烧发电厂、垃圾处理厂、污水处理厂等公众设施充满抵触情绪，加上各地因此发生的群体性事件，越来越多的公众将污染型邻避设施负面影响扩大化。然而，随着城市人口数量的逐渐增加，产生的生活垃圾等越来越多，城市内已有的处理设施已无法完全解决城市发展需要，需要建造新的设施来满足公众日益增长的生活需要。在这种特殊的局势下，得到公众的理解和支持，对我国污染型邻避设施的规划建设具有重要的现实意义。

前述章节分析了公众参与的关键影响因素，其中公众参与社会主体作为核心要素之一是不能忽视的。目前，虽然公众维权意识增强，再加上新闻媒体的助推，公众参与行为意识有了大幅度的提高，但大多数邻避设施项目中的公众参与主体对项目规划建设有关情况缺乏了解，参与主动性较差，参与程度较低，依然表现为“形式化参与”“被动式参与”，公众参与行为主动性意识较差。

因此，本章以公众参与主体为研究对象，从公众个体内部视角，引入对公众参与个体意愿有较强解释力的计划行为理论，作为模型基础，构建污染型邻避设施规划建设中的公众参与行为意向模型。通过问卷调查等方式，深入分析影响我国污染型邻避设施规划建设中的公众参与行为意向的主要因素，提出基于公众行为主体研究公众参与的一个新的研究视角。研究结果可为公众行为主体更深入的研究提供思路借鉴，为污染型邻避设施的公众参与机制设计提供理论依据。

4.2　污染型邻避设施规划建设中公众参与行为意向的影响因素分析

目前关于污染型邻避设施规划建设中的公众参与行为影响因素的研究较少，污染型邻避设施中的公众参与是针对特定行业领域的运用，具有公众参与的一般特点，故一般邻避设施公众参与的影响因素也可能是其影响因素。同时，污染型邻避设施公众参与具有自身的特殊性，也必然具有某些特殊的因素。

通过对公众参与行为影响因素有关研究的梳理发现，计划行为理论（theory of planned

behavior，TPB）中衡量行为意向的三个维度——行为态度、主观规范和知觉行为控制，基本都有可能对行为意向产生影响，为此运用计划行为理论来研究污染型邻避设施规划建设中的公众参与行为影响因素及各因素的影响效果是比较适合的，且其对参与主体行为意愿具有较好的解释。本章依据计划行为理论，通过文献研究、案例研究及专家咨询的方式，归纳总结出污染型邻避设施规划建设中的公众参与行为意向影响因素，具体如表 4.1 所示。

表 4.1　污染型邻避设施规划建设中的公众参与行为意向影响因素

序号	一级影响因素	二级影响因素
1	行为态度	①利益因素 ②社会责任
2	主观规范	—
3	知觉行为控制	①自我效能 ②保障条件
4	信任感	—
5	风险感知	—

4.2.1　行为态度、主观规范和知觉行为控制

(1) 行为态度对行为意向的影响。行为态度作为一种可估量的心理因素是相对持久稳定的，在一定程度上可以用来预测行为（Kraus，1995）。计划行为理论表示，若人们对某一行为的态度越积极，行为意向就越大，反之行为意向越小。本书将污染型邻避设施规划建设中的公众参与行为态度定义为公众对参与污染型邻避设施规划建设工作正面或负面的评价。同时，通过文献研究和专家咨询表明，公众参与污染型邻避设施规划建设的原因大多数出于维护自身的个人利益，包括经济利益、自身健康及生活环境。此外，随着我国经济发展水平和人民文化教育程度的逐步提高，公众的社会责任感增强，也更倾向于参与社会公共事务管理。因此，利益因素和社会责任通过影响行为态度也间接对公众参与行为意向产生作用。

(2) 主观规范对行为意向的影响。主观规范反映了重要相关群体对个体参与行为提出建议并产生一定的影响。在计划行为理论中，当重要的相关人群，包括家人、朋友、同事等组织支持参与行为时，个体将倾向于听从意见、采取行动。本书所指的主观规范是个体感受到的除了家人、朋友、同事、同学等群体，还包括政府、环保组织和新闻媒体等对公众参与行为的支持程度，以及愿意倾听和采纳的程度。

(3) 知觉行为控制对行为意向的影响。知觉行为控制体现了个体感知执行某项行为的难易程度，主要受到个体的内部感知因素（知识、技能和意志力等）以及外部感知因素（时间、成本和资源条件等）影响，当个体感知自己具备执行该项行为的能力及条件时，那么执行该行为的意向会更高。本书基于计划行为理论，提出公众参与的自我效能和保障条件是影响公众参与知觉行为控制的两个重要因素。

(4) 主观规范、知觉行为控制对行为态度的影响。社会心理学指出，他人之间的辩论或观点会间接影响一个人的行为态度，且个人可能会为了服从大多数群体而改变自己的观点和态度。比如，自主意识较弱的个体一般在决定是否参与公众活动时，可能更多倾向于周围人的看法。同时，在污染型邻避设施规划建设的公众参与活动中，信息公布的透明性、参与成本和个人能力等问题都可能制约公众参与行为，削减公众参与的积极性，因此主观规范、知觉行为控制都对行为态度有较大影响。

4.2.2　信任感和风险感知

(1) 信任感对行为意向的影响。信任是信任者对信任对象的可信度和善意的认知，是维系人与人关系的核心要素 (Doney et al.，1997)。公众对于政府及其他团体或组织的信任一般指在不确定性风险环境下，公众对于政府及其他团体或组织的意愿和期望。

(2) 风险感知对行为意向的影响。风险感知对行为意向的影响表现为风险感知个体在执行某项行为时所感受到的不确定性。心理学指出，当某项事物可能为自己带来风险时，那么个体的行为决策可能发生改变，这种风险包括财务风险、身体风险和心理风险等。本书所指的风险感知主要是公众对于污染型邻避设施本身具备风险的感知程度，一般在公众不了解污染型邻避设施的情况下，对其认知上存在偏差，认为邻避设施对自身的利益会有重大影响，为了维护自身利益，更愿意参与其规划建设，从而影响最终的决策效果，监督建设过程的合规性及合法性。

(3) 风险感知对信任感的影响。信任感反映了公众愿意承担风险的意愿程度，风险感知会直接影响公众对政府以及其他团体和组织的信任。由于公布的项目信息缺失，公众和政府或专家等所了解的项目信息内容有差异，再加上新闻媒体可能对项目进行负面渲染，公众的风险感知和政府及其他团体和组织的风险感知存在偏差，公众不相信相关单位的言论，对其缺乏信任。

4.3　基于 TPB 的污染型邻避设施规划建设中公众参与行为意向模型构建

4.3.1　研究假设

根据前面关于污染型邻避设施公众参与行为意向影响因素的分析，提出本章的研究假设。

H0：行为态度对污染型邻避设施规划建设中公众参与的行为意向有显著正向影响。

H1：利益因素对污染型邻避设施规划建设中公众参与的行为态度有显著正向影响。

H2：社会责任对污染型邻避设施规划建设中公众参与的行为态度有显著正向影响。

H3：主观规范对污染型邻避设施规划建设中公众参与的行为意向有显著影响。

H4：知觉行为控制对污染型邻避设施规划建设中公众参与的行为意向有显著正向影响。

H5：自我效能对污染型邻避设施规划建设中公众参与的知觉行为控制有显著正向影响。

H6：保障条件对污染型邻避设施规划建设中公众参与的知觉行为控制有显著正向影响。
H7：主观规范对污染型邻避设施规划建设中公众参与的行为态度有显著正向影响。
H8：知觉行为控制对污染型邻避设施规划建设中公众参与的行为态度有显著正向影响。
H9：信任感对污染型邻避设施规划建设中公众参与的行为意向有显著正向影响。
H10：风险感知对污染型邻避设施规划建设中公众参与的行为意向有显著正向影响。
H11：风险感知对污染型邻避设施规划建设中公众参与的信任感有显著负向影响。

4.3.2　模型构建

基于以上研究假设，按照前述归纳的污染型邻避设施公众参与行为意向的主要影响因素，构建本书的概念模型——污染型邻避设施规划建设中公众参与行为意向模型，如图 4.1 所示。

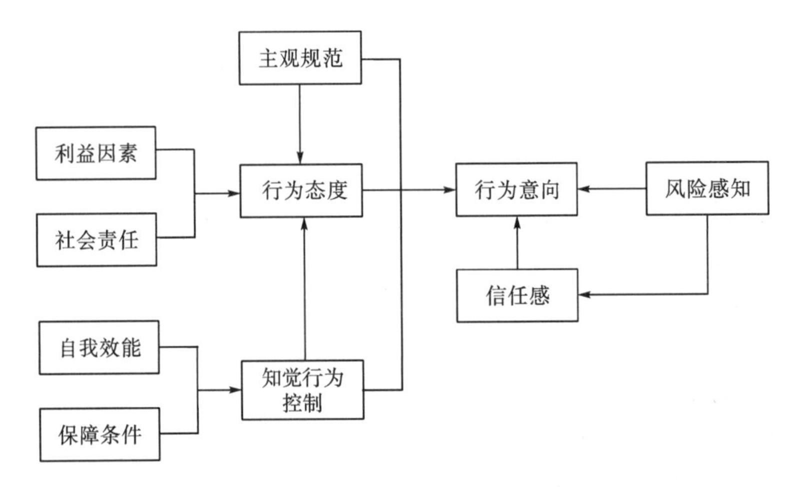

图 4.1　污染型邻避设施规划建设中公众参与行为意向模型

4.4　研 究 设 计

4.4.1　问卷设计

本章对污染型邻避设施规划建设中的公众参与行为意向的研究以计划行为理论为依据，在概念模型的基础上设计问卷，为保证问卷的合理性及严谨性，本章对问卷的设计主要分三个阶段展开。

(1) 第一阶段为文献研究阶段。在问卷设计之前广泛阅读相关文献，分析、参考前人的研究后对问卷题项进行了适当修正，设计完成公众参与行为意向影响因素问卷初稿。

(2) 第二阶段为专家咨询阶段。为了确保问卷具有良好信度和效度，避免问卷文字表述不清、题项不全面等问题，邀请与研究有关的老师及部分研究生进行预测试，根据他们对问卷题项设置提出的修改建议，反复进行修订，完成修订后的调查问卷。

(3) 第三阶段为试调研阶段。为了测量问卷有效性及内部一致性，对部分在校研究生进行局部的实地预调查，共发放 23 份问卷，通过对回收的 23 份有效预调研问卷进行整理归纳，对部分题项进行了适当调整和修正，确定正式问卷。本章的问卷由两部分构成。第一部分为基本信息，主要包括调查对象的性别、年龄、职业、学历、平均收入、居住距离、参与成本和时间投入。第二部分为公众参与行为意向量表，分析可能影响污染型邻避设施规划建设中公众参与行为意向的因素，采用利克特 5 点量表的形式设计。其中，1 代表不同意，2 代表比较不同意，3 代表不确定，4 代表比较同意，5 代表同意(表 4.2)。

表 4.2　污染型邻避设施规划建设中的公众参与行为意向量表

潜变量	测量指标
行为态度	参与该类设施的规划建设过程非常重要 A1
	参与该类设施的规划建设过程非常有意义 A2
	我支持参与该类设施的规划建设过程 A3
利益因素	可以了解它是否会损害我的经济利益 A4
	可以了解它对我的生活环境、健康有无影响 A5
	可以让自己对它有更深入的认识与了解 A6
	可以锻炼自己参与公共事务管理的能力 A7
社会责任	可以借此让公众的意见得到重视，对解决问题起到作用 A8
	可以帮助改进方案，确保该类设施安全环保 A9
	可以为有关政府部门/单位提供有用信息 A10
主观规范	我的家人、朋友、同事/同学及邻居支持我参与该类设施的规划建设过程 B1
	各级政府部门、环保 NGO 和新闻媒体大力倡导居民参与该类设施的规划建设 B2
	如果周围大部分人认为我应该参与该类设施的规划建设，我愿意参与 B3
	如果各级政府部门、环保 NGO 及新闻媒体常常倡导居民参与该类设施的规划建设，我就愿意参与 B4
知觉行为控制	目前，我的经验和知识让我觉得参与该类设施的决策过程没有什么困难 C1
	如果参与该类设施的决策活动对我来说非常方便时，我愿意参与 C2
自我效能	我需要有相关专业知识和技能 C3
	我需要有足够的空闲时间去参与 C4
	我需要有足够的经济能力或支付能力，并且参与所花费的钱少 C5
保障条件	事前对该类设施的相关信息需要有足够的了解 C6
	需要有便利、多种形式的参与渠道 C7
	举办参与活动的场地离居住地或办公地距离近 C8
	需要有完善的公众参与相关法律政策和实施细则 C9
信任感	我相信政府会认真对待我们所反馈的意见，保障公众的利益 D1
	我相信政府开展了较为充分、完善的环境影响评价工作 D2
	我相信相关领域专家解释污染型邻避设施对人体健康无害的说法 D3
	我相信污染型邻避设施运营过程中采用的专业处理技术是安全的 D4

续表

潜变量	测量指标
风险感知	污染型邻避设施会威胁我的身体健康 E1
	污染型邻避设施在运营过程中会发生事故 E2
	污染型邻避设施如果发生事故会非常严重 E3
	污染型邻避设施会损害我的经济利益 E4
行为意向	现有条件下，我愿意参与污染型邻避设施决策中的公众参与活动 Q1
	未来我愿意参与污染型邻避设施规划建设中的公众参与活动 Q2

4.4.2 数据收集及样本分析

4.4.2.1 数据收集

邻避设施多数属于公共基础设施，影响范围广，受影响的全体公众理应了解设施相关信息。由于部分污染型邻避设施具有低频高危的风险，一旦发生事故，受影响的范围较大，所以风险调查应该依据项目风险影响的范围适当变化。受时间、精力、人力和经费的限制，本章研究主要采用纸质问卷的形式发放问卷，收集了西安白鹿原垃圾填埋场、西安马腾空垃圾处理场以及鱼化工业园污水处理厂 20km 内的部分社区居民的样本数据，以保证收集到的公众意见具有面上的广泛性。最终发放纸质问卷 136 份，回收 136 份，其中有效问卷 127 份，有效回收率达到 93.38%。调查对象主要包括邻避设施建设或拟建设地点 20km 内的部分社区公众。关于污染型邻避设施规划建设中公众参与行为意向的影响因素调查问卷，详见附录 B。

4.4.2.2 数据分析方法

本章运用 SPSS 22.0 和 AMOS 22.0 软件进行信度和效度分析、验证性因子分析、适配度检验和路径分析。结构方程模型结合了因素分析和路径分析两种方法，不仅能够同时验证模型的显变量、潜变量及误差项间的关系，还可以提供模型的适配度指标及模型的修正指标。结构方程模型实际上提供了一种验证性的方法，要求研究的假设模型是在理论和经验的支持下构建的，即使对模型的修正，也要在理论的引导下进行，适用于本书研究这种理论性假设模型。本章实验研究采用 AMOS 软件进行分析，因为其具有可视化模块和便利的绘图工具箱，操作较为便捷。

4.4.2.3 样本特征描述

在调查对象中，男性与女性分别占总人数的 57.5%和 42.5%，比例比较均衡。年龄为 20～35 岁的人数较多，其次是 36～50 岁的人群。学历为本科及以上学历人数较多，占 41.7%，其次是高中及大专学历。职业为普通职工/工人的人数较多，收入为 2000～5000 元这个阶段的人数最多，占 54.3%。人口统计特征具体结果如表 4.3 所示。

表 4.3　调查样本人口统计特征

标志	属性	频次	百分比/%
性别	男	73	57.5
	女	54	42.5
年龄	20 岁以下	1	0.8
	20～35 岁	62	48.8
	36～50 岁	39	30.7
	50 岁以上	25	19.7
职业	企业/公司管理人员	31	24.4
	普通职工/工人	44	34.6
	农民	26	20.5
	个体户/自由职业者	3	2.4
	学生	12	9.4
	无业	6	4.7
	其他	5	3.9
学历	小学及以下	2	1.6
	初中	25	19.7
	高中及大专	47	37.0
	本科及以上	53	41.7
平均月收入	<2000 元	2	1.6
	2000～5000 元	69	54.3
	>5000 元	56	44.1
住址与污染型邻避设施距离	<5km	24	18.9
	5～<10km	47	37.0
	10～<20km	39	30.7
	≥20km	17	13.4

4.5　数据检验与结果分析

4.5.1　信度与效度检验

4.5.1.1　信度检验

测量过程一般会有抽样误差、测量误差和偏差。采用 SPSS 22.0 软件对量表进行信度检验，具体结果如表 4.4 所示。

表 4.4　量表变量的信度验证

项目	项目数量/个	Cronbach' s α
行为态度	3	0.752
利益因素	4	0.813
社会责任	3	0.732
主观规范	4	0.798
知觉行为控制	2	0.785
自我效能	4	0.784
保障条件	3	0.738
信任感	4	0.812
风险感知	4	0.791
行为意向	2	0.893

由表 4.4 可知，在内部一致性方面，每个因子变量的 Cronbach' s α 均大于 0.7，表明信度高，测量结果的一致性较高且观察变量之间的相关性较强，满足结构方程对数据的要求。

4.5.1.2　效度检验

(1) 内容效度。效度分析是判断测量工具是否能够测量所有研究问题。在内容效度检验方面，问卷题项是通过文献研究，在参考已有相关研究文献的基础上严格依照每一个潜变量的定义编写的。在确定正式问卷前，为保证问卷的科学性，对相关领域的专家进行咨询，并对已有研究文献的问卷进行了预调查，依据专家以及预试者所提建议对问卷部分内容进行了修正。因此，本书所设计的问卷具有较好的内容效度。

(2) 结构效度。KMO 检验、Bartlett' s 球形检验是常用的效度检验方法。检验数据是否适合做因子分析的评价标准为KMO 大于 0.7 并且 Bartlett' s 球形检验在显著性水平下显著，具体如表 4.5 所示。

表 4.5　变量的 KMO 与 Bartlett' s 球形检验

变量	KMO 和 Bartlett' s 球形检验		
总体	取样充足的 KMO 度量		0.732
	Bartlett' s 球形检验	近似卡方分布	1437.828
		自由度	276
		显著性	0.000
行为态度	取样充足的 KMO 度量		0.786
	Bartlett' s 球形检验	近似卡方分布	624.628
		自由度	35
		显著性	0.000
利益因素	取样充足的 KMO 度量		0.815
	Bartlett' s 球形检验	近似卡方分布	547.937
		自由度	32
		显著性	0.000

续表

变量	KMO 和 Bartlett’s 球形检验		
社会责任	取样充足的 KMO 度量		0.769
	Bartlett’s 球形检验	近似卡方分布	546.635
		自由度	12
		显著性	0.000
主观规范	取样充足的 KMO 度量		0.774
	Bartlett’s 球形检验	近似卡方分布	346.592
		自由度	26
		显著性	0.000
知觉行为控制	取样充足的 KMO 度量		0.725
	Bartlett’s 球形检验	近似卡方分布	515.618
		自由度	28
		显著性	0.000
自我效能	取样充足的 KMO 度量		0.825
	Bartlett’s 球形检验	近似卡方分布	605.621
		自由度	21
		显著性	0.000
保障条件	取样充足的 KMO 度量		0.785
	Bartlett’s 球形检验	近似卡方分布	615.678
		自由度	22
		显著性	0.000
信任感	取样充足的 KMO 度量		0.825
	Bartlett’s 球形检验	近似卡方分布	585.735
		自由度	19
		显著性	0.000
风险感知	取样充足的 KMO 度量		0.725
	Bartlett’s 球形检验	近似卡方分布	623.127
		自由度	14
		显著性	0.000
行为意向	取样充足的 KMO 度量		0.801
	Bartlett’s 球形检验	近似卡方分布	583.865
		自由度	12
		显著性	0.000

从表 4.5 中的 KMO 检验、Bartlett’s 球形检验结果可以看出，收集数据总体的 KMO 检验值为 0.732，近似卡方分布为 1437.828，显著性为 0.000，小于 0.001。KMO 说明问卷有很好的相关性，Bartlett’s 球形检验结果说明问卷有很好的结构效度，因此变量适合进行因子分析。

从以上分析可知，问卷通过信度和效度的检验。

4.5.2　模型拟合检验

以 AMOS 22.0 软件为工具，把问卷数据和污染型邻避设施规划建设中的公众参与行为意向影响因素的理论模型进行结构方程的拟合。常用的适配度指标包括绝对拟合指标、增值拟合度指标和简约拟合指标，如均方根拟合度指标 RMR、近似误差均方根拟合度指标 RMSEA、拟合优良度指标 GFI、调整的拟合优良度指标 AGFI、基准化适配度指标 NFI、相对适合度指标 RFI、增量适合度指标 IFI、比较适合度指标 CFI、简约性已调整基化适合度指标 PNFI、卡方自由度比 CMIN/DF、赤池信息量准则 AIC。本章研究直接使用以上指标，具体结果如下表 4.6 所示。

表 4.6 SEM 整体适配度的评价指标及评价标准

适配度指标	临界值	模型检验结果	是否适配
RMR	<0.05	0.023	是
RMSEA	<0.05	0.038	是
GFI	>0.90	0.912	是
AGFI	>0.90	0.923	是
NFI	>0.90	0.911	是
RFI	>0.90	0.931	是
IFI	>0.90	0.945	是
CFI	>0.90	0.927	是
PNFI	>0.05	0.674	是
CMIN/DF	<2.00	1.357	是
AIC	越小越好	412.63	是

由表 4.6 可以看出拟合指标均达到了理想标准，表明本书研究的理论模型和调查数据有较好的拟合度。

4.5.3 假设检验和结果分析

4.5.3.1 假设检验与模型结果

运用结构方程模型对本章研究提出的理论模型进行验证，假设检验具体结果如表 4.7 所示。从实证分析结果来看，本书研究提出的 12 个假设有 11 个得到了验证，通过显著性检验，但有 1 个未通过显著性检验。

表 4.7 结构方程模型的路径系数和假设检验结果

假设路径	相关系数	CR	结论
行为态度→行为意向	0.532***	7.189	支持
主观规范→行为意向	0.231**	3.447	支持
知觉行为控制→行为意向	0.303***	4.591	支持
信任感→行为意向	−0.349***	−6.345	支持
风险感知→行为意向	0.207**	3.338	支持
主观规范→行为态度	0.083	1.212	不支持

续表

假设路径	相关系数	CR	结论
知觉行为控制→行为态度	0.271**	4.593	支持
利益因素→行为态度	0.763***	8.573	支持
社会责任→行为态度	0.221**	3.564	支持
自我效能→知觉行为控制	0.267**	4.603	支持
保障条件→知觉行为控制	0.636***	7.962	支持
风险感知→信任感	−0.282***	−3.972	支持

注：***表示 $p<0.01$,**表示 $p<0.05$。

关于污染型邻避设施规划建设中的公众参与行为意向各标准化路径系数结果如图 4.2 所示。

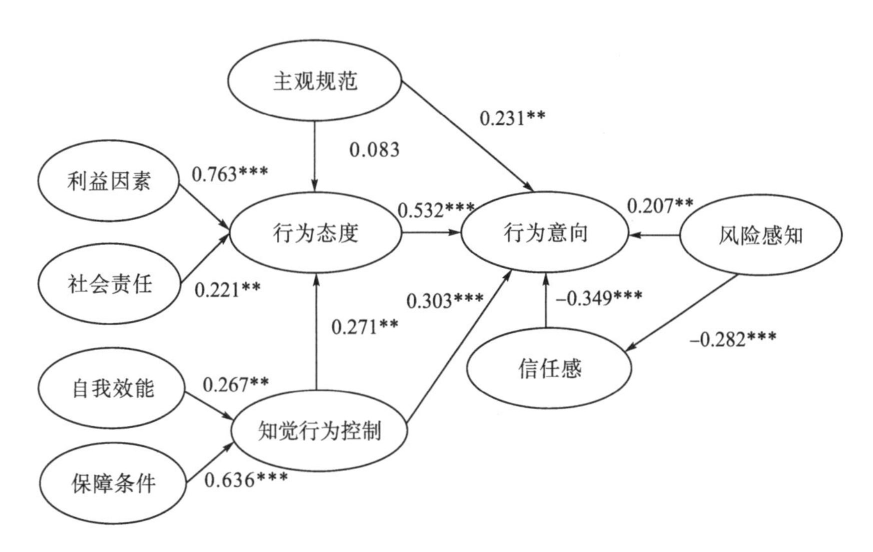

图 4.2　污染型邻避设施规划建设中公众参与行为意向模型

4.5.3.2　结果分析

根据表 4.7 和图 4.2，可以得出以下结论。

(1) 计划行为理论中的 3 个基本变量均对污染型邻避设施规划建设中公众参与行为意向有正向的影响，行为态度、主观规范和知觉行为控制的路径系数分别为 0.532、0.231 和 0.303，具体表现为行为态度的影响程度最大，其次是知觉行为控制，主观规范的影响程度最小。这说明公众面对污染型邻避设施规划建设中的公众参与活动时，其个人因素对行为意向的影响总体上要大于社会因素的影响。同时，也证明了计划行为理论适合用于预测污染型邻避设施规划建设中公众参与行为意向。

(2) 公众参与的行为态度受利益因素、社会责任和知觉行为控制的显著正向影响，路径系数分别为 0.763、0.221 和 0.271，但不受主观规范的影响。这主要是因为公众的行为态度可能更多受利益因素、知觉行为控制和社会责任的影响，即公众面对污染型邻避设施规划建设过程时，更关注自身的利益是否受到威胁，利益因素在一定程度上对其参与态度有着较直接的联系，间接影响公众参与意愿。知觉行为控制和社会责任的路径系数均在0.2以上，对行为态度的影响较大，表明当公众个人能力和参与条件有一定提升，且认为在公众参与活动中能贡献自己的知识和技能，其建议能够得到重视时，公众的参与态度会有明显提高。

(3) 自我效能和保障条件对知觉行为控制有显著正向影响，路径系数分别为0.267和0.636。这表明当公众参与渠道更便利时，对公众参与意愿起到一定促进作用，且公众自身掌握的知识和技能对其参与行为具有推动作用。所以保障公众参与条件，培养公众参与能力，有助于提升公众参与意愿。

(4) 信任感对行为意向产生了显著负向作用，风险感知对行为意向产生了显著正向作用，路径系数分别为-0.349和0.207。这是因为过去政府和相关单位在污染型邻避设施规划建设前期公示等活动大多宣传对公众个人无危害的说法，即大多阐述其“利”的方面，没有很好地解决公众提出的质疑。公众质疑政府及相关单位的公信力，风险感知增强，认为只有参与进去，行使自身的参与权、监督权等才能更好地保护自身权益，从而参与意愿更大。同时，风险感知也通过信任感间接对行为意向产生影响。所以如何转变公众这种被迫参与意识，转“被动参与”到“主动参与”是尚需解决的问题。

4.6 模型启示

本章研究通过对污染型邻避设施规划建设中的公众参与行为意向及其影响因素的结构方程模型分析，得出以下启示。

1. 积极引导公众参与的正向态度

研究结果表明，行为态度是影响公众参与行为意向最重要的因素，做好公示工作、引导工作，促进公众对污染型邻避设施公众参与活动的正向态度。其中，利益因素、知觉行为控制和社会责任对行为态度影响显著，所以在引导公众参与正向态度的时候，可从以下三个方面着手。

(1) 宣传公众参与活动的益处。随着新媒体的兴起，可以通过网络平台或居民委员会、宣传册等重点宣传，公众可以通过公众参与活动表达自身的建议和诉求，与政府及其他组织机构多向沟通，提升公众参与素养，从而促使公众参与态度转变，进而提高参与意愿。

(2) 提升公众个人能力和参与条件。通过培训公众参与的个人知识和技能，保障公众参与渠道的便利性，可以增强公众参与的自信心，从而愿意积极参与公众参与活动。

(3) 表达接受公众意见和监督的诚意。研究表明，大多数公众有为项目贡献自己能力的积极性，希望能够对项目规划建设有所帮助。所以应向公众说明其参与权、监督权和知情权是受到保护的，有权为邻避项目的规划建设方案提出建议，并且表达政府会建立公众意见反馈渠道，能及时有效地对公众提出的意见进行反馈，建立公众对参与工作的信心。

2. 加强公众参与能力，保障公众参与的多元化渠道

知觉行为控制对污染型邻避设施规划建设中公众参与行为意向有显著影响，且公众个体自我效能和外部环境的保障条件都对公众的主观控制感有影响。因此，培训公众参与知识和技能，为公众参与提供便利的渠道，建立公众参与制度化建设是提高公众参与意向，并向实际行为转化的有效手段。

(1) 加强公众参与的能力。由于我国关于邻避设施方面的知识并没有形成科普知识体系向民众普及，所以在邻避项目开展的前期，政府应加强对公众关于邻避设施方面科学知识的宣传教育，定期开展讲座、公示项目信息、环评信息和决策信息，使公众对邻避项目的规划和建设过程形成正确的认知，有助于提高公众参与的信心，从而加入进来。同时，应尽可能降低公众参与成本，使经济收入低的公众也能够参与进来。

(2) 建立多样化、便利化的参与渠道。①公众参与事前应向公众公示项目完整的信息，且通过方便公众可得到项目信息的方式进行公示，如利用社区布告栏、派发项目信息传单、定期开展座谈宣讲会和网络传媒渠道(微信公众号推送、微博等)等方式，可以避免由于公众对项目参与工作的不了解而不愿意参与；②搭建便于操作的网络参与平台，扩大公众参与群体，使更多的公众参与进来，避免听证会、座谈会在地域、时间上的局限性，节省公众参与成本、参与时间，有助于提高公众参与效率。

(3) 加强公众参与制度化建设。建立完善的公众参与制度是公众参与的前提条件，是提高公众参与自我效能和公众参与便利性的重要保障。因此，①应加强立法，为公众参与污染型邻避设施规划建设过程提供法律依据；②应建立健全和优化公众参与机制，对公众参与规划建设各个阶段的程序、内容、方法、时间等方面进行细化，形成具有操作性强、指导性强的公众参与实施细则，进而从根本上为公众参与提供保障；③加强建立公众参与的激励机制，激发公众参与的积极性，满足公众参与意愿；④引入第三方参与机制，由于规划过程是保障邻避设施顺利实施的前提，所以在规划选址决策过程中尤其需要引进环保 NGO 来加强对政府、公众参与权益方面的监督，保证参与过程的规范，同时搭建公众与政府沟通的桥梁，促进公众参与的有效性。

3. 转变公众参与意识，从“被动参与”转向“主动参与”

过去污染型邻避设施在规划建设中，政府及相关部门公布的项目信息、环评信息等不完整，公众在了解有限信息的情形下，对政府相关部门及技术专家的大多言论信任感低，抱有怀疑态度，认为参与邻避设施规划建设中的公众参与活动才能表达他们的意见和维护自身权益，所以参与意愿较大。但是，这种参与意识是被迫参与，是为了维护自身利益而采取的不得已行为，即“被动式参与”，抱有这类情绪的参与主体可能导致后期参与过程中只顾自身利益不受侵害，不管社会效益，这就违背了公众参与本身的意义。因此，为了转变这种参与意识，政府应公布完整的项目信息，使信息透明化，同时，由上述模型分析也可以发现，公众的社会责任对行为态度有显著影响，间接影响着行为意向，说明公众是愿意为社会效益贡献出自身力量的，所以政府应发挥其宏观调控作用，在鼓励、宣传公众参与规划建设活动时，除了说明公众参与活动对个体的益处，也应强调公众参与活动带来

的社会效益。

综上所述，政府应使项目信息透明化，积极改善自身形象，提高公众对其的信任感，降低公众风险感知，引导公众参与，从而加强公众对参与的信心，激发公众主动参与的积极性、社会责任感，使公众由“被动参与”转变为“主动参与”。因而，政府在宣传过程中具体可从以下两个方面着手：①保障公众参与是真实有效的，可以将每一阶段的报告、公众参与结果定期通过社区布告栏和网络平台等渠道进行完整、清楚地公示，并提供公众反馈渠道，形成双向沟通渠道，规范参与过程，提高政府的公信力；②政府应引入第三方机构定期对项目进行风险评估，或由社区居民通过选举居民代表，成立风险感知小组，与第三方专业机构共同对项目的风险情况进行评估，以确定一个准确合适的风险等级，降低公众过高的风险感知。

4.7 本 章 小 结

公众参与主动性弱是影响公众参与效果的重要原因，为了提高公众参与的积极性，需要深入探究公众个体内部参与意愿。本章利用文献研究、专家咨询法，结合计划行为理论，构建污染型邻避设施规划建设中的公众参与行为意向模型，并通过实证分析，借助结构方程模型，最终探究影响公众参与个体行为意向的关键影响因素，并根据分析结果提出建议，为公众参与行为及公众参与机制设计提供理论依据。

第 5 章　污染型邻避设施规划建设中公众参与行为的演化博弈分析

5.1 引　　言

当前，公众参与在我国还处于起步阶段，相关政策及法律还不完善，有必要对污染型邻避设施规划建设中公众参与行为的具体问题进行深入研究，分析驱动公众参与行为变化的因素，为公众参与的公共政策研究提供有益参考，尽可能缓解邻避冲突问题，推动我国城市化进程稳健发展。

纵览现有研究文献，不难发现：①现有研究视角偏向于系统视角下公众参与问题的研究，忽视了针对公众参与主体之间的非系统性问题研究(如主体之间行为的相互作用问题研究)；②针对邻避设施公众参与行为的研究大多数基于较为静态的视角，基于动态行为演化视角展开行为研究的文献较为鲜见。考虑到污染型邻避设施规划建设中的公众参与主体行为呈现动态行为的特征，结合前述章节基于微观视角对污染型邻避设施规划建设中公众参与个体的行为意愿分析的研究结果，本章从中观主体视角出发，运用演化博弈理论对相关利益主体行为策略展开研究。

根据前述章节中有关利益相关者理论基础的分析启示内容可以得知污染型邻避设施的利益相关主体较多，且不同主体之间的利益目标及诉求意愿不尽相同。为进一步抓住研究分析的重点，选择对污染型邻避设施规划建设工作的运行效果产生主要影响的利益相关主体［本章以与污染型邻避设施公众参与密切相关的三大主体(项目所在地政府、项目投资企业、项目所在地公众)作为行为主体的研究对象］，重点分析三大主体的行为互动关系及相互影响过程。具体而言，有关项目所在地政府、项目投资企业和项目所在地公众三者的利益关系分析如下。

(1)项目所在地政府是项目投资企业和公众的桥梁，也是项目的监管者，其主要责任是在项目建设中促进公众更多参与项目规划建设，保护公众利益不被损害，监督项目投资企业在邻避设施项目建设过程中是否符合规划方案要求、是否合法合规，配套环保设施是否按照有关要求同步建设。政府的职能工作通常呈现在两个方面：一方面，当地政府为了促进经济发展需要招商引资；另一方面，政府与项目投资业主存在一定的职能监管关系。政府的主要利益目标是促进当地经济发展、提升就业率、维护社会稳定等。

(2)项目投资企业作为项目投资建设工作的责任主体，其主要目标是通过政府做好项目所在地公众的工作，确保邻避设施项目顺利获得规划许可和建设运营，并希望以最少的成本获得更多的投资利润。

(3)项目所在地公众主要包括项目周边群众，其主要利益目标是有利可图和环保健康，重点关注污染型邻避设施项目规划和建设过程中引发的环境污染问题及对自身产生的健康影响和造成的经济损失。

可见，作为理性分析的主体，政府、项目投资企业和公众三者都希望尽可能在考虑其他参与主体行为策略选择的基础上，及时动态调整各自的行为策略，以期最终实现各主体利益的最大化。关于政府、项目投资企业和公众三者的利益关系如图 5.1 所示。

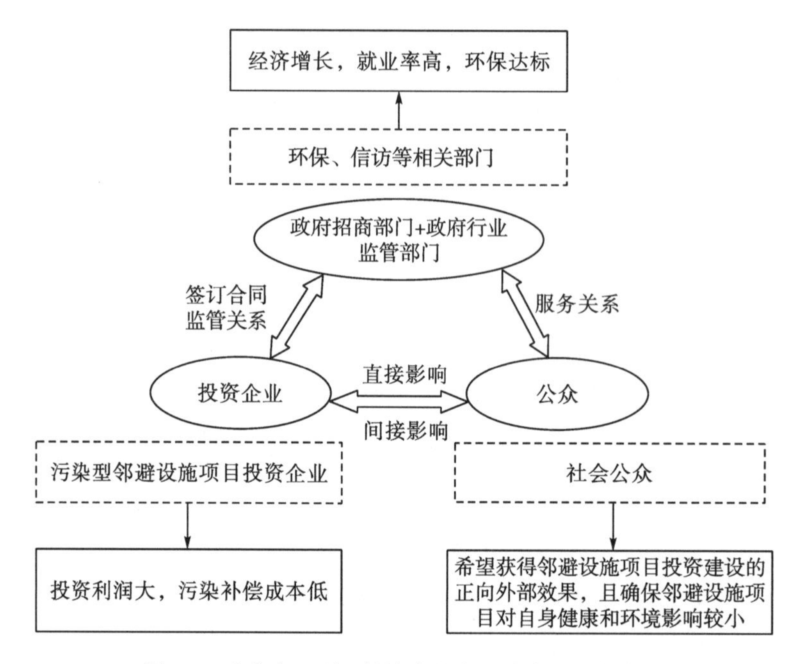

图 5.1　政府方、项目投资企业方和公众方三方利益关系

综上所述，演化博弈理论对于解决污染型邻避设施公众参与的相关主体行为问题具有较好的适宜性，本章分别构建公众内部、政府与投资企业、投资企业与公众的演化博弈模型，对不同情形下各博弈模型的稳定性进行分析，探究污染型邻避设施规划建设中公众参与行为的演化规律，并根据公众、政府、投资企业的演化博弈分析结果，以引导公众积极参与和投资企业配合公众参与实施为目标，从政府、公众及投资企业角度分别提出相应的对策建议。

5.2　污染型邻避设施规划建设中公众内部行为的演化博弈分析

污染型邻避设施规划建设中公众参与是受到政府及相关部门所提倡并鼓励的行为，然而在公众自身参与意识、专业知识能力、“搭便车”想法等因素影响下，公众凭借个体理性判断，其行为可以分为两种：①参与，即公众通过听证会、座谈会、网络征询、社会监督等形式对设施的建设进行抵制或监控，并在参与的过程中将个人的想法及意见反馈给决策者，主动关注设施规划建设的实施过程和实施结果；②不参与，即公众对设施的规划建设不关心、没有参与意识或缺乏相关知识不知该如何参与，或者对参与改变情形无信心而选择不参与。

5.2.1　公众内部行为的演化博弈分析基本假设

假设 1：群体中所有个体均为有限理性人假设，追求自身利益最大化，在博弈过程中相互学习、相互模仿。

假设 2：无论是否参与，每个个体都享受集体行动带来的收益。

假设 3：公众群体是同质的，群体中采取参与策略的比例为 $x(0 \leqslant x \leqslant 1)$，则选择不参与策略的比例为 $1-x$。

假设 4：公众通过参与污染型邻避设施的规划建设而获得增量效益 M，公众的参与成本为 $C(n)$，n 指参与公众的人数，个体参与成本与参与人数成反比，$C(n_1)<C(n_2)$，$C(n_1)$ 表示群体均选择参与时各自的成本，$C(n_2)$ 表示群体中部分选择参与时的参与成本；设施的规划建设给公众带来效益为 $F(\theta)$，θ 指企业考虑公众利益诉求的程度，考虑其他外界条件同等时，投资企业考虑公众利益诉求情况下给公众提供便利措施，一定程度上降低了公众参与的成本，因此 θ 越大，$C(n)$ 越小，$F(\theta)$ 可为正也可为负，且与 θ 成正相关关系。

根据以上假设，可构建公众内部行为演化博弈的支付矩阵，如表 5.1 所示。

表 5.1　公众内部行为演化博弈的支付矩阵

	参与（x）	不参与 $(1-x)$
参与（x）	$F(\theta)+M-C(n_1), F(\theta)+M-C(n_1)$	$F(\theta)+M-C(n_2), F(\theta)+M$
不参与 $(1-x)$	$F(\theta)+M, F(\theta)+M-C(n_2)$	$F(\theta), F(\theta)$

5.2.2　公众内部行为的演化博弈模型构建

公众选择参与的收益为 u_1，选择不参与的收益为 u_2，公众的平均收益为 $\bar{u}$，具体收益为

$$\begin{aligned} u_1 &= x[F(\theta)+M-C(n_1)]+(1-x)[F(\theta)+M-C(n_2)] \\ &= F(\theta)+M-C(n_2)+x[C(n_2)-C(n_1)] \end{aligned} \tag{5.1}$$

$$u_2 = x[F(\theta)+M]+(1-x)F(\theta) = F(\theta)+xM \tag{5.2}$$

$$\bar{u} = xu_1+(1-x)u_2 \tag{5.3}$$

因该博弈为单群体演化博弈，因此只需对 x 进行分析。由式(5.1)、式(5.3)可得出关于公众的复制动态方程：

$$f(x)=\frac{\mathrm{d}x}{\mathrm{d}t}=x(u_1-\bar{u})=x(1-x)[M-C(n_2)+x(C(n_2)-C(n_1)-M)] \tag{5.4}$$

5.2.3　公众内部行为的演化博弈模型稳定性分析

根据动力系统稳定性理论，仅满足条件 $f(x)=0$ 的点为一般稳定状态点，同时满足条件 $f(x)=0$ 和条件 $f'(x)<0$ 的点为演化稳定均衡点。令 $f(x)=0$，可解得三个稳定状态点：

x_1=0、x_2=1、$x_3=[M-C(n_2)]/[M+C(n_1)-C(n_2)]$（仅当$0\leqslant x\leqslant 1$时成立）。可得三点的一阶导数为：$f'(x_1)=M-C(n_2)$，$f'(x_2)=C(n_1)$，$f'(x_3)=-\{C(n_1)[M-C(n_2)]\}/[M+C(n_1)-C(n_2)]$。

（1）如果$M>C(n_2)$时，$f'(x_1)>0$，$f'(x_2)>0$，$f'(x_3)<0$，系统存在一个演化稳定均衡点，即$x_3=[M-C(n_2)]/[M+C(n_1)-C(n_2)]$，表明当公众参与获得的增量效益大于部分公众参与付出的成本时，公众会以$[M-C(n_2)]/[M+C(n_1)-C(n_2)]$的概率选择参与，且全部参与的成本越低，公众选择参与策略的概率越高。

（2）如果$M<C(n_2)$，当$C(n_1)<C(n_2)-M$时，$f'(x_1)<0$，$f'(x_2)>0$，$f'(x_3)<0$，系统存在两个演化稳定均衡点，即x_1=0，$x_3=[M-C(n_2)]/[M+C(n_1)-C(n_2)]$，表明当公众参与而获得的增量效益小于部分公众参与付出的成本，且小于公众部分参与的成本与全部参与的成本之差时，公众群体中部分选择不参与，部分以$x_3=[M-C(n_2)]/[M+C(n_1)-C(n_2)]$的概率选择参与。

（3）如果$M<C(n_2)$，当$C(n_1)>C(n_2)-M$时，$x_3<0$不存在，此时$f'(x_1)<0$，$f'(x_2)>0$，系统存在一个演化稳定均衡点x_1=0，即公众选择不参与，表明当公众参与获得的增量效益小于部分公众参与付出的成本，且大于公众部分参与的成本与全部参与的成本之差时，无论其他公众参与与否，公众选择不参与策略的收益都大于选择参与策略获得的收益，不参与策略成为公众策略选择中的占优策略，公众的行为不受其他公众的影响，只会选择不参与。

综上所述，当公众因参与获得的增量效益大于部分公众参与付出的成本时，公众会以$[M-C(n_2)]/[M+C(n_1)-C(n_2)]$的概率选择参与，且全部参与的成本越低，公众选择参与策略的概率越高；当公众参与获得的增量效益小于部分公众参与付出的成本时，公众的行为会受参与获得的增量效益影响。由此可见，在公众内部博弈中，公众参与获得的增量M和公众全部参与时的成本$C(n_1)$是决定公众参与与否的关键因素，只要M大于部分参与时的成本，公众参与的概率与$C(n_1)$成反比，$C(n_1)$越小，公众选择参与的概率就越大。

5.3　污染型邻避设施规划建设中政府与投资企业的演化博弈分析

污染型邻避设施是由政府委托或者以公共私营合作制模式选定投资企业规划建设，政府的出发点是维护城市正常运行、造福城市居民及广大群众，而投资企业则是以赢利为目的承接或投资该项目。近年来发生的污染型邻避设施群体性事件受到政府及相关部门的高度重视，公众参与已渐渐成为防止此类事件发生的有效措施。政府一方面鼓励公众参与，要求投资企业积极配合公众参与并考虑公众利益诉求；另一方面也竭力监督投资企业是否响应政府要求，积极改善设施带来的负外部影响。然而投资企业如果按照政府的意愿并考虑公众利益诉求，将付出一定的成本，反之如果被查出未按规定要求处理将会受到一定的惩罚。因此，本节将对政府与投资企业的行为演化展开研究。

5.3.1 政府与投资企业的演化博弈分析基本假设

假设1：本博弈有两个参与主体，即政府和投资企业。两个主体均为有限理性人假设，追求自身利益最大化，在博弈过程中相互学习、相互模仿。

假设2：在博弈过程中，政府的行为策略分为监管和不监管两种。政府采取监管行为策略的比例为$\alpha(0\leqslant\alpha\leqslant 1)$，选择不监管行为策略的比例为$(1-\alpha)$。在引入公众参与的情况下，投资企业的行为策略为考虑公众利益诉求和不考虑公众利益诉求。投资企业选择考虑公众利益诉求策略的概率为$\beta(0\leqslant\beta\leqslant 1)$，选择不考虑公众利益诉求策略的概率为$1-\beta$。

假设3：政府采取监管策略时产生成本为B，发现投资企业积极考虑公众利益诉求则给予投资企业奖励Q_1，如发现投资企业不考虑公众利益诉求则对投资企业罚款Q_2。投资企业在设施建设运行中获得的利润为A，考虑公众利益诉求产生的成本为N。假设投资企业不考虑公众利益诉求而引发群体性事件的概率为ε，若发生群体性事件，给政府造成的损失(包括声誉、公众信任及社会财富损失等)为G，给投资企业后续生产等带来影响，其损失为R。

根据以上假设，可构建政府与投资企业行为演化博弈的支付矩阵，如表5.2所示。

表5.2 政府与投资企业行为演化博弈的支付矩阵

		投资企业	
		考虑公众利益诉求(β)	不考虑公众利益诉求$(1-\beta)$
政府	监管(α)	$-B-Q_1, A+Q_1-N$	$Q_2-B-\varepsilon G, A-Q_2-\varepsilon R$
	不监管$(1-\alpha)$	$0, A-N$	$-\varepsilon G, A-\varepsilon R$

5.3.2 政府与投资企业的演化博弈模型

在政府与投资企业的博弈中，将政府选择监管策略时获得的收益表示为u_{g1}，政府选择不监管策略时获得的收益表示为u_{g2}，政府的平均收益表示为$\overline{u}_g$，具体的收益如下：

$$u_{g1}=-\beta\left(B+Q_1\right)+\left(1-\beta\right)\left(Q_2-B-\varepsilon G\right)=Q_2-B-\varepsilon G-\beta\left(Q_1+Q_2-\varepsilon G\right) \tag{5.5}$$

$$u_{g2}=-(1-\beta)\varepsilon G=\beta\varepsilon G-\varepsilon G \tag{5.6}$$

$$\overline{u}_g=\alpha u_{g1}+(1-\alpha)u_{g2} \tag{5.7}$$

同理，将投资企业选择考虑公众利益诉求策略时获得的收益表示为u_{i1}，投资企业选择不考虑公众利益诉求策略时获得的收益表示为u_{i2}，投资企业的平均收益表示为$\overline{u}_i$，具体的收益如下：

$$u_{i1}=\alpha\left(A-N+Q_1\right)+\left(1-\alpha\right)\left(A-N\right)=A-N+\alpha Q_1 \tag{5.8}$$

$$u_{i2}=\alpha\left(A-Q_2-\varepsilon R\right)+\left(1-\alpha\right)\left(A-\varepsilon R\right)=A-\varepsilon R-\alpha Q_2 \tag{5.9}$$

$$\overline{u}_i=\beta u_{i1}+(1-\beta)u_{i2} \tag{5.10}$$

根据式(5.5)、式(5.6)和式(5.7)可得政府的复制动态微分式为

$$\begin{aligned} f(\alpha) &= \frac{\mathrm{d}\alpha}{\mathrm{d}t} = \alpha(u_{g1} - \bar{u}_g) \\ &= \alpha(1-\alpha)(u_{g1} - u_{g2}) \\ &= \alpha(1-\alpha)\left[Q_2 - B - \beta(Q_1 + Q_2)\right] \end{aligned} \tag{5.11}$$

根据式(5.8)、式(5.9)和式(5.10)可得投资企业的复制动态微分式为

$$f(\beta) = \frac{\mathrm{d}\beta}{\mathrm{d}t} = \beta(u_{i1} - \bar{u}_i) = \beta(1-\beta)(u_{i1} - u_{i2}) = \beta(1-\beta)[\varepsilon R - N + \alpha(Q_1 + Q_2)] \tag{5.12}$$

求得该系统的雅可比矩阵 $\boldsymbol{J}$ 为

$$\boldsymbol{J} = \begin{pmatrix} 1 - 2\alpha\left[Q_2 - B - B(Q_1 + Q_2)\right] & -\alpha(1-\alpha)(Q_1 + Q_2) \\ \beta(1-\beta)(Q_1 + Q_2) & (1-2\beta)\left[\varepsilon R - N + \alpha(Q_1 + Q_2)\right] \end{pmatrix} \tag{5.13}$$

矩阵的行列式 $\det \boldsymbol{J}$ 和迹 $\mathrm{tr}\boldsymbol{J}$ 为

$$\begin{aligned} \det \boldsymbol{J} &= (1-2\alpha)(1-2\beta)\left[Q_2 - B - \beta(Q_1 + Q_2)\right]\left[\varepsilon R - N + \alpha(Q_1 + Q_2)\right] \\ &\quad + (\alpha - \alpha^2)(\beta - \beta^2)(Q_1 + Q)^2 \end{aligned} \tag{5.14}$$

$$\mathrm{tr}\boldsymbol{J} = (1-2\alpha)\left[Q_2 - B - \beta(Q_1 + Q_2)\right] + (1-2\beta)\left[\varepsilon R - N + \alpha(Q_1 + Q_2)\right] \tag{5.15}$$

5.3.3　政府与投资企业的演化博弈模型稳定性分析

令 $f(\alpha)=0$ 、 $f(\beta)=0$ 可解得五个均衡点：(0,0)、(0,1)、(1,0)、(1,1)、(α^*, β^*) $\left[\alpha^* = (N - \varepsilon R)/(Q_1 + Q_2),\ \beta^* = (Q_2 - B)/(Q_1 + Q_2)\right]$，当且仅当 $(\alpha^* > 0, \beta^* < 1)$ 时该均衡点存在]，将这五个均衡点分别带入该系统的行列式[式(5.14)、式(5.15)]，得到政府与投资企业演化博弈的雅可比矩阵分析，如表 5.3 所示。

表 5.3　政府与投资企业演化博弈的雅可比矩阵分析

均衡点	$\det \boldsymbol{J}$	$\mathrm{tr}\boldsymbol{J}$
(0,0)	$(Q_2 - B)(\varepsilon R - N)$	$Q_2 - B + \varepsilon R - N$
(0,1)	$(-B - Q_1)(N - \varepsilon R)$	$-B - Q_1 + N - \varepsilon R$
(1,0)	$(B - Q_2)(\varepsilon R - N + Q_1 + Q_2)$	$B + Q_1 - N + \varepsilon R$
(1,1)	$(B + Q_1)(N - \varepsilon R - Q_1 - Q_2)$	$B - Q_2 + N - \varepsilon R$
(α^*, β^*)	$\left(\alpha^* - \alpha^{*2}\right)\left(\beta^* - \beta^{*2}\right)(Q_1 - Q_2)^2$	0

根据 5.2.3 节中有关均衡点稳定性的判断准则，对所涉及参数的大小进行讨论，对具体情形分析如下。

情形 1：$Q_1 + Q_2 > N - \varepsilon R > 0$，$Q_2 - B > 0$，表示投资企业在政府监督前提下选择考虑公众利益诉求策略获得的收益大于选择不考虑公众利益诉求策略获得的收益，而政府在投资企业不考虑公众利益诉求前提下选择监督策略获得的收益大于选择不监督策略获得

的收益。在情形 1 条件下，五个均衡点具体的稳定性分析结果如表 5.4 所示，复制动态相位图如图 5.2 所示。

表 5.4　情形 1 条件下的局部稳定性分析结果

均衡点	det***J***（符号）	tr***J***（符号）	稳定性
(0,0)	-	—	鞍点
(0,1)	-	—	鞍点
(1,0)	-	—	鞍点
(1,1)	-	—	鞍点
(α^*,β^*)	+	0	中心点

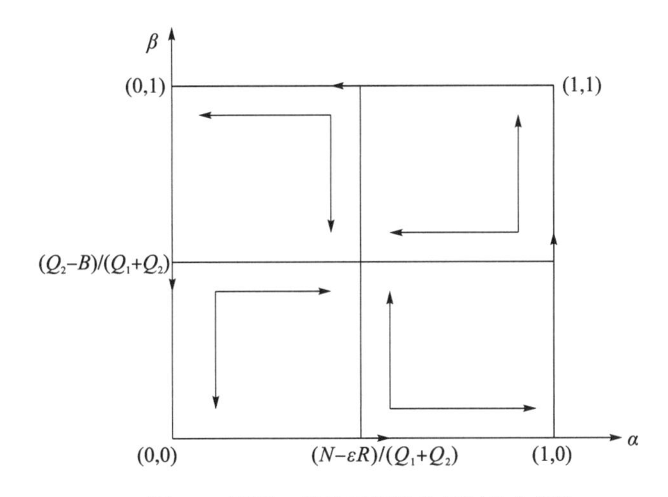

图 5.2　情形 1 条件下系统的复制动态相位

可见，在此情形下该博弈无演化稳定点，政府和投资企业各自都采取混合策略，(α^*,β^*)为中心点。随着政府监管成本 B 的增加，投资企业选择考虑公众利益诉求策略的概率变小，更倾向于不考虑公众利益诉求策略；随着投资企业考虑公众利益诉求成本 N 的增加，政府选择监管策略的概率变大，倾向于监管策略，说明投资企业考虑公众利益诉求的概率与政府的监管成本成反比，政府监管的概率与投资企业考虑公众利益诉求的成本成正比。

情形 2：$N-\varepsilon R>Q_1+Q_2>Q_2-B>0$，表示投资企业在政府监督前提下选择考虑公众利益诉求策略获得的收益小于选择不考虑公众利益诉求策略获得的收益，而政府在投资企业不考虑公众利益诉求前提下选择监督策略获得的收益大于选择不监督策略获得的收益。在此情形下，第五个均衡点$(\alpha^*,\beta^*)(\alpha^*>1,0<\beta^*<1)$不存在，其余四个均衡点具体的稳定性分析结果如表 5.5 所示，复制动态相位图如图 5.3 所示。

表 5.5　情形 2 条件下的局部稳定性分析结果

均衡点	det*J*（符号）	tr*J*（符号）	稳定性
(0,0)	-	—	鞍点
(0,1)	-	—	鞍点
(1,0)	+	-	稳定点
(1,1)	+	+	不稳定点

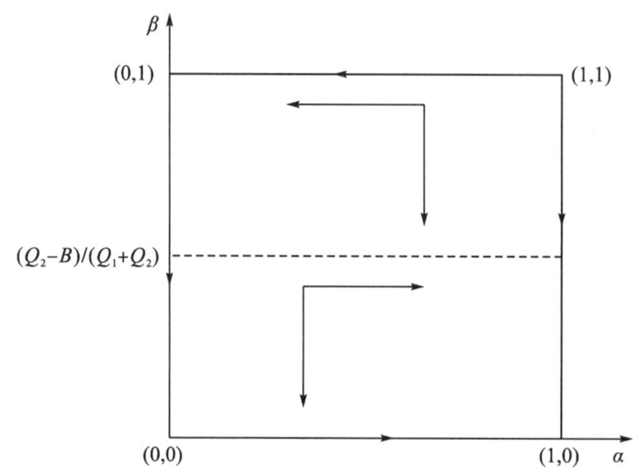

图 5.3　情形 2 条件下系统的复制动态相位

可见，此情形下该博弈演化稳定点只有一个(1,0)，即政府选择监管，投资企业会选择不考虑公众利益诉求，表明当投资企业考虑公众利益诉求时的成本 N 足够大，且大于考虑公众利益诉求获得政府的奖励 Q_1 、不考虑公众利益诉求遭受政府的罚款 Q_2 及发生群体性事件投资企业遭受的损失之和时，投资企业即使会遭受损失和罚款也会选择不考虑公众利益诉求。这也是当前投资企业高成本改善设施负外部性影响而选择不考虑公众利益诉求的重要原因，政府只有加大奖励力度才可缓解这种局面。

情形 3：$Q_1+Q_2>N-\varepsilon R>0$，$Q_2-B<0$，表示投资企业在政府监督前提下选择考虑公众利益诉求策略获得的收益大于选择不考虑公众利益诉求策略获得的收益，而政府在投资企业不考虑公众利益诉求前提下选择监督策略获得的收益小于选择不监督策略获得的收益。在此情形下第五个均衡点$(\alpha^*,\beta^*)(0<\alpha^*<1,\beta^*<0)$不存在，其余四个均衡点具体的稳定性分析结果如表 5.6 所示，复制动态相位图如图 5.4 所示。

表 5.6　情形 3 条件下的局部稳定性分析结果

均衡点	det*J*（符号）	tr*J*（符号）	稳定性
(0,0)	+	-	稳定点
(0,1)	-	—	鞍点
(1,0)	+	+	不稳定点
(1,1)	-	—	鞍点

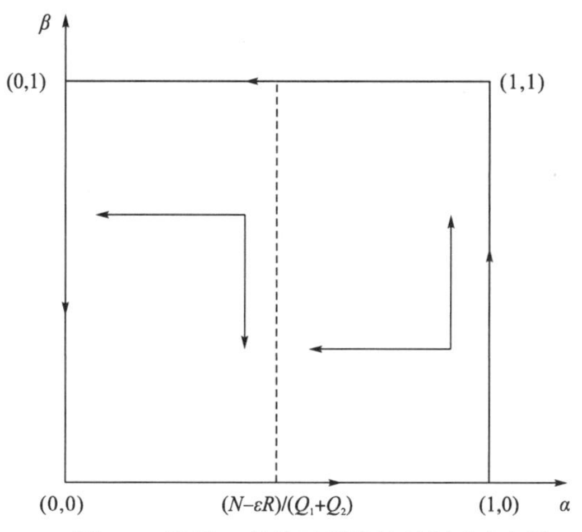

图 5.4　情形 3 条件下系统的复制动态相位

可见，此情形下该博弈演化稳定点只有一个(0,0)，即政府会选择不监管，投资企业会选择不考虑公众利益诉求，表明政府的监管成本 B 足够大，且大于其对投资企业不考虑公众利益诉求的罚款 Q_2 时，政府宁愿遭受群体性事件带来的损失也不会采取监管，而只会选择不监管。

情形 4：$N-\varepsilon R>Q_1+Q_2$，$Q_2-B<0$，表示投资企业在政府监督前提下选择考虑公众利益诉求策略获得的收益小于选择不考虑公众利益诉求策略获得的收益，而政府在投资企业不考虑公众利益诉求前提下选择监督策略获得的收益小于选择不监督策略获得的收益。在此情形下第五个均衡点 $(\alpha^*,\beta^*)(\alpha^*>1,\beta^*<0)$ 不存在，其余四个均衡点具体的稳定性分析结果如表 5.7 所示，复制动态相位图如图 5.5 所示。

表 5.7　情形 4 条件下的局部稳定性分析结果

均衡点	det***J***（符号）	tr***J***（符号）	稳定性
(0,0)	+	−	稳定点
(0,1)	−	—	鞍点
(1,0)	−	—	鞍点
(1,1)	+	+	不稳定点

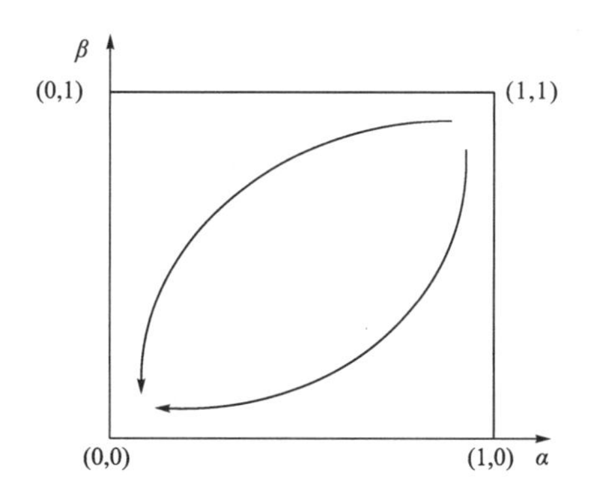

图 5.5　情形 4 条件下系统的复制动态相位

可见，此情形下该博弈演化稳定点只有(0,0)，即政府会选择不监管，投资企业会选择不考虑公众利益诉求。这种情况与上一种情形稳定状态相同，表明政府的监管成本B足够大，且大于其对投资企业不考虑公众利益诉求的罚款Q_2时，政府宁愿遭受群体性事件带来的损失也不会采取监管，会选择不监管。而只要投资企业考虑公众利益诉求获得的收益小于不考虑公众利益诉求获得的收益，投资企业就会选择不考虑公众利益诉求。两者在博弈中均存在占优策略，双方行为均不受对方行为的影响。

情形 5：$N-\varepsilon R<0$，$Q_2-B<0$，表示投资企业在政府不监督前提下选择考虑公众利益诉求策略获得的收益大于选择不考虑公众利益诉求策略获得的收益，而政府在投资企业不考虑公众利益诉求前提下选择监督策略获得的收益小于选择不监督策略获得的收益。在此情形下第五个均衡点$(\alpha^*,\beta^*)(\alpha^*<0,\beta^*<0)$不存在，其余四个均衡点具体的稳定性分析结果如表 5.8 所示，复制动态相位图如图 5.6 所示。

表 5.8　情形 5 条件下的局部稳定性分析结果

均衡点	det**J**（符号）	tr**J**（符号）	稳定性
(0,0)	-	—	鞍点
(0,1)	+	-	稳定点
(1,0)	+	+	不稳定点
(1,1)	-	—	鞍点

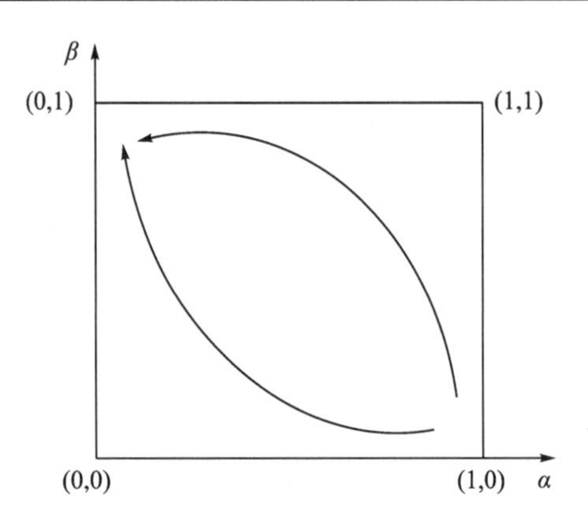

图 5.6　情形 5 条件下系统的复制动态相位

可见，此情形下该博弈演化稳定点只有一个(0,1)，即政府会选择不监管，投资企业会选择考虑公众利益诉求，表明政府监管成本大于其对投资企业为考虑公众利益诉求的罚款，投资企业考虑公众利益诉求的成本小于其不考虑公众利益诉求而引发群体性事件遭受的损失时，政府会不顾损失选择不监管。投资企业考虑公众利益诉求的成本低于群体性事件带来的损失时，投资企业就会选择考虑公众利益诉求，其行为不受政府行为的影响。

情形 6：$N-\varepsilon R<0$，$Q_2-B>0$，表示投资企业在政府不监督前提下选择考虑公众利益诉求策略获得的收益大于选择不考虑公众利益诉求策略获得的收益，而政府在投资企业不考虑公众利益诉求前提下选择监督策略获得的收益大于选择不监督策略获得的收益。在此情形下第五个均衡点$(\alpha^*,\beta^*)(\alpha^*<0,0<\beta^*<1)$不存在，其余四个均衡点具体的稳定性分析结果如表 5.9 所示，复制动态相位图如图 5.7 所示。

表 5.9　情形 6 条件下的局部稳定性分析结果

均衡点	det***J***（符号）	tr***J***（符号）	稳定性
(0,0)	+	+	不稳定点
(0,1)	+	−	稳定点
(1,0)	−	—	鞍点
(1,1)	−	—	鞍点

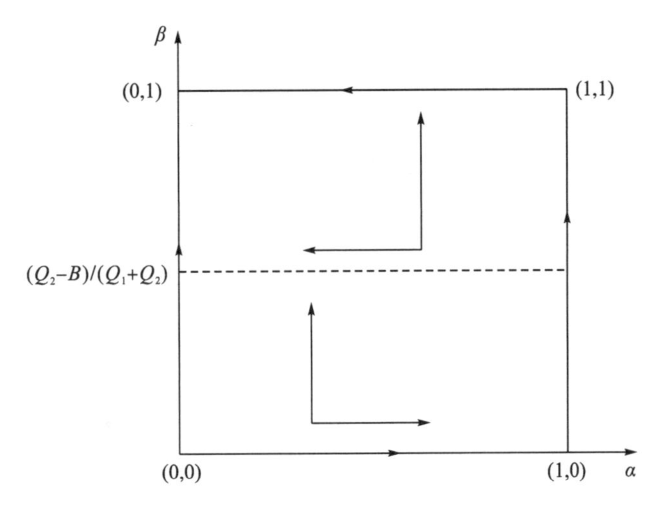

图 5.7　情形 6 条件下系统的复制动态相位

可见，在此情形下该博弈演化稳定点只有(0,1)，即政府会选择不监管，投资企业会选择考虑公众利益诉求，此情形与情形 5 的稳定性结果一样，表明只要投资企业考虑公众利益诉求的成本小于其不考虑公众利益诉求而引发群体性事件遭受的损失时，投资企业不受政府行为的影响，只会选择考虑公众利益诉求。

5.4　污染型邻避设施规划建设中公众与投资企业的演化博弈分析

在污染型邻避设施规划建设中，投资企业的行为不仅受政府行为的影响，也受公众行为的影响，如果投资企业不理会公众的利益诉求则会导致公众的抗议乃至群体性事件，而公众的行为同样受投资企业行为的影响。因此，在污染型邻避设施规划建设中，投资企业和公众的行为选择过程是一个双种群的演化博弈过程。

5.4.1　公众与投资企业的演化博弈分析基本假设

假设 1：本博弈的参与主体为投资企业和公众。博弈双方符合有限理性人假设，追求自身利益最大化，在博弈过程中相互学习、相互模仿。

假设 2：在博弈过程中，公众的行为策略为参与和不参与两种。公众群体中采取参与行为策略的概率为 $p(0 \leqslant p \leqslant 1)$，选择不参与行为策略的概率为 $1-p$。投资企业的行为策略为考虑公众利益诉求和不考虑公众利益诉求。企业选择考虑公众利益诉求策略的概率为 $q(0 \leqslant q \leqslant 1)$，选择不考虑公众利益诉求策略的概率为 $1-q$。

假设 3：投资企业采取考虑公众利益诉求策略时，公众的参与成本为 C_1，公众获得的效益为 F_1，公众参与之后获得的增量效益为 M；投资企业采取不考虑公众利益诉求策略时，公众的参与成本为 C_2，公众获得的效益为 F_2。考虑其他外界条件相同时，投资企业考虑公众利益诉求情况下给公众提供便利措施及积极降低设施的负外部影响，一定程度上减少了公众参与的成本，提升了公众的效益，因此提出假设 $C_1 < C_2$，$F_1 < F_2$。

假设 4：投资企业选择考虑公众利益诉求策略的成本为 N，因考虑公众利益诉求，公众对投资企业的信任度提高，一般会使企业在今后的规划建设中获得正的效益 R_1。投资企业选择不考虑公众利益诉求策略时，公众对投资企业的信任度降低，一般会使企业在今后的规划建设中获得负的效益 R_2。投资企业在设施建设运行中获得的利润为 A。假设投资企业不考虑公众利益诉求而引发群体性事件的概率为 ε，若发生群体性事件，给投资企业后续生产等带来影响，其损失为 R。

根据以上假设，可构建公众与投资企业演化博弈的支付矩阵，如表 5.10 所示。

表 5.10　公众与投资企业演化博弈的支付矩阵

公众		投资企业	
		考虑公众利益诉求（q）	不考虑公众利益诉求 $(1-q)$
	参与 (p)	$M-C_1+F_1, A+R_1-N$	$M-C_2+F_2, A-R_2-\varepsilon R$
	不参与 $(1-p)$	$F_1, A-N$	$F_2, A-\varepsilon R$

5.4.2　公众与投资企业的演化博弈模型

在公众与投资企业的博弈中，将公众选择参与策略时获得的收益表示为 u_{z1}，公众选择不参与策略时获得的收益表示为 u_{z2}，公众的平均收益表示为 $\overline{u}_z$，具体的收益如下：

$$u_{z1} = q\left(M-C_1+F_1\right)+\left(1-q\right)\left(M-C_2+F_2\right) = M-C_2+F_2+q(C_2-C_1+F_1-F_2) \tag{5.16}$$

$$u_{z2} = qF_1+(1-q)F_2 = F_2+q(F_1-F_2) \tag{5.17}$$

$$\overline{u}_z = pu_{z1}+(1-p)u_{z2} \tag{5.18}$$

投资企业选择考虑公众利益诉求策略时的收益为 u_{T1}，选择不考虑公众利益诉求策略时的收益为 u_{T2}，投资企业群体的平均收益为 $\overline{u}_T$，具体的收益如下：

$$u_{T1} = p\left(A+R_1-N\right)+\left(1-p\right)\left(A-N\right) = A-N+pR_1 \tag{5.19}$$

$$u_{T2} = p(A - R_2 - \varepsilon R) + (1-p)(A - \varepsilon R) = A - \varepsilon R - pR_2 \tag{5.20}$$

$$\bar{u}_T = qu_{T1} + (1-q)u_{T2} \tag{5.21}$$

根据式(5.16)～式(5.21)，公众和投资企业的复制动态微分式如下：

$$f(p) = \frac{dp}{dt} = p(u_{z1} - \bar{u}_z) = p(1-p)[M - C_2 + q(C_2 - C_1)] \tag{5.22}$$

$$f(q) = \frac{dq}{dt} = q(u_{T1} - \bar{u}_T) = q(1-q)[\varepsilon R - N + p(R_1 + R_2)] \tag{5.23}$$

求得该系统的雅可比矩阵 $\boldsymbol{J}$ 为

$$\boldsymbol{J} = \begin{pmatrix} (1-2p)[M - C_2 + q(C_2 - C_1)] & (p - p^2)(C_2 - C_1) \\ (q - q^2)(R_1 + R_2) & (1-2q)[\varepsilon R - N + p(R_1 + R_2)] \end{pmatrix} \tag{5.24}$$

矩阵的行列式 $\det \boldsymbol{J}$ 和迹 $\mathrm{tr}\boldsymbol{J}$ 为

$$\begin{aligned} \det \boldsymbol{J} = & (1-2p)[M - C_2 + q(C_2 - C_1)](1-2q)[\varepsilon R - N + p(R_1 + R_2)] \\ & -(p - p^2)(C_2 - C_1)(q - q^2)(R_1 + R_2) \end{aligned} \tag{5.25}$$

$$\mathrm{tr}\boldsymbol{J} = (1-2p)[M - C_2 + q(C_2 - C_1)] + (1-2q)[\varepsilon R - N + p(R_1 + R_2)] \tag{5.26}$$

5.4.3　公众与投资企业的演化博弈模型稳定性分析

令 $f(p) = 0$ 、 $f(q) = 0$ ，可得到五个均衡点：$(0,0)$、$(0,1)$、$(1,0)$、$(1,1)$、(p^*, q^*) $\left[p^* = (N - \varepsilon R)/(R_1 + R_2),\ q^* = (C_2 - M)/(C_2 - C_1)\right]$，当且仅当$(p^* > 0, q^* < 1)$时该均衡点存在，将这五个均衡点分别代入该系统的行列式[式(5.25)]和迹[式(5.26)]，得到公众与投资企业演化博弈的雅可比矩阵分析，如表 5.11 所示。

表 5.11　公众与投资企业演化博弈的雅可比矩阵分析

均衡点	$\det \boldsymbol{J}$	$\mathrm{tr}\boldsymbol{J}$
$(0,0)$	$(M - C_2)(\varepsilon R - N)$	$(M - C_2) + (\varepsilon R - N)$
$(0,1)$	$(M - C_1)(N - \varepsilon R)$	$(M - C_1) + (N - \varepsilon R)$
$(1,0)$	$-(M - C_2)(\varepsilon R - N + R_1 + R_2)$	$-(M - C_2) + (\varepsilon R - N + R_1 + R_2)$
$(1,1)$	$(M - C_1)(\varepsilon R - N + R_1 + R_2)$	$-(M - C_1) - (\varepsilon R - N + R_1 + R_2)$
(p^*, q^*)	$-(p^* - p^{*2})(q^* - q^{*2})(R_1 + R_2)(C_2 - C_1)$	0

下面针对参数的大小进行讨论，对具体情形分析如下。

情形 1：$M - C_2 > 0$，$\varepsilon R - N > 0$，表示公众参与获得的收益都大于不参与获得的收益，投资企业考虑公众利益诉求的收益大于不考虑公众利益诉求的收益。在此情形下点(p^*, q^*) $(p^* < 0, q^* < 0)$ 不存在，其余四个均衡点具体的稳定性分析结果如表 5.12 所示，复制动态相位图如图 5.8 所示。可见，在此情形下系统只有一个稳定点(1,1)，即公众选择参与，投资企业选择考虑公众利益诉求，表明当公众参与获得的增量效益足够大，已经大于任何情况下的参与成本时，公众只会选择参与；对于投资企业只要发生群体性事件所带来的损失大

于其考虑公众利益诉求的成本，投资企业就会选择考虑公众利益诉求。参与和考虑公众利益诉求分别是公众和投资企业的占优策略，在此情形下他们的行为不受对方行为的影响。

表 5.12　情形 1 条件下的局部稳定性分析结果

均衡点	det***J***(符号)	tr***J***(符号)	稳定性
(0,0)	+	+	不稳定点
(0,1)	-	—	鞍点
(1,0)	-	—	鞍点
(1,1)	+	-	稳定点

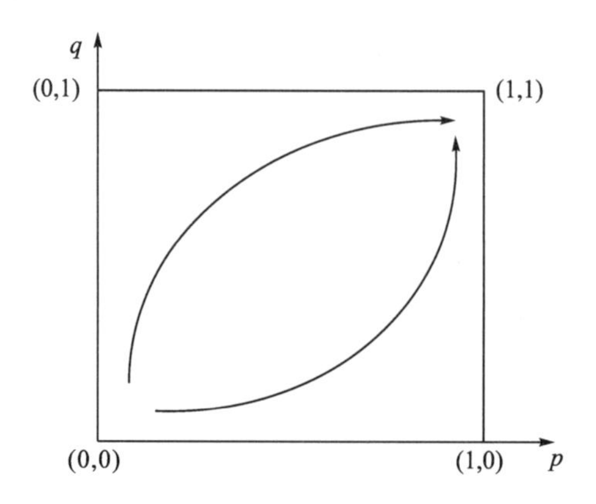

图 5.8　情形 1 条件下系统的复制动态相位

情形 2：$M-C_2>0$，$N-\varepsilon R>R_1+R_2$，表示公众参与获得的收益都大于不参与获得的收益，投资企业考虑公众利益诉求获得的收益均小于不考虑公众利益诉求获得的收益。在此情形下点(p^*,q^*) $(p^*>1,q^*<0)$不存在，其余四个均衡点具体的稳定性分析结果如表 5.13 所示，复制动态相位图如图 5.9 所示。可见，在此情形下系统只有一个稳定点(1,0)，即公众选择参与，投资企业选择不考虑公众利益诉求，表明如果投资企业考虑公众利益诉求的成本非常大，以至于超过群体性事件带来的损失εR、考虑公众利益诉求获得的效益R_1和不考虑公众利益诉求获得的效益R_2三者之和时，投资企业就会选择不考虑公众利益诉求。投资企业考虑公众利益诉求所付出成本较高确实是当下投资企业较多选择不考虑公众利益诉求的重要影响因素之一。

表 5.13　情形 2 条件下的局部稳定性分析结果

均衡点	det***J***(符号)	tr***J***(符号)	稳定性
(0,0)	-	—	鞍点
(0,1)	+	+	不稳定点
(1,0)	+	-	稳定点
(1,1)	-	—	鞍点

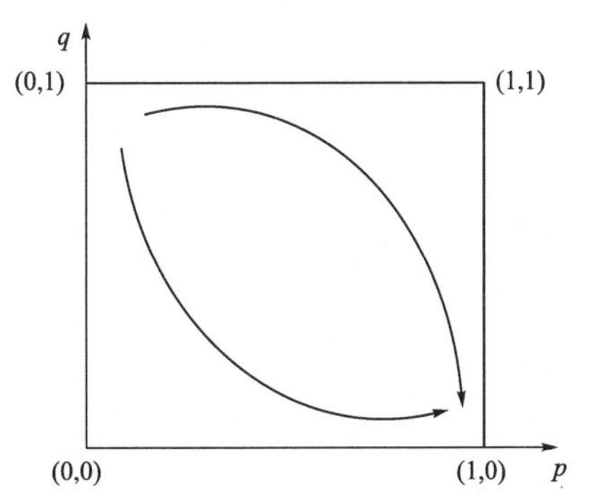

图 5.9　情形 2 条件下系统的复制动态相位

情形 3：$M-C_2>0$，$R_1+R_2>N-\varepsilon R>0$，表示公众参与获得的收益大于不参与获得的收益，而对于投资企业，公众参与前提下其考虑公众利益诉求获得的收益大于不考虑公众利益诉求获得的收益，公众不参与前提下其考虑公众利益诉求获得的收益小于不考虑公众利益诉求获得的收益。在此情形下点(p^*,q^*) $(0<p^*<1,q^*<0)$不存在，其余四个均衡点具体的稳定性分析结果如表 5.14 所示，复制动态相位图如图 5.10 所示。可见，在此情形下系统只有一个稳定点(1,1)，即公众选择参与，投资企业选择考虑公众利益诉求，表明如果投资企业考虑公众利益诉求的成本大于群体性事件带来的损失εR，而又不超过群体性事件带来的损失εR、考虑公众利益诉求获得的效益R_1和不考虑公众利益诉求获得的效益R_2三者之和时，投资企业的行为会受公众行为的影响逐渐倾向于考虑公众利益诉求。

表 5.14　情形 3 条件下的局部稳定性分析结果

均衡点	det*J*(符号)	tr*J*(符号)	稳定性
(0,0)	−	—	鞍点
(0,1)	+	+	不稳定点
(1,0)	−	—	鞍点
(1,1)	+	−	稳定点

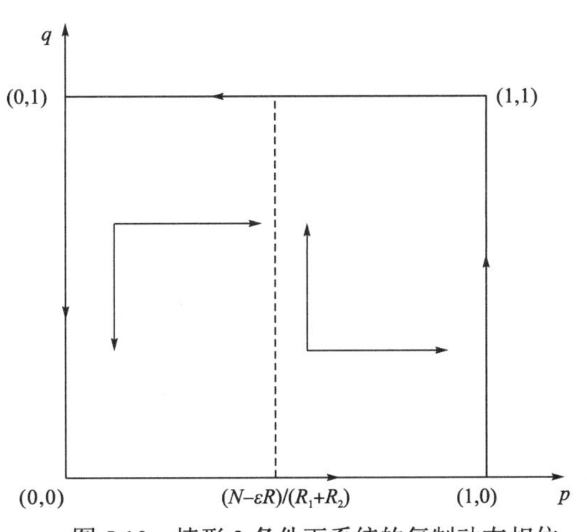

图 5.10　情形 3 条件下系统的复制动态相位

情形 4：$C_2 > M > C_1$，$\varepsilon R - N > 0$，表示公众在投资企业考虑公众利益诉求前提下参与获得的收益大于不参与获得的收益，在投资企业不考虑公众利益诉求前提下参与获得的收益小于不参与获得的收益，而投资企业无论公众做何选择，其考虑公众利益诉求获得的收益均大于不考虑公众利益诉求获得的收益。在此情形下点(p^*,q^*) $(p^*<0,0<q^*<1)$不存在，其余四个均衡点具体的稳定性分析结果如表 5.15 所示，复制动态相位图如图 5.11 所示。可见，在此情形下系统只有一个稳定点(1,1)，即公众选择参与，投资企业选择考虑公众利益诉求，表明只要投资企业考虑公众利益诉求的成本小于群体性事件带来的损失εR时，投资企业只会选择考虑公众利益诉求这一占优策略；然而，公众参与获得的增量效益介于两种情况下的参与成本时，其行为会受投资企业行为的影响最终趋于选择参与。

表 5.15　情形 4 条件下的局部稳定性分析结果

均衡点	det*J*(符号)	tr*J*(符号)	稳定性
(0,0)	-	—	鞍点
(0,1)	-	—	鞍点
(1,0)	+	+	不稳定点
(1,1)	+	-	稳定点

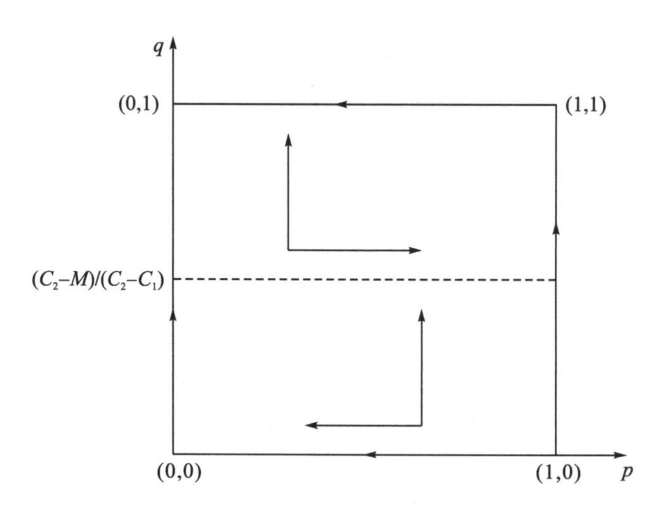

图 5.11　情形 4 条件下系统的复制动态相位

情形 5：$M < C_1$，$\varepsilon R - N > 0$，表示公众参与获得的增量收益小于其在投资企业考虑公众利益诉求前提下的参与成本，而投资企业选择考虑公众利益诉求的成本小于群体性事件带来的损失。在此情形下点(p^*,q^*) $(p^*<0,q^*>1)$不存在，其余四个均衡点具体的稳定性分析结果如表 5.16 所示，复制动态相位图如图 5.12 所示。可见，此情形下系统只有一个稳定点(0,1)，即公众选择不参与，投资企业选择考虑公众利益诉求，表明此时公众和投资企业都有自己的占优策略，分别为不参与和考虑公众利益诉求。

表 5.16　情形 5 条件下的局部稳定性分析结果

均衡点	det$J$(符号)	tr$J$(符号)	稳定性
(0,0)	−	—	鞍点
(0,1)	+	−	稳定点
(1,0)	+	+	不稳定点
(1,1)	−	—	鞍点

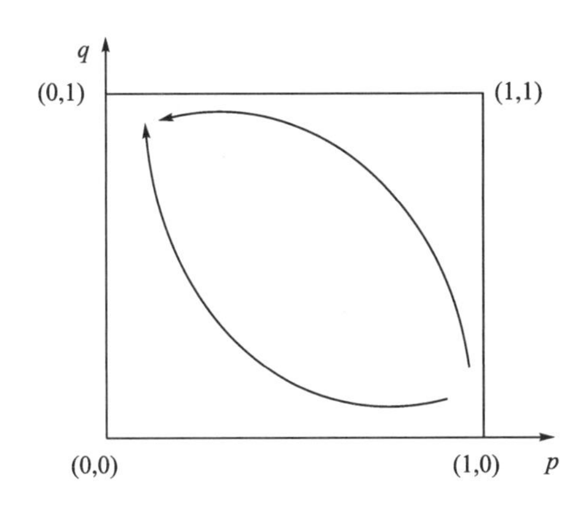

图 5.12　情形 5 条件下系统的复制动态相位

情形 6：$C_2 > M > C_1$，$N - \varepsilon R > R_1 + R_2$，表示公众在投资企业考虑公众利益诉求前提下参与获得的收益大于不参与获得的收益，在投资企业不考虑公众利益诉求前提下参与获得的收益小于不参与获得的收益，而对于投资企业考虑公众利益诉求获得的收益小于选择不考虑公众利益诉求获得的收益。在此情形下点(p^*,q^*) $(p^* > 1, 0 < q^* < 1)$不存在，其余四个均衡点具体的稳定性分析结果如表 5.17 所示，复制动态相位图如图 5.13 所示。可见，在此情形下系统只有一个稳定点(0,0)，即公众选择不参与，投资企业选择不考虑公众利益诉求，表明如果投资企业考虑公众利益诉求的成本足够大，以至于超过群体性事件带来的损失εR、考虑公众利益诉求获得的效益R_1和不考虑公众利益诉求获得的效益R_2三者之和时，投资企业只会选择不考虑公众利益诉求；如果公众参与获得的增量效益介于两种情况参与成本之间时，其行为受投资企业行为的影响最终趋于选择不参与。

表 5.17　情形 6 条件下的局部稳定性分析结果

均衡点	det$J$(符号)	tr$J$(符号)	稳定性
(0,0)	+	−	稳定点
(0,1)	+	+	不稳定点
(1,0)	−	—	鞍点
(1,1)	−	—	鞍点

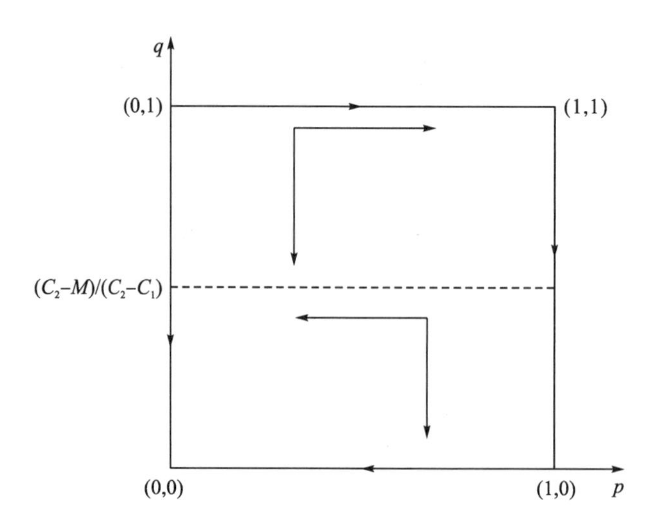

图 5.13　情形 6 条件下系统的复制动态相位

情形 7：$M < C_1$，$N - \varepsilon R > R_1 + R_2$，表示公众参与的增量效益小于投资企业考虑公众利益诉求前提下的参与成本，而对于投资企业无论公众做何选择，其选择考虑公众利益诉求策略获得的收益均小于选择不考虑公众利益诉求策略获得的收益。在此情形下点(p^*,q^*) $(p^*>1,q^*>1)$不存在，其余四个均衡点具体的稳定性分析结果如表 5.18 所示，复制动态相位图如图 5.14 所示。可见，在此情形下系统只有一个稳定点(0,0)，即公众选择不参与，投资企业选择不考虑公众利益诉求。不参与和不考虑公众利益诉求分别为公众和投资企业的占优策略。

表 5.18　情形 7 条件下的局部稳定性分析结果

均衡点	det***J***(符号)	tr***J***(符号)	稳定性
(0,0)	+	−	稳定点
(0,1)	−	—	鞍点
(1,0)	−	—	鞍点
(1,1)	+	+	不稳定点

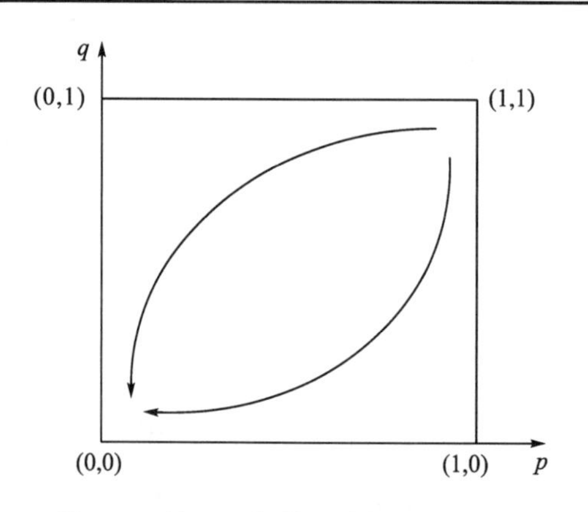

图 5.14　情形 7 条件下系统的复制动态相位

情形 8：$M < C_1$，$R_1 + R_2 > N - \varepsilon R > 0$，表示公众参与的增量效益小于投资企业考虑公众利益诉求前提下的参与成本，而对于投资企业，公众参与前提下其选择考虑公众利益诉求策略获得的收益大于选择不考虑公众利益诉求策略获得的收益，公众不参与前提下其选择考虑公众利益诉求策略获得的收益小于选择不考虑公众利益诉求策略获得的收益。在此情形下点(p^*,q^*) $(0 < p^* < 1, q^* > 1)$不存在，其余四个均衡点具体的稳定性分析结果如表 5.19 所示，复制动态相位图如图 5.15 所示。可见，在此情形下系统只有一个稳定点(0,0)，即公众选择不参与，投资企业选择不考虑公众利益诉求，表明如果不参与是公众的占优策略，而投资企业考虑公众利益诉求的成本大于群体性事件带来的损失εR，而又不超过群体性事件带来的损失εR、考虑公众利益诉求获得的效益R_1和不考虑公众利益诉求获得的效益R_2三者之和时，投资企业的行为会受公众行为的影响最后倾向于不考虑公众利益诉求。

表 5.19　情形 8 条件下的局部稳定性分析结果

均衡点	det*J*(符号)	tr*J*(符号)	稳定性
(0,0)	+	−	稳定点
(0,1)	−	—	鞍点
(1,0)	+	+	不稳定点
(1,1)	−	—	鞍点

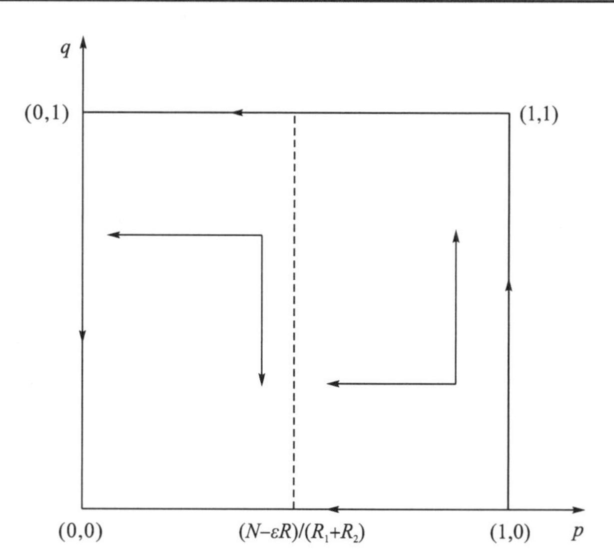

图 5.15　情形 8 条件下系统的复制动态相位

情形 9：$C_2 > M > C_1$，$R_1 + R_2 > N - \varepsilon R > 0$，表示公众在投资企业考虑公众利益诉求前提下参与获得的收益大于不参与获得的收益，在投资企业不考虑公众利益诉求前提下参与获得的收益小于不参与获得的收益，而对于投资企业，公众参与前提下其选择考虑公众利益诉求策略获得的收益大于选择不考虑公众利益诉求策略获得的收益，公众不参与前提下其选择考虑公众利益诉求策略获得的收益小于选择不考虑公众利益诉求策略获得的收益。在此情形下点(p^*,q^*) $(0 < p^* < 1, 0 < q^* < 1)$存在，五个均衡点具体的稳定性分

析结果如表 5.20 所示，复制动态相位图如图 5.16 所示。可见，在此情形下系统有两个稳定点(0,0)和(1,1)，即公众选择不参与、投资企业选择不考虑公众利益诉求和公众选择参与、投资企业选择考虑公众利益诉求。

表 5.20　情形 9 条件下的局部稳定性分析结果

均衡点	det$J$(符号)	tr$J$(符号)	稳定性
(0,0)	+	−	稳定点
(0,1)	+	+	不稳定点
(1,0)	+	+	不稳定点
(1,1)	+	−	稳定点
(p^*,q^*)	−	0	鞍点

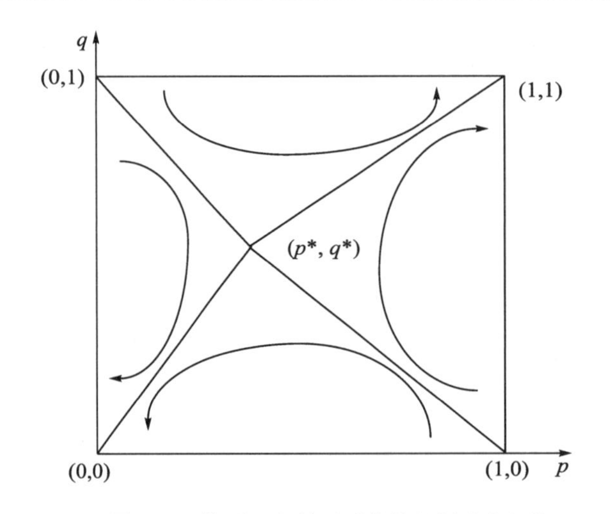

图 5.16　情形 9 条件下系统的复制动态相位

由图 5.16 可见，在此情形下该博弈有两个演化稳定策略，且存在一个鞍点(p^*,q^*)，不难发现鞍点对两个稳定策略选择的概率起着关键的作用，这里可以利用系统科学理论进一步分析，鞍点右上方区域的点会逐渐演化到点(1,1)，鞍点左下方区域的点会逐渐演化到点(0,0)。公众参与制度的实施无疑会促进公众积极参与，督促投资企业积极考虑公众利益诉求，故将(1,1)作为本书研究的最优策略。扩大鞍点右上方区域的面积即增大了选择最优策略的概率，因此可通过将鞍点向左下角移动来实现。要使鞍点往左下角移动，则需要减小p^*和q^*。当其他条件不变时为减小p^*，N表示投资企业考虑公众利益诉求的成本，εR表示群体性事件使投资企业遭受的损失，这两个值是客观值，不方便对其进行直接调控，R_1、R_2表示投资企业选择考虑公众利益诉求和不考虑公众利益诉求在后期获得的收益，R_1和R_2可能受到相关法律制度、政府奖惩及第三方监督等因素的影响，故可通过增大(R_1+R_2)来减小p^*；当其他条件不变时为减小q^*，M表示公众参与之后获得的增量效益，可以通过完善补偿机制，给予参与公众补贴、奖励等形式来实现，C_1、C_2表示公众参与的成本，公众参与成本的增加直接影响公众参与的积极性，可以通过给公众提供一系列参与便利措施来降低参与成本，故可以通过增加公众参与的增量效益和降低成本来减小 q^* 。

5.5 模型启示

本章采用演化博弈理论对污染型邻避设施规划建设中公众参与的行为进行探讨，构建了公众内部、政府与投资企业、公众与投资企业的演化博弈模型，通过公众、政府及投资企业的演化稳定性分析，总结得出公众参与的成本、参与获得的增量效益、政府监管的成本、政府的惩罚力度、投资企业考虑公众利益诉求的成本和群体性事件给投资企业带来的损失等是影响各参与主体行为的主要因素，政府在推动公众参与积极性和投资企业积极考虑公众利益诉求上发挥着极其重要的作用，应当充分发挥其主导地位。

在污染型邻避设施的规划建设中，随着公众、政府和投资企业对项目或者参与方信息了解的深入，政府发现投资企业在处理污染物及防范措施制定上无所作为，投资企业发现政府和公众对设施关注度提升等(晏永刚　等，2017)，将促使污染型邻避设施的博弈较一般的博弈主体间互动会更加频繁，互动的内容和实质会更加深化，互动过程更加复杂。在博弈过程中他们的行为不仅受外界环境、内在因素的影响，还受其他参与主体行为影响，从而不断调整自身的行为选择，最终实现自身效益的最大化。

通过对公众内部、政府与投资企业、公众与投资企业的演化博弈分析得出如下启示建议。

5.5.1　积极引导公众参与

影响公众行为选择的因素主要有公众参与成本和参与之后获得的增量效益。对于污染型邻避设施这一项目公众参与成本较高、获得的增量效益弱、机会风险高，公众最初参与的动机较小，但是如若参与能使设施建设得到改进或者停建将大大增加增量效益，从而激发公众参与的动机。通过前文博弈分析结果可以发现，如果公众的行为策略里存在占优策略，其行为不受其他参与者行为的影响只会选择占优策略。如果不存在占优策略，其行为则会受到其他参与者行为的影响，即会朝着有益于提升自身效益的行为方向演变(李敏，2013)。当公众参与获得的增量效益足够大，以至于大于任何情况下的参与成本时，公众只会选择参与策略；当公众参与获得的增量效益足够小，以至于小于任何情况下的参与成本时，公众只会选择不参与策略；当公众参与获得的增量效益一般大，正好介于偏高参与成本和偏低参与成本之间时，公众的行为策略受投资企业行为的影响，企业选择考虑公众利益诉求，公众则选择参与，企业选择不考虑公众利益诉求，公众则选择不参与。因此增大公众参与的增量效益和降低公众的参与成本能有效提升公众参与的积极性。

公众对污染型邻避设施规划建设过程起着重要的作用，由演化博弈模型分析可知要引导公众积极参与。虽然公众参与较多以维护自身利益为目的，但在一定程度上能够降低政府的监管成本，促进投资企业考虑公众利益诉求，有效降低污染型邻避设施群体性事件发生的概率。

5.5.2 提升政府监管力度

政府在污染型邻避设施规划建设中应当履行其监管协调的职能，在职能履行的过程中，其行为选择受监管成本和监管投资企业未考虑公众利益诉求时的罚款的影响。如果政府的行为策略里存在占优策略，那么其行为将不受其他参与者行为的影响只会选择占优策略。相反，其行为则会受到其他参与者行为的影响，即会朝着有益于提升自身效益的行为方向演变。当政府监管的成本足够大，以至于大于其对投资企业的罚款时，政府只会选择不监管；当政府监管的成本小于其对投资企业的罚款时，政府的行为选择受投资企业行为的影响，投资企业选择考虑公众利益诉求时，政府则选择不监管，投资企业选择不考虑公众利益诉求时，政府则选择监管。因此政府可以加大罚款力度以促使投资企业积极考虑公众利益诉求，同时也可以充分利用民间公益组织来对投资企业进行监督管理以降低自身监管成本，并且还需要做到建立和完善公众参与机制和加强相关法律法规建设。

5.5.3 引导投资企业积极配合提升公众参与

影响投资企业行为选择的因素主要有考虑公众利益诉求的成本、政府的奖惩力度、群体性事件造成的损失等。投资企业较政府和公众在行为策略选择上更为复杂，虽然投资企业为寻求自身利益最大化而选择不考虑公众利益诉求，但是受来自公众和政府的双重压力，其行为选择也会根据政府和公众的行为对自身利益进行权衡并做出调整。当投资企业考虑公众利益诉求的成本足够大，以至于大于其不考虑时带来的所有损失后果时，投资企业会选择不考虑公众利益诉求；相反，投资企业则会根据政府和公众的行为综合考虑选择对自己最有利的行为。因此，投资企业在面对政府监管、公众参与和社会媒体关注时，不能只顾短期利益和个体利益实现，应当放眼于长期利益与公共利益的实现，推进项目有条不紊地开展。

5.6 本 章 小 结

污染型邻避设施规划建设中的公众参与主体行为呈现动态行为的特征。本章基于公众、政府及投资企业三个视角，采用演化博弈理论分别构建污染型邻避设施规划建设中公众内部行为、政府与投资企业、公众与投资企业的演化博弈模型，通过对三个演化博弈模型进行稳定性分析，进而得出公众参与的成本、参与获得的增量效益、政府监管的成本、政府的惩罚力度、投资企业考虑公众利益诉求的成本、群体性事件给投资企业带来的损失等是影响各参与主体行为的主要因素，政府在推动公众参与积极性和投资企业积极考虑公众利益诉求方面发挥着极其重要的作用，应当充分发挥其主导地位。最后，给出积极引导公众参与、提升政府监管力度、引导投资企业积极配合提升公众参与的相关建议。

第6章 污染型邻避设施公众参与有效性评价体系构建

6.1 引　　言

根据第3章对污染型邻避设施公众参与关键影响因素的识别结果，可知公众参与的具体过程对公众参与效果及效率具有较大影响且表现为正向反馈关系；结合第4章对污染型邻避设施公众参与行为意向的分析结果，得知公众的行为态度是影响公众参与行为意向最重要的因素，并且公众的行为态度更多受利益因素的影响；同时，基于第5章有关利益主体行为的演化博弈分析结果，可知公众参与获得的增量效益及公众参与付出成本因素是直接决定公众选择参与及参与效果的关键变量。可见，前述相关章节都是分别基于不同的视角对公众参与效果的作用机理及影响关系做出相应的讨论，但相应章节的研究内容还没有形成对公众参与效果分析的系统性框架。

鉴于此，在前述章节相关研究分析结果的基础上，将公众参与主体、公众参与过程、公众参与环境及参与预期结果等变量因素统筹纳入公众参与效果研究的框架体系，并尝试转变研究思维方式，通过后验性评价的方式对污染型邻避设施规划建设中公众参与有效性建立评价体系，从公众参与预期效果反馈的逻辑视角揭示影响公众参与效果的制约性要素，探索提升公众参与效果的表征指标，从而为后续章节对污染型邻避设施公众参与的政策机制设计提供理论铺垫和思维启示。

污染型邻避设施公众参与有效性评价体系的构建其主要意义在于：①能够及时反映公众参与的整体现状，即能够从定量分析的角度反映公众参与的效果；②能够提前诊断公众参与在主体环节、过程环节、结果反馈环节及外部环境影响环节可能面临的偏差，即根据评价结果判断目前公众参与中的具体性问题；③具有预测性，即正视公众参与现状的不足，通过有效性评价结果的运用，避免出现类似问题，为今后同类型项目的公众参与问题提供参考。概括而言，本章建立公众参与效果有效性的评价体系起到了承上启下的作用，既是在效果验证层面对前述章节有关公众参与关键影响因素、公众参与行为意向和参与主体演化博弈分析的系统整合分析，又是在制度设计层面为后续章节对公众参与制度设计应当从何角度、从何维度、从何层面展开政策机制设计埋下理论伏笔。

6.2 污染型邻避设施公众参与有效性评价指标体系的建立

①本章通过文献计量分析法初步识别公众参与有效性的表征指标，在此基础上，通过专家咨询法对公众参与有效性的表征指标进行删除与增补，最终确定了18项表征指标，并

阐释了其含义；②对公众参与有效性的评价指标进行文献整理，综合专家的意见，将 18 项表征指标划分为“参与主体”“参与过程”“参与结果”“参与环境”四个部分；③根据识别的表征指标和分类标准设计调查问卷，并对调查问卷的样本数据进行信度与效度检验，以进一步检验指标体系建构的合理性，剔除不符合要求的指标，最终保留了 17 项表征指标，并提取了 4 个隐变量；④根据上述研究成果建立由总体目标层(A)、系统准则层(B)、基本指标层(C)三个层次构成的污染型邻避设施规划建设中公众参与有效性评价指标体系。

6.2.1　公众参与有效性表征指标的识别

6.2.1.1　文献计量分析法

通过对公众参与有效性表征指标的研究文献梳理可以发现，国内外学者在表征指标的研究上各有所长，没有一个共同认可的标准，但有一些表征指标得到了大多数学者的认可，如“参与公众的代表性”“公众参与方式的适用性”“项目信息的公开程度”等因素。基于此，本章选取 17 篇相关研究文献，对公众参与有效性的表征指标(1 为公众参与意识、2 为参与公众的代表性、3 为参与公众与目标的明确程度、4 为参与公众的环境意识、5 为参与公众的专业知识、6 为参与公众的社会经济地位、7 为环保 NGO 的参与程度、8 为专业人士与公众之间的平衡与互动、9 为公众参与过程的透明性、10 为公众参与过程的独立性、11 为公众参与过程的完整性、12 为公众参与的时效性、13 为公众参与的互动性、14 为公众参与方式的适用性、15 为公众参与的成本、16 为公众意见影响决策的程度、17 为政府赋权公众的程度、18 为政府解决矛盾的能力、19 为项目信息获取的便捷程度、20 为项目信息的公开程度、21 为环评机构的客观程度、22 为新闻媒体的关注程度、23 为相关法律法规及参与制度的保障程度)进行统计分析，如表 6.1 所示。

6.2.1.2　专家咨询法

文献计量分析法虽然可以快速收集和整理公众参与有效性的表征指标，但该法最大的缺点是各表征指标的独立性较差，容易产生信息重叠的问题。为了保证表征指标识别的有效性和独立性，在表 6.1 的基础上，通过咨询来自工程、环境、技术经济、公共管理等多领域专家学者的意见，对公众参与有效性的表征指标进行调整(表 6.2)。

6.2.1.3　公众参与有效性的表征指标

综合运用文献计量分析法和专家咨询法，共识别出 18 项关于污染型邻避设施规划建设中公众参与有效性的表征指标，并对每一个表征指标的含义加以解释，如表 6.3 所示。这 18 项表征指标不仅涵盖国际公众参与协会(International Association for Public Participation，IAPP)在总结众多案例的基础上提出的公众参与成功的 7 项重要表征指标，而且符合污染型邻避设施规划建设中公众参与的特殊要求和现实需求，具有一定的代表意义。

表 6.1　文献计量分析法识别公众参与有效性的表征指标

表征指标	杨秋波（2012）	王春雷（2008）	Rowe 等（2000）	桑燕鸿（2001）	Nadeem 等（2011）	余光辉等（2016）	任远（2014）	Furia 等（2000）	孙晓琳（2012）	陈金贵（1992）	张慧（2015）	许瑛超（2008）	周航（2013）	张晓云（2016）	刘新宇（2014）	蔡利忠（2012）	张萍等（2011）	频数
1	√	√	—	—	√	√	√	—	—	√	—	√	√	—	—	—	√	9
2	√	√	√	√	√	√	√	√	√	√	√	√	√	√	√	√	√	17
3	√	—	√	—	—	—	√	√	—	—	—	—	—	√	—	—	—	5
4	√	—	—	√	—	√	—	—	—	—	—	—	—	—	—	—	—	3
5	—	√	√	√	—	√	—	√	—	√	√	—	—	√	—	—	√	9
6	—	—	—	—	—	—	—	√	—	—	—	—	—	—	—	—	—	1
7	√	√	—	√	—	—	√	—	√	√	√	—	—	√	—	—	—	8
8	√	√	—	√	—	—	√	—	—	√	√	—	—	√	—	—	√	8
9	√	—	√	—	√	—	√	—	—	√	—	—	—	√	√	—	—	7
10	√	—	√	—	√	—	—	—	—	√	—	—	—	—	√	—	—	5
11	√	—	√	√	√	√	√	√	√	—	—	—	—	—	—	√	—	9
12	√	√	√	√	√	√		√	√	—	—	√	√	—	√	—	√	12
13	√	√	—	—	√	—	√	√	√	√	√	√	√	√	—	—	√	12
14	√	√	√	√	√	√	√	√	√	√	√	√	√	√	—	√	—	15
15	√	√	√	—	—	—	√	—	—	√	—	—	—	√	—	√	—	7
16	√	√	√	√	√	—	√	√	√	√	√	√	√	√	√	√	√	16
17	√	—	—	√	—	—	—	—	—	—	—	√	√	—	—	—	—	4
18	—	√	—	√	—	√	—	—	√	—	—	√	√	—	—	√	—	7
19	—	√	—	—	—	—	√	—	—	√	√	—	—	—	—	—	—	4
20	√	√	√	√	√	√	√	√	√	√	√	√	√	—	√	—	√	15
21	—	—	—	—	√	—	—	√	√	—	—	√	—	—	—	—	—	4
22	√	—	—	—	—	—	√	—	√	—	—	—	—	—	—	—	—	3
23	√	√	—	—	√	—	—	—	√	√	—	√	√	√	—	—	—	8

表 6.2　专家咨询法调整公众参与有效性的表征指标

	序号	增减因素	增减理由
筛除因素	1	参与公众的环境意识	可由“参与公众的专业知识”和“公众参与意识”代替
	2	参与公众的社会经济地位	可由“参与公众的代表性”和“公众参与意识”代替
	3	政府赋权公众的程度	可由“公众意见影响决策的程度”代替
	4	政府解决矛盾的能力	说法过于宽泛，普通公众难以做出评价
	5	项目信息获取的便捷程度	互联网的普及使公众获取信息的便捷程度增加，公众更关注信息的公开程度
	6	环评机构的客观程度	与公众参与的有效性并无直接联系
	7	新闻媒体的关注程度	与公众参与的有效性并无直接联系
增添因素	8	政府对公众参与的支持程度	政府在公众参与过程中的优势地位决定了政府的支持非常重要
	9	公众参与结果的反馈程度	公众参与的结果关乎公众的切身利益，应当及时反馈给参与的公众

表 6.3　公众参与有效性的表征指标

序号	公众参与有效性的表征指标
1	公众参与意识——公众是否积极参与
2	参与公众的代表性——参与公众代表的想法能否充分表达大多数人的意见
3	参与公众与目标的明确程度——参与的公众是否知道自己参与的目标
4	参与公众的专业知识——参与的公众是否有能力理解必要的专业信息
5	环保 NGO 的参与程度——环保 NGO 是否提供了必要的支持和帮助
6	专业人士与公众之间的平衡与互动——相关领域专家是否提供了必要的支持和帮助
7	公众参与过程的透明性——公众参与过程是否在全社会的监督下进行
8	公众参与过程的独立性——参与的公众能否独立行使自己的权利
9	公众参与过程的完整性——参与活动是否持续到项目建成运营为止
10	公众参与的时效性——参与活动是否在决策未定之前展开
11	公众参与的互动性——公众与政府之间是否沟通
12	公众参与方式的适用性——公众参与方式能否满足参与活动的要求
13	公众参与的成本——公众参与的时间成本和经济成本是否控制在合理的范围内
14	公众意见影响决策的程度——政府部门是否在最终决策中采纳了公众的合理建议
15	公众参与结果的反馈程度——政府部门是否通过公开渠道提供了详细的意见处理结果
16	政府对公众参与的支持程度——政府部门是否为参与活动提供了必要的帮助
17	项目信息的公开程度——政府部门是否为参与活动提供了必要的项目信息
18	相关法律法规及参与制度的保障程度——公众参与是否在法律和政策制度的保障下顺利进行

为了进一步对表征指标进行分类整理，经过文献总结，本章从“参与主体”“参与过程”“参与结果”“参与环境”四个综合指标的有效性角度阐释公众参与的有效性，然后从识别的 18 项表征指标的有效性角度阐释四个综合指标，从而分层次、系统性地阐释了公众参与的有效性。

(1)参与主体(B_1)：参与主体是实现公众有效参与的重要基础。参与主体分别由公众参与意识(C_{11})、参与公众的代表性(C_{12})、参与公众与目标的明确程度(C_{13})、参与公众的专业知识(C_{14})、环保 NGO 的参与程度(C_{15})、专业人士与公众之间的平衡与互动(C_{16})这 6 个表征指标构成。

(2)参与过程(B_2)：参与过程是实现公众有效参与的重要途径。参与过程分别由公众参与过程的透明性(C_{21})、公众参与过程的独立性(C_{22})、公众参与过程的完整性(C_{23})、公众参与的时效性(C_{24})、公众参与的互动性(C_{25})、公众参与方式的适用性(C_{26})、公众参与的成本(C_{27})这 7 个表征指标构成。

(3)参与结果(B_3)：参与结果是衡量公众参与有效性的重要依据。参与结果分别由公众意见影响决策的程度(C_{31})、公众参与结果的反馈程度(C_{32})这 2 个表征指标构成。

(4)参与环境(B_4)：参与环境是实现公众有效参与的重要保障。参与环境分别由政府对公众参与的支持程度(C_{41})、项目信息的公开程度(C_{42})、相关法律法规及参与制度的保障程度(C_{43})这 3 个表征指标构成。

6.2.2　公众参与有效性表征指标的主观性调查

6.2.2.1　调查问卷设计与发放

在对识别出的公众参与有效性评价指标进行实证研究之前，需对评价指标体系中的指标因子进行科学、规范、合理的调查问卷设计。调查问卷采用利克特 5 分量表法对公众参与有效性的表征指标进行定序测量，即根据受访者的知识和经验对表征指标的重要性进行打分，其中 1 分代表的是“不重要”，2 分代表的是“一般”，3 分代表的是“较重要”，4 分代表的是“重要”，5 分代表的是“非常重要”。设计的调查问卷包括三个部分：第一部分为基本情况调查；第二部分为污染型邻避设施规划建设中公众参与的基本认知调查；第三部分为污染型邻避设施规划建设中公众参与有效性的表征指标调查。关于污染型邻避设施规划建设中公众参与有效性的表征指标调查问卷，详见附录 C。

本次调查问卷的设计、发放和回收都是通过网上问卷调查系统来完成，共计回收有效问卷 102 份，有效问卷回收率为 95%。问卷填写者中，博士及以上学历人数占比为 22.34%、硕士学历为 40.43%、本科学历为 29.79%，受访者的知识和经验满足调查的需求，其中受访者有 40.43%来自高校及学术机构，17.02%来自建设单位/开发商，11.70%来自咨询与评估单位，9.57%来自施工承包单位，7.45%来自政府及事业单位，还有 13.83%的受访者属于其他工作性质。总体而言，受访者的受教育程度和人员构成比例都比较理想，调查结果比较可靠。

6.2.2.2　调查问卷数据分析

通过相关领域专家学者对设计的调查问卷实施测量后，要对调查结果进行描述性统计分析、信度与效度检验，以保证调查问卷设计的合理性。问卷调查获得的基本描述统计量如表 6.4 所示。

表 6.4　表征指标统计描述

编号	表征指标	最小值	最大值	平均值	标准偏差	数量/份
C_{11}	公众参与意识	1	5	4.21	0.926	102
C_{12}	参与公众的代表性	1	5	4.20	0.934	102

续表

编号	表征指标	最小值	最大值	平均值	标准偏差	数量/份
C_{13}	参与公众与目标的明确程度	1	5	4.16	0.952	102
C_{14}	参与公众的专业知识	1	5	3.47	1.132	102
C_{15}	环保 NGO 的参与程度	1	5	3.57	1.020	102
C_{16}	专业人士与公众之间的平衡与互动	1	5	3.83	0.934	102
C_{21}	公众参与过程的透明性	1	5	4.15	0.938	102
C_{22}	公众参与过程的独立性	1	5	3.90	1.048	102
C_{23}	公众参与过程的完整性	1	5	3.88	0.988	102
C_{24}	公众参与的时效性	1	5	3.97	1.009	102
C_{25}	公众参与的互动性	1	5	3.65	0.940	102
C_{26}	公众参与方式的适用性	1	5	3.81	0.972	102
C_{27}	公众参与的成本	1	5	3.52	1.060	102
C_{31}	公众意见影响决策的程度	1	5	3.92	0.992	102
C_{32}	公众参与结果的反馈程度	1	5	3.93	0.967	102
C_{41}	政府对公众参与的支持程度	1	5	4.24	1.064	102
C_{42}	项目信息的公开程度	1	5	4.31	1.034	102
C_{43}	相关法律法规及参与制度的保障程度	1	5	4.16	1.022	102

利用上述收集和整理的数据，进行信度和效度检验。

6.2.2.3　信度检验

信度即可靠性，它是指采用相同的方法对同一目标反复进行测量时所得数据相一致的程度，代表调查问卷的稳定性(吴明隆，2010)。Cronbach' s α 是目前最常用的信度检验的指标，因此本书选取 Cronbach' s α 进行信度检验。根据经验，Cronbach' s α 的取值范围为(0,1)，Cronbach' s α 取值越靠近 1，说明测量题目内在的信度越高，Cronbach' s α 的取值越靠近 0，说明测量题目内在的信度越低，调查问卷的设计存在问题(吴明隆，2010)，具体取值范围和评价标准如表 6.5 所示。

表 6.5　Cronbach' s α 取值范围和评价标准

Cronbach' s α 取值范围	评价标准
Cronbach' s $\alpha \geqslant 0.9$	内在信度非常高，可信
$0.7 \leqslant$ Cronbach' s $\alpha < 0.9$	内在信度高，可信
$0.35 \leqslant$ Cronbach' s $\alpha < 0.7$	内在信度中等，可信
Cronbach' s $\alpha < 0.35$	内在信度低，不可信，量表需要重新设计

将表 6.5 中收集和整理到的数据输入统计分析软件 SPSS 22.0 中，分别计算“参与主体”“参与过程”“参与结果”“参与环境”四组测量题目的 Cronbach' s α。根据表 6.5 中 Cronbach' s α 取值范围和评价标准，对四组测量题目中各项表征指标进行删除或修改。若测量题目的 Cronbach' s α>0.7，则认为测量题目的内在信度是可信的，该组表征指标可以全部保留。若测量题目的 0.35≤Cronbach' s α<0.7，则认为测量题目的内在信度是比较可信的，该组表征指标需要进行调整，此时需要计算各表征指标的“项目删除后的 Cronbach' s α”，根据计算结果由高到低逐个剔除项目删除后 Cronbach' s α>0.7 所对应的表征指标，并依次重新进行信度检验，直到测量题目 Cronbach' s α>0.7 为止。若测量题目的 Cronbach' s α<0.35，则认为测量题目的内在信度是不可信的，该组表征指标设置不合理，量表需要重新设计。四组测量题目的信度检验过程如下。

1. 参与主体的信度检验

参与主体(B_1)包括 6 个测量变量，运用 SPSS 22.0 软件对该组计算 Cronbach' s α，如表 6.6 所示。

表 6.6　参与主体的信度检验

Cronbach' s α	项数
0.632	6

从表 6.6 中可以看出，Cronbach' s α 为 0.632，参与主体该组因素的内部一致性是中等，需要进一步考察该组的“校正后项目与总分相关性”和“删除项目后的 Cronbach' s α”，如表 6.7 所示。

表 6.7　参与主体项目总计统计量

项目	删除项目后的刻度均值	删除项目后的刻度方差	校正后项目与总分相关性	项目删除后的 Cronbach' s α
公众参与意识	19.23	13.622	0.600	0.694
参与公众的代表性	19.24	13.706	0.579	0.698
参与公众与目标的明确程度	19.27	13.409	0.413	0.791
参与公众的专业知识	19.96	12.612	0.583	0.699
环保 NGO 的参与程度	19.86	13.407	0.554	0.703
专业人士与公众之间的平衡与互动	19.60	13.411	0.628	0.718

从表 6.7 中可以看出删除“参与公众与目标的明确程度”后 Cronbach' s α 的提升幅度较大，并且该表征指标的相关性较低，说明“参与公众与目标的明确程度”不能很好地描述参与主体的特征，因此考虑删除该表征指标后再次对参与主体这组的信度进行检验，如表 6.8 所示。从表 6.8 中可以看出，Cronbach' s α 为 0.791，参与主体该组因素的内部一致性是可信的。

表 6.8　修改后的信度值

Cronbach' s α	项数
0.791	5

2. 参与过程的信度检验

参与过程(B_2)包括 7 个测量变量，运用 SPSS 22.0 软件对该组计算 Cronbach' s α，如表 6.9 所示。

表 6.9　参与过程的信度检验

Cronbach' s α	项数
0.857	7

从表 6.9 中可以看出，Cronbach' s α 为 0.857，参与过程测量题目的内在信度是可信的，该组表征指标可以全部保留。

3. 参与结果的信度检验

参与结果(B_3)包括两个测量变量，运用 SPSS 22.0 软件对该组计算 Cronbach' s α，如表 6.10 所示。

表 6.10　参与结果的信度检验

Cronbach' s α	项数
0.752	2

从表 6.10 可以看出，Cronbach' s α 为 0.752，参与结果测量题目的内在信度是可信的，该组表征指标可以全部保留。

4. 参与环境的信度检验

参与环境（B_4）包括三个测量变量，运用 SPSS 22.0 软件计算该组的 Cronbach' s α，如表 6.11 所示。

表 6.11　参与环境的信度检验

Cronbach' s α	项数
0.872	3

从表 6.11 中可以看出，Cronbach' s α 为 0.872，参与环境测量题目的内在信度是可信的，该组表征指标可以全部保留。

删除变量“参与公众与目标的明确程度”后，上述信度检验汇总结果如表 6.12 所示。

表 6.12　变量的信度检验

项目	项数/项	Cronbach' s α
参与主体	5	0.791
参与过程	7	0.857
参与结果	2	0.752
参与环境	3	0.872
总体	17	0.840

根据表 6.12 可知，调查问卷中四组测量题目的内部一致性 Cronbach' s α 均大于 0.7，可信度较高，可以接受；同时，调查问卷整体的 Cronbach' s α 为 0.840，表明调查问卷的整体信度非常好，可以采用。

6.2.2.4　效度检验

效度即有效性，它是指采用一定的方法对目标测量所得结果能够反映目标考察内容的程度，代表调查问卷的可靠性。KMO 检验和 Bartlett' s 球形检验是目前最常用的效度检验指标，因此本书选取 KMO 检验和 Bartlett' s 球形检验进行效度检验。根据经验，KMO 的取值范围为(0,1)，KMO 越靠近 1，变量间的相关性越强，则越适合做因子分析；KMO 越靠近 0，变量间的相关性越弱，则越不适合做因子分析，具体取值范围和评价标准如表 6.13 所示。

表 6.13　KMO 取值范围和评价标准

KMO 取值范围	评价标准
$0.9 \leqslant KMO < 1.0$	非常适合
$0.8 \leqslant KMO < 0.9$	适合
$0.7 \leqslant KMO < 0.8$	一般
$0.5 \leqslant KMO < 0.7$	不太适合
$0 < KMO < 0.5$	不适合

将表 6.4 中收集和整理到的数据输入统计分析软件 SPSS 22.0 中，对调查问卷中四组测量题目和整体的效度进行 KMO 检验和 Bartlett' s 球形检验，并计算各项测量变量的因子荷载，如表 6.14 所示。

表 6.14　表征指标统计描述

隐变量	KMO	Bartlett' s	Sig.	编号	测量变量	因子荷载
参与主体	0.785	638.346	0	C_{11}	公众参与意识	0.758
				C_{12}	参与公众的代表性	0.732
				C_{14}	参与公众的专业知识	0.731
				C_{15}	环保 NGO 的参与程度	0.712
				C_{16}	专业人士与公众之间的平衡与互动	0.770

续表

隐变量	KMO	Bartlett's	Sig.	编号	测量变量	因子荷载
参与过程	0.787	410.626	0	C_{21}	公众参与过程的透明性	0.801
				C_{22}	公众参与过程的独立性	0.777
				C_{23}	公众参与过程的完整性	0.817
				C_{24}	公众参与的时效性	0.696
				C_{25}	公众参与的互动性	0.691
				C_{26}	公众参与方式的适用性	0.723
				C_{27}	公众参与的成本	0.639
参与结果	0.826	561.239	0	C_{31}	公众意见影响决策的程度	0.895
				C_{32}	公众参与结果的反馈程度	0.767
参与环境	0.735	851.845	0	C_{41}	政府对公众参与的支持程度	0.873
				C_{42}	项目信息的公开程度	0.898
				C_{43}	相关法律法规及参与制度的保障程度	0.907
总体	0.805	518.375	0	—	—	—

根据表 6.14 中的数据可知四组测量题目的 KMO 都大于 0.7，各项测量变量的因子荷载都大于 0.5，并且调查问卷总体的 KMO 也大于 0.7，根据 KMO 取值范围和评价标准可以看出变量之间有很强的相关性，说明此次调查问卷得到的数据可靠性较好。除此之外，Bartlett's 球形检验中获得了较大的近似卡方值，并且 Sig.为零，即 Sig.显著，根据 Bartlett's 球形检验的结果可以看出此次问卷调查的样本数据适合进行主成分分析。因此，说明可以通过主成分分析法来验证四组测量题目因素的分类是否合理。

运用统计分析软件 SPSS 22.0 对调查问卷的样本数据进行主成分分析，主成分分析的结果显示该样本数据可提取 4 个隐变量，并且每个隐变量的分组与本书假定的四组测量题目的分组是一致的，这说明原来的分组是正确的。具体的主成分分析结果如表 6.15 所示。

表 6.15　主成分分析

序号	初始特征值			提取载荷平方和			旋转载荷平方和		
	合计	方差百分比/%	占比/%	合计	方差百分比/%	占比/%	合计	方差百分比/%	占比/%
1	5.607	26.357	27.631	5.607	27.631	27.631	5.607	27.631	27.631
2	4.188	21.987	49.618	4.188	21.987	49.618	4.188	21.987	49.618
3	1.980	11.762	61.380	1.980	11.762	61.380	1.980	11.762	61.380
4	1.894	5.313	68.639	1.894	5.313	68.639	1.894	5.313	68.639
5	0.768	4.519	73.158	—	—	—	—	—	—
6	0.643	3.783	76.941	—	—	—	—	—	—
7	0.581	3.415	80.357	—	—	—	—	—	—
8	0.531	3.124	83.481	—	—	—	—	—	—
9	0.503	2.958	86.439	—	—	—	—	—	—

根据表 6.15 中的数据可知，提取的 4 个隐变量的特征值都大于 1，并且其总的方差贡献率大于 60%，满足了在社会科学研究中要求调查样本数据对总变异量解释程度的要求，即这 4 个隐变量可以解释 68.639%的方差。经过上述分析可知，本书调查问卷的样本数据支持因子分析，而且设计的调查问卷具有较好的结构效度和内容效度，调查问卷构建的理论模型比较理想，问卷的内容也比较合理有效。

6.2.3　公众参与有效性评价指标体系建立

本章以污染型邻避设施为背景，以公众参与的有效性为目标，将污染型邻避设施规划建设中公众参与的有效性作为指标体系的总体目标层(A)。经过前文关于污染型邻避设施规划建设中公众参与有效性表征指标的识别与筛选，最终确定了 17 项公众参与有效性的评价指标，并提取出 4 个隐变量，分别为参与主体(B_1)、参与过程(B_2)、参与结果(B_3)、参与环境(B_4)，将这 4 个隐变量作为系统准则层(B)，其对应的评价指标作为基本指标层(C)。

综上所述，本章建立了由总体目标层(A)、系统准则层(B)、基本指标层(C)3 个层次构成的污染型邻避设施规划建设中公众参与有效性评价指标体系，如表 6.16 所示。

表 6.16　污染型邻避设施规划建设中公众参与有效性评价指标体系

总体目标层	系统准则层	基本指标层
污染型邻避设施规划建设中公众参与的有效性(A)	参与主体(B_1)	公众参与意识(C_{11})
		参与公众的代表性(C_{12})
		参与公众的专业知识(C_{13})
		环保 NGO 的参与程度(C_{14})
		专业人士与公众之间的平衡与互动(C_{15})
	参与过程(B_2)	公众参与过程的透明性(C_{21})
		公众参与过程的独立性(C_{22})
		公众参与过程的完整性(C_{23})
		公众参与的时效性(C_{24})
		公众参与的互动性(C_{25})
		公众参与方式的适用性(C_{26})
		公众参与的成本(C_{27})
	参与结果(B_3)	公众意见影响决策的程度(C_{31})
		公众参与结果的反馈程度(C_{32})
	参与环境(B_4)	政府对公众参与的支持的程度(C_{41})
		项目信息的公开程度(C_{42})
		相关法律法规及参与制度的保障程度(C_{43})

6.3　污染型邻避设施规划建设中公众参与有效性评价的 CM-GRA 集成模型的构建

鉴于污染型邻避设施公众参与有效性评价的模糊性和随机性特征，考虑到公众参与有效性评价的定量分析和客观评价的实际要求，按照“组合评价”的研究思路，构建基于云模型和灰色关联分析法的污染型邻避设施公众参与有效性评价的 CM-GRA 集成模型及具体算法，为公众参与的有效性评价提供方法借鉴，为政策制定者提供政策设计参考。

6.3.1　云模型基本理论

云模型是我国著名学者李德毅提出的一种研究定性概念与定量描述相互转换的分析方法，其最大的特点是可以实现从不确定性的自然语言到定量数值的转换。

6.3.1.1　云模型的定义

设U是一个用精确数值表示的定量论域，C为U上的定性概念，若对于定量数值$x \in U$，都存在一个具有稳定倾向的随机数$u(x) \in [0,1]$，那么$u(x)$被称作x对C的确定度，x是定性概念C的一次随机实现，即$u: U \to [0,1]$，$\forall x \in U$，$x \to u(x)$，则x在论域U上的分布称为云，每一个x称为一个云滴(王国胤　等，2012)。

上述定义中的论域U可以是一维的，也可以是多维的，那么相对应的云可以是一维的，也可以是多维的。云模型具有以下性质：

(1) 对于任意一个$x \in U$，确定度$u(x)$是论域U到区间$[0,1]$上具有稳定倾向的随机数，而不是一个固定的数值。

(2) 云模型产生的云滴之间没有次序，一个云滴是定性概念在数量上的一次随机实现，云滴越多，越能反映这个定性概念的整体特征。

(3) 云滴的确定度可以理解为云滴能够代表该定性概念的程度，云滴出现的概率越大，云滴的确定度越大，这与人的主观理解一致。

6.3.1.2　云模型的数字特征

云模型用期望 *Ex* (expected value)、熵 *En* (entropy) 和超熵 *He* (hyper entropy) 三个数字特征来整体表征一个定性概念，它们是定性概念的整体定量特性。通过这三个数字特征，可以设计不同的算法产生云滴和确定度，得到不同的云模型，从而构造出不同的云，其中最常见的就是一维正态云。

Ex：云滴在论域空间中分布的期望值，是最能够代表定性概念的点值，换言之就是这个概念量化的最典型样本。距离期望 *Ex* 越近，云滴越集中，反映人们对定性概念的认知越统一，它刻画了云的中心位置。

En：定性概念的不确定性度量，由定性概念的随机性和模糊性共同决定。一方面，*En* 是定性概念随机性的度量，反映了能够代表这个定性概念的云滴的离散程度；另一方

面，它又是定性概念亦此亦彼的度量，反映了在论域空间中可被定性概念接受的云滴的取值范围。用同一个数字特征来反映定性概念的随机性和模糊性，揭示了随机性和模糊性之间的关联性。

He：可以理解为熵的不确定性度量，即熵的熵。具体而言，*He* 用来度量云滴的确定度的随机性，由熵的随机性和模糊性共同决定。

6.3.1.3　云发生器

云发生器(cloud generator，CG)是实现定性概念和定量数值相互转化的算法，其中最常见的算法为正向云发生器和逆向云发生器。

正向云发生器是实现定性概念到定量数值转换的算法。它通过云模型的三个数字特征(*Ex*、*En*、*He*)可以设计出不同的算法产生云滴和确定度，得到不同的云模型，从而构造出不同的云，其中最常见的就是正态云模型，由于它具有一定普适性，可以将它作为基础进行定性概念到定量数值的转换。

基于正态云模型的正向云发生器的算法如下(王国胤　等，2012)。

输入：表示定性概念的三个数字特征，即 *Ex*、*En* 和 *He*，并给定所需生成的云滴个数 n。

输出：n 个云滴 x_i，以及 x_i 所表征的定性概念的确定度 $u_i=(i=1,2,3,\cdots,n)$。

算法步骤如下。

(1)生成以 *En* 为期望值、He^2 为方差的一个正态随机数 En_i'=NORM(En, He^2)。

(2)生成以 *Ex* 为期望值，$En_i'^2$ 为方差的一个正态随机数 x_i =NORM$(Ex, \mathrm{En}_i'^2)$。

(3)由式(6.1)计算 x_i 的确定度 u_i。

$$u_i = \mathrm{e}^{-\frac{(x_i-Ex)^2}{2En_i'^2}} \tag{6.1}$$

式中，具有确定度 u_i 的 x_i 即为一个云滴，重复步骤(1)～(3)，直到产生要求的 n 个云滴为止。这些云滴聚集在一起组成了云，每一个云滴即为一次定性概念到定量数值的转换。其中 NORM 为产生服从正态分布随机数的函数。

逆向云发生器是实现定量数据到定性概念转换的算法。它通过输入一定的精确数据，可以得到云模型的三个数字特征(*Ex*、*En*、*He*)。

逆向云发生器的算法如下。

输入：n 个云滴的定量数值 $x_i=(i=1,2,\cdots,n)$。

输出：n 个云滴所表征的定性概念的数字特征值(*Ex*、*En*、*He*)。

(1)根据 x_i 计算这组数据的样本均值 $\bar{X}$ 和样本方差 S^2：

$$\bar{X}=\frac{1}{n}\sum_{i=1}^{n}x_i,\qquad S^2=\frac{1}{n-1}\sum_{i=1}^{n}(x_i-\bar{X})^2 \tag{6.2}$$

(2)求期望值 *Ex*：

$$Ex=\bar{X} \tag{6.3}$$

(3)求熵 *En*：

$$En=\sqrt{\frac{\pi}{2}}\times\frac{1}{n}\sum_{i=1}^{n}|x_i-Ex| \tag{6.4}$$

(4) 求超熵 He：

$$He = \sqrt{\left|S^2 - En^2\right|} \tag{6.5}$$

6.3.1.4 综合云的运算法则

设 k 个云的数字特征分别为：(Ex_1、En_1、He_1)、(Ex_2、En_2、He_2)、…、(Ex_k、En_k、He_k)，其对应的权重分别为 $h_j(j=1,2,3,\cdots,k)$。那么将 k 个不相同云的数字特征，通过特定的计算方法综合起来，得到一组数值，并将其作为新的数字特征，就可以生成一个新的云，称为综合云。综合云的数字特征(Ex、En、He)的计算公式如下(罗胜 等，2008)：

$$Ex = \frac{Ex_1 \times En_1 \times h_1 + Ex_2 \times En_2 \times h_2 + \cdots + Ex_k \times En_k \times h_k}{En_1 \times h_1 + En_2 \times h_2 + \cdots + En_k \times h_k} \tag{6.6}$$

$$En = En_1 \times h_1 + En_2 \times h_2 + \cdots + En_k \times h_k \tag{6.7}$$

$$He = \frac{He_1 \times En_1 \times h_1 + He_2 \times En_2 \times h_2 + \cdots + He_k \times En_k \times h_k}{En_1 \times h_1 + En_2 \times h_2 + \cdots + En_k \times h_k} \tag{6.8}$$

6.3.2 灰色关联分析法

灰色关联分析法是我国著名学者邓聚龙教授于 1982 年创立的一种研究“少数据”“贫信息”不确定性系统的分析方法，其最大的特点是对数据量和数据规律的要求较低，工作量较少。

灰色关联分析法实质上是对系统动态发展态势做定量描述和比较的分析方法。首先选取反映系统行为特征的参考序列和影响系统行为的比较序列，然后求出若干比较序列与参考序列之间的灰关联系数和灰关联度，最后对灰关联度的大小进行排序，从而反映比较序列与参考序列的接近程度，即比较序列的优劣次序，其中灰关联度最大的比较序列为最佳。具体的实施步骤如下。

1. 原始数据无量纲化处理

一般情况下，在一些系统当中各因素的数量级和量纲不同，使得各因素之间的数据没有可比性，因此在进行灰色关联分析时要先对原始数据进行无量纲化处理，消除量纲之后再对其进行分析。目前，无量纲化处理的方法从几何的角度可归纳为直线型、折线型、曲线型三类，其中直线型无量纲化方法较为实用和常见，主要包括阈值法(初值化、均值化、极差化、极小化、极大化等)、标准化法、比重法等。

设论域 $S=\{s_1,s_2,\cdots,s_m\}$ 为 m 个待评价对象的集合，每个待评价对象由 n 个具有不同物理意义和量纲的指标体系 $P=\{p_1,p_2,\cdots,p_n\}$ 来表述其性状。于是，我们得到一个 $m\times n$ 维的原始数据矩阵，可表示为

$$\boldsymbol{X}=(x_{ij})=\begin{pmatrix} x_{11} & x_{12} & \cdots & x_{1n} \\ x_{21} & x_{22} & \cdots & x_{2n} \\ \vdots & \vdots & & \vdots \\ x_{m1} & x_{m2} & \cdots & x_{mn} \end{pmatrix} \qquad (i=1,2,\cdots,m; j=1,2,\cdots,n)$$

对矩阵 $\boldsymbol{X}$ 进行归一化处理，并将归一化矩阵表示为 $\boldsymbol{X}'=(x'_{ij})_{m\times n}$ 。其归一化采用的主要公式如下。

(1) 初始化无量纲法，其计算公式为

$$x'_{ij}=\frac{x_{ij}}{x_{1j}} \tag{6.9}$$

(2) 均值化无量纲法，其计算公式为

$$x'_{ij}=\frac{x_{ij}}{\overline{x}_i} \tag{6.10}$$

(3) 极差化无量纲法，其计算公式为

$$x'_{ij}=\frac{x_{ij}-\min(x_j)}{\max(x_j)-\min(x_j)} \tag{6.11}$$

(4) 极小化无量纲法，其计算公式为

$$x'_{ij}=\frac{x_{ij}}{\max(x_j)} \tag{6.12}$$

(5) 极大化无量纲法，其计算公式为

$$x'_{ij}=\frac{x_{ij}}{\min(x_j)} \tag{6.13}$$

(6) 均值化无量纲法，其计算公式为

$$x'_{ij}=\frac{x_{ij}-\overline{x}_j}{s_j} \tag{6.14}$$

式中，s_j 为标准差，其计算公式为 $s_j=\sqrt{\frac{1}{m-1}\sum_{i=1}^{m}(x_{ij}-\overline{x}_j)^2}$ 。

(7) 比重法无量纲法，其计算公式为

$$x'_{ij}=\frac{x_{ij}}{\sqrt{\sum_{i=1}^{m}x_{ij}^2}} \tag{6.15}$$

2. 确定参考序列和比较序列

设参考序列为：$X_{0j}=(x'_{01},x'_{02},\cdots,x'_{0n})$ ，$j=1,2,\cdots,n$ ，比较序列为：$X_{ij}=(x'_{i1},x'_{i2},\cdots,x'_{in})$ ，$i=1,2,\cdots,m$ 。

3. 计算比较序列与参考序列之间的灰关联系数

计算公式为

$$\xi_{ij}=\frac{\min_i\min_j\left|x'_{0j}-x'_{ij}\right|+\rho\max_i\max_j\left|x'_{0j}-x'_{ij}\right|}{\left|x'_{0j}-x'_{ij}\right|+\rho\max_i\max_j\left|x'_{0j}-x'_{ij}\right|} \tag{6.16}$$

式中，$\left|x'_{0j}-x'_{ij}\right|$ 为第 j 个指标所对应的 X_i 与 X_0 的绝对差；$\min_i\min_j\left|x'_{0j}-x'_{ij}\right|$ 为两个层次的

最小绝对差；$\max_i \max_j \left| x'_{0j} - x'_{ij} \right|$ 为两个层次的最大绝对差；$\rho \in (0,1]$，为分辨系数，通常取其中值 0.5。

在实际计算过程中，通过对原始数据进行无量纲化处理后，一般都使得 $\min_i \min_j \left| x'_{0j} - x'_{ij} \right| = 0$，那么式(6.16)即可转变为

$$\xi_{ij} = \frac{\rho \max_i \max_j \left| x'_{0j} - x'_{ij} \right|}{\left| x'_{0j} - x'_{ij} \right| + \rho \max_i \max_j \left| x'_{0j} - x'_{ij} \right|} \tag{6.17}$$

4. 计算指标权重

设指标因子 p_j 与 $\overline{p}_j$ (除指标因子 j 外的所有指标因子)之间的群灰关联度为 ε_j，其计算公式(任宏 等，2011)为

$$\varepsilon_j = \frac{1}{n-1} \sum_{g=1, g \neq j}^{n} \gamma(p_j, p_g) \tag{6.18}$$

$$\gamma(p_j, p_g) = \frac{1}{m} \sum_{s=1}^{m} \xi_{jg}^{s} = \frac{1}{m} \sum_{s=1}^{m} \left(\frac{\min_j \min_s \left| x'_{j(s)} - x'_{g(s)} \right| + \rho \max_j \max_s \left| x'_{j(s)} - x'_{g(s)} \right|}{\left| x'_{j(s)} - x'_{g(s)} \right| + \rho \max_j \max_s \left| x'_{j(s)} - x'_{g(s)} \right|} \right) \tag{6.19}$$

显然，ε_j 反映了在某一特定的环境下，指标因子 p_j 对指标体系中其余指标因子的影响程度。如果某个指标对其他指标的影响程度越大，则说明该指标在指标体系中包含的信息量越大；反之，则说明该指标在指标体系中包含的信息量越小。这样，只要对 n 个指标因子求得的群灰关联度进行规范化处理，即可计算出每个指标的相对权重，则有

$$\omega_j = \frac{\varepsilon_j}{\sum_{j=1}^{n} \varepsilon_j} \tag{6.20}$$

5. 计算比较序列与参考序列之间的灰关联度

计算公式为

$$\gamma_i = \frac{1}{n} \sum_{j=1}^{n} \xi_{ij} \tag{6.21}$$

根据式(6.21)可知，比较序列与参考序列之间的灰关联度是通过对其灰关联系数求平均值而得到的。这种均值处理的方法在一定程度上忽略了各指标因子在整个评价指标体系中的权重，有可能导致最终的结果不够精确，比较适合各指标因子对整个评价指标体系的重要性无差别的情况。而对于指标因子对整个指标体系的贡献程度不一致的情况，灰关联度的计算应采用加权求和的方式，即计算各指标因子的灰关联系数 ξ_{ij} 与其对应的权重 ω_j 的乘积和，计算公式为

$$\gamma_i = \sum_{j=1}^{n} \xi_{ij} \times \omega_j \tag{6.22}$$

这种加权求和的方法充分考虑了各指标权重不同的实际情况，使其分析结果更加客观

和准确。

6. 灰关联度的排序

为了准确评价每个比较序列与参考序列之间的关联程度，将灰关联度γ_i按照其大小进行排序，它反映了比较序列的优劣次序，其中灰关联度最大的比较序列为最佳。

6.3.3 公众参与有效性评价 CM-GRA 集成模型构建

6.3.3.1 评价等级云模型的划分

本书采用五级评价向量来对污染型邻避设施规划建设中公众参与有效性进行评价，评价向量均采用自然语言表示，分别为“差”“较差”“一般”“较好”“好”。设评语集的有效论域为$U=[1,100]$，评价等级$q=5$，定性级别间的全序关系为$C_1^M<C_2^M<C_3^M<C_4^M<C_5^M$，对应的评价向量为(差、较差、一般、较好、好)，其五个评价等级云模型的数字特征采用基于黄金分割率的模型驱动法来计算，生成与之对应的五级概念层次结构。这样基于云模型的概念层次结构是对论域 U 的一种软划分，相邻云之间相互交叉，高概念层次或低概念层次上的一朵云也可能包含其他概念层次上几朵云的信息，在表达和处理概念层次的不确定性方面具有独特的优势。五个评价等级云模型的数字特征计算过程如下(邸凯昌 等，1999)：

$$Ex_1=x_{\min}=0，Ex_5=x_{\max}=100，Ex_3=\frac{x_{\min}+x_{\max}}{2}=50$$

$$Ex_2=Ex_3-\frac{0.382(x_{\min}+x_{\max})}{2}=31，Ex_4=Ex_3+\frac{0.382(x_{\min}+x_{\max})}{2}=69$$

$$En_2=En_4=\frac{0.382(x_{\max}-x_{\min})}{6}=6.4，En_3=0.618En_2=0.618En_4=3.9$$

$$En_1=En_5=En_2/0.618=En_4/0.618=10.3$$

根据专家的知识和经验以及相关的研究文献，设定$He_3=0.39$，则

$$He_2=He_4=He_3/0.618=0.63, He_1=He_5=He_2/0.618=1.02$$

根据上述计算可知，有效论域$U=[0,100]$，评价等级$q=5$，给定$He_3=0.39$时，公众参与有效性评价等级的云模型表示为$C_1^M(0,10.3,1.02)$、$C_2^M(31,6.4,0.63)$、$C_3^M(50,3.9,0.39)$、$C_4^M(69,6.4,0.63)$、$C_5^M(100,10.3,1.02)$

6.3.3.2 评价的量化处理

设 m 个某污染型邻避设施项目的利益相关主体，其序号依次为$s(s\in[1,m])$。根据前文建立的公众参与有效性评价指标体系可知，该体系由总体目标层(A)、系统准则层(B)、基本指标层(C)三个层级组成，其中 B 代表系统准则层指标因子B_i组成的集合，记为$B=\{B_1,B_2,B_3,B_4\}$；$C_i(i\in[1,4])$代表基本指标因子$C_{ij}\left(j\in[1,n_i],n_1=6,n_2=7,n_3=6,n_4=2\right)$所组成的集合，记为$C_i=\{C_{i1},C_{i2},\cdots,C_{in_i}\}$。由于评价指标体系中的指标全部为定性指标，因此本章采用自然语言评价向量(差、较差、一般、较好、好)来收集利益相关主体对公众参与有效性的评价。m 个利益相关主体对公众参与有效性评价指标体系中的基本指标因子

C_{ij} 的评价记为 $r_{ij(s)}$，$r_{ij(s)} \in \{$差、较差、一般、较好、好$\}$。根据前述所建立的五级评价等级的云模型，利用 MATLAB 编写云模型的正向云发生器程序，将定性评价转换为定量数值，则关于指标因子 C_{ij} 的评价 $r_{ij(s)}$ 转换为 $x_{ij(s)}$，其中，$x_{ij(s)} \in [0,100]$，由此得到 m 个利益相关主体对系统准则层 B_i 的基本指标因子 C_{ij} 的分值 $x_{ij(s)}$ 所组成的判断矩阵 $\boldsymbol{R}_i$，为后文指标权重的客观赋权奠定了基础。

$$\boldsymbol{R}_i = \begin{pmatrix} x_{i1(1)} & x_{i2(1)} & \cdots & x_{ij(1)} \\ x_{i1(2)} & x_{i2(2)} & \cdots & x_{ij(2)} \\ \vdots & \vdots & & \vdots \\ x_{i1(m)} & x_{i2(m)} & \cdots & x_{ij(m)} \end{pmatrix} \quad (i \in [1,4]; j \in [1,n_i]; n_1 = 6; n_2 = 7; n_3 = 6; n_4 = 2) \tag{6.23}$$

6.3.3.3　评价指标权重的确定

由于前文建立的公众参与有效性评价指标体系中涉及的定性指标因子较多，在评价主体对这些指标因子进行评价过程中，这些指标因子往往会表现出不确定性和模糊性的特点。此外，评价主体的社会地位、经济状况和心理状态也是值得考虑的因素。这些不确定性因素使得对该评价指标体系进行客观评价的任务难度加大。为有效进行权重系数的确定，本书采用灰色关联分析法，完全基于量化整理的公众参与有效性评价指标数据，对各层级评价指标权重系数进行计算。系统准则层 B 上的指标权重记为 B_i，其权重向量记为 $\boldsymbol{B}'$，基本指标层 $\boldsymbol{C}_i$ 上的指标权重记为 C_{ij}，其权重向量记为 $\boldsymbol{C}_i'$。有关评价指标权重系数的确定过程，具体如下。

1. 原始数据的归一化处理

经过前文对原始数据的量化处理，所有评价指标 $x_{ij(s)} \in [0,100]$，各指标因子的数量级和量纲不存在差异，可以直接进行下面的计算。

2. 计算基本指标层 C_i 上各项指标的权重

根据式(6.18)～式(6.20)，将判断矩阵 $\boldsymbol{R}_i$ 代入公式中，可得基本指标层 C_i 上各项指标的权重 c_{ij}，其权重向量记为 $\boldsymbol{C}_i'$：

$$\boldsymbol{C}_i' = (C_{i1} \quad C_{i2} \quad \cdots \quad C_{in_i})^{\mathrm{T}} \tag{6.24}$$

3. 计算系统准则层 B 上各项指标的分值 $y_{i(s)}$

m 个评价主体对系统准则层 B 上的指标因子 B_i 的分值 $y_{i(s)}$ 所组成的判断矩阵记为 $\boldsymbol{D}$：

$$\boldsymbol{D} = (R_1C_1' \quad R_2C_2' \quad \cdots \quad R_iC_i') \tag{6.25}$$

4. 计算系统准则层 B 上各项指标的权重

根据式(6.18)～式(6.20)，将判断矩阵 $\boldsymbol{D}$ 代入公式中，可得系统准则层 B 上各项指标的权重 B_i，权重向量记为 $\boldsymbol{B}'$：

$$\boldsymbol{B}' = (B_1 \quad B_2 \quad \cdots \quad B_i)^{\mathrm{T}}$$

6.3.3.4　评价指标云模型的确定

在社会调查中，m 个利益相关主体的社会地位、经济水平和教育背景均存在不同程度的差异，他们对公众参与有效性的认知水平和评价过程也存在不同程度的差异。因此，为了反映评价主体的不同意见，全面客观地描述 m 个利益相关主体对基本指标层 C_i 的基本指标因子 C_{ij} 的总体特征，利用 MATLAB 编写云模型的逆向云发生器程序，将定量数值转换为定性评价，则关于指标因子 C_{ij} 的评价值 $x_{ij(s)}$ 转换为指标因子 C_{ij} 的云模型 $C_{ij}^M(Ex_{ij},En_{ij},He_{ij})$。在此基础上，根据综合云的运算法则和评价指标体系中各层级指标的权重，最终确定待评价等级的总体目标“公众参与的有效性”的云模型 $C_t^M(Ex_t,En_t,He_t)$，具体的计算过程如下所示。

1. 计算基本指标层 C_i 上各项指标的云模型

根据式(6.2)～式(6.5)，将判断矩阵 $\boldsymbol{R}_i$ 中的每一列数据代入公式中，可得基本指标层 C_i 上各项指标云的数字特征，记为

$$C_{ij}^M(Ex_{ij},En_{ij},He_{ij}) \tag{6.27}$$

2. 计算系统准则层 B 上各项指标的云模型

根据式(6.6)～式(6.8)，将基本指标层 C_i 上各项指标云的数字特征及其对应的权重 C_{ij} 通过综合云的计算方法综合起来，可得系统准则层 B 上各项指标云的数字特征，记为

$$C_i^M(Ex_i,En_i,He_i) \tag{6.28}$$

3. 计算总体目标“公众参与的有效性”的云模型

根据式(6.6)～式(6.8)，将系统准则层 B 上各项指标云的数字特征及其对应的权重 b_i 通过综合云的计算方法综合起来，可得总体目标“公众参与的有效性”云的数字特征，记为

$$C_t^M(Ex_t,En_t,He_t) \tag{6.29}$$

6.3.3.5　评价等级的确定

根据总体目标“公众参与的有效性”的云模型与五个评价等级的云模型，利用灰色关联分析法确定公众参与有效性的评价等级，具体的计算过程如下所示。

1. 确定参考序列

根据总体目标“公众参与的有效性”云模型的三个数字特征 (Ex_t,En_t,He_t)，通过基于正态云的正向云发生器产生 n 个云滴 $z_i=(i=1,2,\cdots,n)$，然后由式(6.1)计算其所对应的确定度 u_i，计算结果记为 $u_i=(u_1\quad u_2\quad \cdots\quad u_n)$，则 u_i 记为参考序列。

2. 确定比较序列

将产生的 n 个云滴 z_i 作为评价等级云模型的划分中五个评价等级云模型的输入，根据式(6.1)计算云滴 z_i 相对于这五个评价等级的确定度 $u_{qi}(q=1,2,3,4,5)$，计算结果如下所示，则 u_{qi} 记为比较序列：

$$u_{qi}=\begin{pmatrix} u_{11} & u_{12} & \cdots & u_{1n} \\ u_{21} & u_{22} & \cdots & u_{2n} \\ u_{31} & u_{32} & \cdots & u_{3n} \\ u_{41} & u_{42} & \cdots & u_{4n} \\ u_{51} & u_{52} & \cdots & u_{5n} \end{pmatrix} \tag{6.30}$$

3. 确定比较序列与参考序列之间的灰关联度

选取待确定评价等级的总体目标“公众参与的有效性”对应的确定度 u_i 作为参考序列，选取已知的五个评价等级的确定度 u_{qi} 作为比较序列，由式(6.16)求出待确定评价等级的 u_i 关于 u_{qi} 的灰关联系数 ξ_{qi}。由于基于正态云的正向云发生器，其产生的每一个云滴都是定性概念在数量上的一次随机实现，彼此没有关联且相互独立，因此选择式(6.21)来计算待确定评价等级的总体目标“公众参与的有效性”与已知五个评价等级之间的灰关联度 γ_q，其中 $q=1,2,3,4,5$。

4. 确定污染型邻避设施规划建设中公众参与有效性的评价等级

灰关联度 γ_q 越大，表明待确定评价等级的总体目标“公众参与的有效性”与已知五个评价等级中的第 q 个等级越接近。因此，根据择大原则，求出灰关联度 γ_q 的最大值 $\gamma_{\max}=\max\{\gamma_q\}$，则灰关联度 $\gamma_{\max}$ 所对应的评价等级即为最终的污染型邻避设施规划建设中公众参与有效性的评价等级。

6.4　案例研究：以山西省某市垃圾焚烧发电厂项目为例

在公众参与有效性评价指标体系的建立和CM-GRA集成模型的构建完成之后，开始进行实例分析，以山西省某市垃圾焚烧发电厂项目的公众参与为研究实例样本。本章主要是通过实例分析完成对上述评价指标体系和集成模型的实践和检验，以实例分析数据为基础，分析该项目中公众参与的重要环节和薄弱环节，探讨制约公众参与有效性的关键变量，从而为公众参与的政策机制设计提供理论依据。

6.4.1　项目概况

该项目在项目施工期间和项目运营期间可能会对附近公众的居住环境、房屋财产、身心健康造成一定的影响，属于典型的污染型邻避设施。因此，根据该项目建设单位发布的环境影响报告书，从项目施工和运营两个阶段对其主要污染源、污染物、影响程度和治理措施情况进行整理，具体情况如表6.17所示。

表6.17 项目污染物产生与排放情况及其治理措施

	污染源	污染物	影响程度	治理措施
废气	施工期粉尘	粉尘	有一定影响	粉状材料罐装或袋装；施工现场设置围栏；工地出入口设置洗车处；遇恶劣天气加盖毡布
	垃圾焚烧	粉尘、酸性气体、重金属和有机剧毒性污染物	影响很大	采用国际上较为先进的烟气处理工艺，并配有自动控制及在线检测装置，净化后的烟气经80 m高的烟囱排入大气
	垃圾贮坑	恶臭	影响较大	①恶臭的防逸散及合理收集；②恶臭的净化处理
	垃圾渗滤液	沼气	影响较小	回喷到焚烧炉内燃烧处理
废水	施工期废水	施工废水	无影响	导入事先设置的沉淀池，经沉淀除沙后外运
	垃圾贮坑	垃圾渗滤液	无影响	渗滤液经“综合调节+厌氧+两级A/O-MBR+NF”处理排入工业新区污水管网
固废	施工期废弃物	建筑垃圾 工程渣土	影响较小	设置专用施工期废弃物暂存箱，这些废弃物收集后统一堆放，待项目结束后及时清理施工现场
	施工生活区	生活垃圾	影响较小	设置专用生活垃圾暂存箱，这些垃圾收集后统一堆放，待该项目建成投产后送入垃圾焚烧炉焚烧发电
	垃圾焚烧	炉渣 废金属	有一定影响	对炉渣进行技术处理，然后用来制作建筑材料；对生活垃圾和炉渣进行预处理，筛选出其中的废金属，然后全部对外出售
噪声	施工期机械	噪声	有一定影响	尽可能选用低噪声的机械设备；尽量在日间进行较大噪声作业，减少或杜绝在夜间作业
	焚烧炉 余热锅炉	噪声	有一定影响	将主要噪声源尽可能布置在远离操作办公的地方，并对设备采取减振、安装消声器、隔音等方式，或者选择低噪声型设备

6.4.2 山西省某市垃圾焚烧发电厂项目公众参与情况

该项目建设单位依据相关法律规定，通过两次网上公众参与公示、召开公众参与座谈会、发放公众参与调查表等方式收集项目附近居民的意见。填写公众参与调查表的人数共计115人，其中112人填写的调查表有效，作为本次调查的最终结果。结果显示：对项目附近居民生活产生较大影响的是项目运营过程中产生噪声，占主要影响的49.1%；认为项目的建设能够改善城市生活环境、创造就业岗位以及对当地经济发展有促进作用的群众占89.1%；认为项目的建设能够为缓解生活垃圾处置压力提供较大帮助的群众占73.9%。总体上，对项目建设持赞成态度的群众占53.6%，若项目的污染排放能够符合规定的环保标准，其余群众则表示支持。

上述公众参与结果的所有数据均来自该项目建设单位在网上公布的环评报告。为了解公众参与的真实情况，有必要邀请拟建项目附近居民、相关领域专家、基层政府员工及相关单位工作人员等各方人员进行公众参与情况调查。

6.4.3 山西省某市垃圾焚烧发电厂项目公众参与的有效性评价

6.4.3.1 调查问卷的设计及数据收集

基于前文建立的评价指标体系及其基本指标层指标的具体含义，遵循层次合理、通俗易懂、描述清晰以及便于处理的原则，设计公众参与有效性调查问卷，邀请拟建项目附近居民、相关领域专家、基层政府员工及相关单位工作人员等各方人员参加问卷调查。山西省某市垃圾焚烧发电厂项目公众参与有效性调查问卷详见附录D。

调查问卷的发放与回收途径主要有两种方式：①通过纸质问卷采取即时填写与回收的方式，其主要调查对象是项目附近居民，总计发放纸质问卷40份，回收填写完整问卷28份；②通过网上问卷调查系统进行填写与回收的方式，其主要对象则是相关领域专家、基层政府员工和相关单位工作人员等，总计推送电子问卷50份，反馈填写完整问卷25份。填写公众参与有效性调查问卷的人数共计53人，其中2人填写的调查问卷有严重偏颇，剩余51人填写的调查问卷有效，作为本次调查的最终结果，调查对象构成如表6.18所示。

表6.18 调查对象基本信息

类别		频数	百分比/%
性别	男	32	62.75
	女	19	37.25
最高学历	博士及以上	5	9.80
	硕士	9	17.65
	本科	30	58.82
	专科	7	13.73
	高中及以下	0	0
调查对象来源	项目附近居民	28	54.90
	政府及事业单位员工	3	5.88
	建设单位工作人员	6	11.76
	环评部门工作人员	4	7.84
	相关领域专家	2	3.92
	其他	8	15.69

6.4.3.2 定性评价的量化处理

利用前文中公众参与有效性定性评价的MATLAB量化处理程序，将15人的问卷调查结果转换为定量数值，取值范围为[0,100]，数值越高表明评价主体对某项指标的评价越高，如表6.19所示。限于篇幅，在此仅列出15人的问卷调查结果。其余问卷调查结果依照此方法，同样转换为定量数值。

表 6.19　问卷结果定量统计描述

题号	定量评价														
1	90.23	70.46	65.28	89.33	56.31	67.04	91.78	85.93	60.84	47.95	70.03	64.34	67.29	89.83	68.38
2	72.37	67.86	41.56	93.49	55.92	35.09	68.52	66.62	60.00	51.93	48.18	69.99	54.55	39.98	86.91
3	67.87	48.48	45.87	32.09	10.29	36.96	64.56	54.83	48.06	34.13	46.98	49.99	53.05	35.42	60.28
4	48.29	68.28	36.09	33.31	49.27	62.87	54.55	68.95	40.43	55.55	70.88	49.05	39.97	43.47	57.54
5	96.93	65.83	66.94	58.97	47.6	67.64	60.94	36.66	87.38	64.21	69.72	48.37	31.29	49.95	63.06
6	62.84	52.74	70.27	93.47	52.95	38.36	88.38	54.74	63.49	40.38	87.47	63.48	69.38	62.85	90.46
7	63.59	63.52	48.29	64.96	62.40	47.20	64.95	52.48	37.38	54.96	60.46	60.38	69.38	65.46	63.58
8	38.68	58.30	52.85	20.48	46.58	64.68	52.68	16.58	46.68	31.48	50.48	66.49	54.49	68.48	89.36
9	62.58	64.68	51.48	58.38	47.38	39.57	73.48	63.48	71.48	53.95	69.99	73.59	48.27	63.79	64.96
10	95.28	69.27	88.24	64.74	62.58	50.48	67.94	35.68	54.79	73.58	69.67	48.26	75.74	86.37	50.48
11	90.27	94.84	67.49	88.17	64.86	52.21	66.66	47.67	50.83	49.92	35.67	10.26	33.99	54.98	68.86
12	97.49	93.56	88.23	63.48	89.02	67.76	60.57	47.94	60.47	56.09	63.54	61.99	71.46	47.87	51.30
13	68.35	53.57	49.38	71.47	52.48	37.55	47.23	17.23	55.59	67.11	58.46	44.85	66.66	40.06	54.04
14	54.25	47.58	36.97	68.17	13.58	34.98	52.76	38.13	43.44	65.66	51.22	48.35	54.85	37.77	49.66
15	75.68	52.99	48.57	67.78	35.86	53.68	39.85	43.47	63.87	69.17	48.37	68.22	53.44	46.39	37.79
16	98.49	94.24	78.19	67.49	56.66	69.23	71.29	65.73	87.39	64.74	66.93	93.48	89.39	65.22	68.91
17	72.35	91.88	56.97	64.85	67.13	44.97	70.18	46.15	68.33	73.01	37.65	61.83	50.88	67.99	49.27

6.4.3.3　各项指标的权重计算

根据定量评价结果和基于灰色关联分析法的客观权重赋值计算方法，对评价指标体系中各层级指标权重进行计算。首先以与“参与主体”相关的基本指标层指标为例说明计算过程，部分重要的中间数据和最终结果见表 6.19。其他基本指标层指标的权重计算过程同上，计算的最终结果如表 6.20 所示。

表 6.20　与“参与主体”相关的评价指标的两两指标间的灰关联度及其权重

参考序列	比较序列						
	C_{11}	C_{12}	C_{13}	C_{14}	C_{15}	群灰关联度	权重
C_{11}	1.000	0.765	0.453	0.867	0.839	0.731	0.211
C_{12}	0.808	1.000	0.664	0.887	0.925	0.821	0.237
C_{13}	0.694	0.832	1.000	0.612	0.922	0.765	0.221
C_{14}	0.673	0.639	0.437	1.000	0.523	0.568	0.164
C_{15}	0.526	0.707	0.659	0.420	1.000	0.578	0.167

然后，根据基本指标层指标的定量评价结果和权重，通过式(6.25)计算系统准则层指标的定量评价结果。以此为基础，利用基本指标层指标权重的计算方法，可以得到系统准则层指标的权重，部分重要的中间数据和最终结果如表 6.21 所示。

表 6.21　系统准则层指标的两两指标间的灰关联度及其权重

参考序列	比较序列					
	B_1	B_2	B_3	B_4	群灰关联度	权重
B_1	1.000	0.758	0.571	0.708	0.679	0.253
B_2	0.692	1.000	0.458	0.878	0.676	0.252
B_3	0.685	0.769	1.000	0.673	0.709	0.264
B_4	0.585	0.671	0.604	1.000	0.620	0.231

综上所述，该项目中公众参与有效性评价指标体系中各层级指标权重计算结果如表 6.22 所示。

表 6.22　评价指标权重

系统准则层	权重	基本指标层	权重
参与主体(B_1)	0.253	公众参与意识(C_{11})	0.211
		参与公众的代表性(C_{12})	0.237
		参与公众的专业知识(C_{13})	0.221
		环保 NGO 的参与程度(C_{14})	0.164
		专业人士与公众之间的平衡与互动(C_{15})	0.167
参与过程(B_2)	0.252	公众参与过程的透明性(C_{21})	0.134
		公众参与过程的独立性(C_{22})	0.131
		公众参与过程的完整性(C_{23})	0.126
		公众参与的时效性(C_{24})	0.162
		公众参与的互动性(C_{25})	0.142
		公众参与方式的适用性(C_{26})	0.157
		公众参与的成本(C_{27})	0.148
参与结果(B_3)	0.264	公众意见影响决策的程度(C_{31})	0.572
		公众参与结果的反馈程度(C_{32})	0.428
参与环境(B_4)	0.231	政府对公众参与的支持程度(C_{41})	0.348
		项目信息的公开程度(C_{42})	0.337
		相关法律法规及参与制度的保障程度(C_{43})	0.315

6.4.3.4　各项指标的评价云计算

根据定量评价结果和基于 MATLAB 编写的逆向云发生器程序计算基本指标层上各项指标的评价云，结果如表 6.23 所示。

表 6.23　基本指标层上评价指标的评价云

系统准则层	基本指标层	评价云
参与主体(B_1)	公众参与意识(C_{11})	(74.26,10.83,3.62)
	参与公众的代表性(C_{12})	(63.47,25.91,7.72)
	参与公众的专业知识(C_{13})	(41.82,12.22,4.13)
	非政府环保组织的参与程度(C_{14})	(39.29,21.24,6.11)
	专业人士与公众之间的平衡与互动(C_{15})	(57.21,19.67,5.93)
参与过程(B_2)	公众参与过程的透明性(C_{21})	(63.85,24.28,5.83)
	公众参与过程的独立性(C_{22})	(58.67,25.55,4.91)
	公众参与过程的完整性(C_{23})	(36.67,23.99,5.68)
	公众参与的时效性(C_{24})	(47.11,14.32,3.49)
	公众参与的互动性(C_{25})	(52.32,23.33,6.81)
	公众参与方式的适用性(C_{26})	(63.87,20.19,7.21)
	公众参与的成本(C_{27})	(65.99,12.54,3.55)
参与结果(B_3)	公众意见影响决策的程度(C_{31})	(59.21,26.83,7.86)
	公众参与结果的反馈程度(C_{32})	(42.16,15.33,3.11)
参与环境(B_4)	政府对公众参与的支持程度(C_{41})	(53.04,22.27,5.33)
	项目信息的公开程度(C_{42})	(67.29,10.21,2.99)
	相关法律法规及参与制度的保障程度(C_{43})	(62.28,26.32,6.91)

根据基本指标层上各项指标的评价云、指标权重以及综合云的运算法则，对系统准则层指标的评价云进行计算。本章首先以系统准则层指标“参与主体”为例说明计算过程，部分重要的中间数据如表 6.24 所示。

表 6.24　与“参与主体”相关的评价指标的评价云及其权重

基本指标层	评价云	权重
公众参与意识(C_{11})	(74.26,10.83,3.62)	0.211
参与公众的代表性(C_{12})	(63.47,25.91,7.72)	0.237
参与公众的专业知识(C_{13})	(41.82,12.22,4.13)	0.221
环保 NGO 的参与程度(C_{14})	(39.29,21.24,6.11)	0.164
专业人士与公众之间的平衡与互动(C_{15})	(57.21,19.67,5.93)	0.167

由此可得系统准则层指标“参与主体”的评价云为(55.72,17.89,6.01)。其他系统准则层指标的评价云计算过程同上，计算的最终结果如表 6.25 所示。

表 6.25 系统准则层上评价指标的评价云及其权重

系统准则层	评价云	权重
参与主体(B_1)	(55.72,17.89,6.01)	0.253
参与过程(B_2)	(55.34,20.28,5.56)	0.252
参与结果(B_3)	(54.10,21.90,6.43)	0.264
参与环境(B_4)	(59.48,19.48,5.58)	0.231

然后，根据系统准则层上各项指标的评价云及其权重，利用综合云的运算法则，对总体目标层指标的最终评价云进行计算，部分重要的中间数据如表 6.25 所示。

综上所述，该项目中公众参与有效性的最终评价云为(56.07,19.85,5.92)。

6.4.3.5 确定公众参与有效性的评价等级

根据上一节确定的公众参与有效性的最终评价云，利用基于灰色关联分析法的评价等级确定方法，获得最终评价云与五个评价等级云之间基于同一组云滴 $z_i=(i=1,2,\cdots,n)$ 而产生的与其对应的确定度序列，其确定度序列分别为 $u_i=(u_1\quad u_2\quad\cdots\quad u_n)$ 和 $u_{qi}(q=1,2,3,4,5)$。为保证评价结果的准确性，共选取 1000 滴云滴 z_i，即 n 取 1000，其确定度序列趋势图如图 6.1 所示。

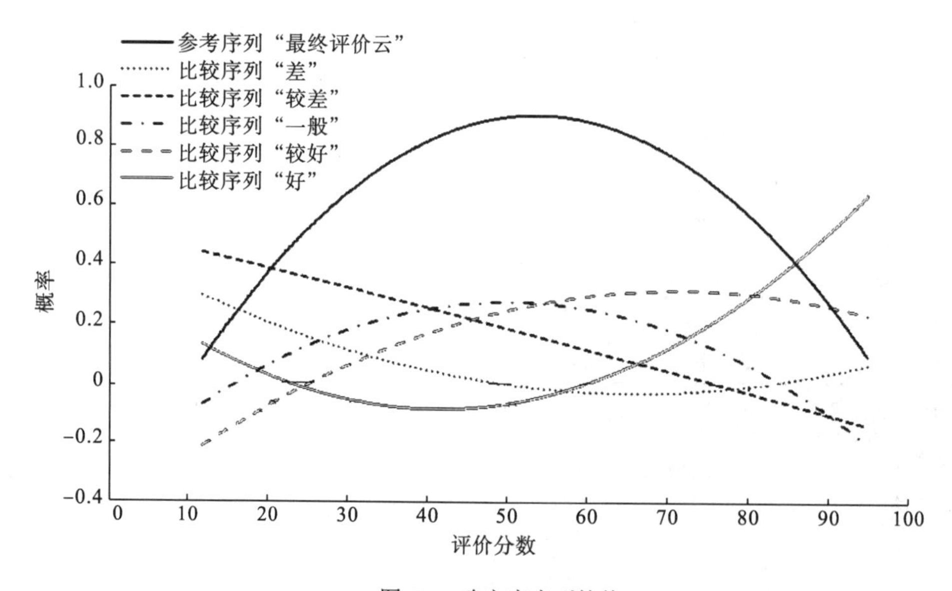

图 6.1 确定度序列趋势

根据图 6.1 中的数据，将 u_i 作为参考序列，u_{qi} 作为比较序列，分别计算 u_{qi} 关于 u_i 的灰关联系数 ξ_{qi} 和灰关联度 γ_q，计算结果如表 6.26 所示。

表 6.26　灰关联度

最终评价云	评价等级	灰关联度（γ_q）
u_i	u_{1i}(差)	0.152
	u_{2i}(较差)	0.375
	u_{3i}(一般)	0.668
	u_{4i}(较好)	0.617
	u_{5i}(好)	0.163

根据表 6.26 可知$\gamma_3 > \gamma_4 > \gamma_2 > \gamma_5 > \gamma_1$，五个评价等级中的“一般”与待确定评价等级的总体目标“公众参与的有效性”最为接近，因此可以认为该项目中公众参与的有效性一般。

6.4.3.6　评价结果分析

可见，运用 CM-GRA 集成模型能够对该项目中公众参与有效性问题提供完整详细的评价，评价实例结果表明该集成模型对此公众参与有效性评价问题的探讨具有较好的适用性和可操作性。实践结果表明，该项目中公众参与的有效性一般，与项目建设单位在网上公布的公众参与情况存在一定的差异。究其原因，造成该差异性的原因主要在于本书是站在客观的第三方视角独立实施的有效性评价，而项目建设单位在网上公布的结果是基于推进项目规划建设的现实需求而实施的公众参与情况调查，其主要侧重展示垃圾焚烧厂给城市发展带来的好处，弱化了公众参与的其他方面，如参与主体的构成、参与过程的透明性、项目信息的公开度等，从而获得较高的公众支持率。

6.5　模 型 启 示

为探寻公众有效参与的重要环节和薄弱环节，本书将从系统准则层和基本指标层上各项指标的权重及其评价云的数字特征等层面展开讨论分析。

6.5.1　参与主体结构配置不尽合理、参与主体能力建设有待完善

“参与公众的代表性”和“专业人士与公众之间的平衡与互动”这两项指标云的期望相对较高，“环保 NGO 的参与程度”这项指标云的期望偏低，并且这三项指标云的熵值和超熵值都较高，说明该项目公众代表和专家在参与过程中虽然起到了一定的作用，但存在较大的分歧，而环保 NGO 则几乎没有发挥其应有的作用。具体而言，政府对于该项目地理影响区域的划分存在范围过小的弊端，使得相关公众界定的范围也出现偏差，由此直接影响公众代表界定的合理性，同时公众代表的产生是由政府和建设单位“自上而下”指定的结果，缺乏对公众基层意见的充分征询，由此产生的公众代表难以覆盖全体相关公众的利益诉求，加之参与调查表的人数较少，同样导致其代表性受限；专家虽然在公众参与座谈会中出席，但并不承担向公众提供信息的职能，与公众的互动交流存在障碍，专家的

作用并没有充分发挥出来；环保 NGO 则在整个项目规划建设过程中几乎没有出现，也未能向公众提供必要的帮助。因此，公众代表、专家、环保 NGO 三方人员既有其各自的问题，又未能从整体上发挥相辅相成的作用，即参与主体结构配置不合理。

公众参与对于参与者往往具有一定的准入条件，尤其是在专业性较强的公共投资建设项目中(如垃圾焚烧发电厂)，要想真正实现参与规划决策的效果，需要参与者具有良好的参与意识和一定的专业知识。而案例研究中，“公众参与意识”这项指标的评价结果虽然较好，参与者有较高的积极性，但是其参与的积极性主要表现为公众个体的参与热情和动力，没有形成有组织的集体行动参与，使得公众的意见难以形成合力，削弱了对最终决策的影响程度。同时应注意到，“参与公众的专业知识”这项指标的评价结果较差，说明参与的公众缺乏必要的专业知识，在该项目中表现为盲目夸大项目的污染性，不仅对项目带有一定的偏见，而且极有可能引发不必要的群体性事件。这两项指标的具体情况说明该项目中公众的参与意识和专业知识都存在问题，即参与主体能力建设不完善。

6.5.2　公众参与程度低、公众参与形式有待优化

公众参与过程的“透明性”“独立性”“完整性”以及“时效性”这四项指标云的期望、熵值和超熵值的结果并不理想，说明该项目公众参与过程的透明性和独立性虽然有所保障，但是仍存在人为操作的可能，参与过程的完整性和时效性难以保障，存在参与过程不完整和参与介入时间滞后等问题。具体而言，该项目公众代表的产生方式和调查表的填写过程等方面都存在不同程度的暗箱操作，并且由于相关专业知识不足，公众代表和被调查人员容易被建设方引入事先设定的轨道中，做出违背自身意愿的选择和决定；该项目公众参与的时间是在第一次环境影响评价公众参与公示后开始的，而此时该项目的规划决策已基本定型，公众意见很难对最终规划决策产生实质性的影响。该项目的公众参与定位于形式性参与层次的意见征询阶段，从而导致公众参与程度较低。

公众参与过程的关键在于其参与形式，公众参与形式不仅包括公众信息的来源，而且涵盖公众反馈的路径。案例研究中，“互动性”“适用性”和“成本”这三项指标的评价结果一般，说明该项目采取的电话、网络公示、座谈会、调查表等几种公众参与形式，虽然在程序上符合相关法律的规定，使得公众可以较为便捷地获得项目相关信息，取得了一定的效果，但是这几种公众参与形式在意见沟通交流和反馈渠道上都存在一定的障碍，公众意见得不到及时、充分的回应，因此公众参与形式还有待优化。

6.5.3　公众意见的重视程度不足、公众参与结果反馈有待强化

“公众意见影响决策的程度”这项指标云的期望、熵值和超熵值都相对较高，说明该项目规划建设中公众意见影响决策的程度一般，公众对其意见的处理结果并不满意。这主要是由于公众参与介入的时间比较晚，而在此之前项目的规划决策已基本定型。因此，政府对公众提出的关于项目审批和选址的合法性、污染排放标准及其治理措施、经济补偿措施等诸多方面的意见未给予足够的重视，反而重点关注设计、管理和投资等方面的意见，造成这两种意见的重视程度出现偏差。

案例研究中，“公众参与结果的反馈程度”这项指标的评价结果较差，说明政府和建设单位没有将建议采纳的消息、意见驳回的理由和调查表的统计数据等多方面的参与结果及时地反馈给公众。尤其是调查表的统计数据，只有几组简单的统计数据出现在环评报告书中，作为技术评审的依据，而更为具体的统计数据则无从查证。因此，参与者缺乏获取参与结果相关信息的畅通渠道，即公众参与结果的反馈情况不明。

6.5.4　公众参与支撑体系落后、相关法律制度亟待完善

“项目信息的公开程度”这项指标的评价结果较好，而“政府对公众参与的支持程度”这项指标的评价结果一般，说明该案例公众参与过程中，虽然公众能够获取较多的项目信息，但是政府却未能在公众参与过程中提供良好的参与条件，公众只能被动地了解项目规划建设的进展情况，不能依靠政府的支持积极主动地参与其中。

案例研究中，“相关法律法规及参与制度的保障程度”这项指标的评价结果相对较好，说明政府在已有的法律体系和公众参与制度条件下可以满足公众参与活动的基本需求，保障公众参与程序的启动和实施。然而，我国已有的关于污染型邻避设施规划建设中公众参与的法律条文仅见于《环境影响评价公众参与暂行办法》，并且相应的制度规定未能形成系统的参与程序，缺乏具体的实施细则，因此公众参与过程中存在太多的不确定性和可操作性，相关法律制度亟待完善。

6.6　本 章 小 结

本章首先通过文献计量分析法、专家咨询法初步确定了 18 项表征指标，接着对表征指标进行整合并通过对调查问卷的样本数据予以信度与效度检验，最终保留了 17 项表征指标，并提取了 4 个隐变量，进而建立由总体目标层、系统准则层、基本指标层三个层次构成的污染型邻避设施规划建设中公众参与有效性评价指标体系；然后介绍了云模型的基本概念、云发生器的具体算法、综合云的计算规则、灰色关联分析法的方法步骤以及群灰关联度的计算方法等相关理论。在此基础上，组合运用云模型的定性与定量相互转换模型和灰色关联分析法的客观权值计算的研究方法，构建了污染型邻避设施规划建设中公众参与有效性评价的CM-GRA集成模型，并模拟了CM-GRA集成模型的操作流程和计算过程，接着进行实例分析验证，结果表明可以依据各层级指标的权重以及评价云的熵值和超熵值，确定公众参与有效性评价指标体系中各层级指标采取改进措施的优先级顺序。最后，为探寻公众有效参与的重要环节和薄弱环节，对系统准则层和基本指标层上各项指标的权重及其评价云的数字特征等层面进行了相应的理论解读。

第7章　污染型邻避设施规划建设中的公众参与机制设计

污染型邻避设施规划建设中的公众参与机制设计不仅是污染型邻避设施科学化和民主化决策的重要内容，也是确保污染型邻避设施项目可持续规划和建设运营的重要前提，同时也是本书的出发点和着力点。

结合前述相关章节对污染型邻避设施公众参与的关键影响因素分析、公众参与个体行为意向分析、公众参与主体的演化博弈分析、公众参与有效性评价的有关研究成果，在参考和借鉴典型发达国家(美国、加拿大、英国、德国)邻避设施公众参与机制的基础上，根据我国污染型邻避设施公众参与的具体特征及特定情境，明确了公众参与的目标、主体、客体、职责、方式、程序及途径等内容，运用管理机制设计理论设计了公众有效参与的政策机制。

7.1　典型发达国家污染型邻避设施公众参与机制的比较分析

总的来说，一些发达国家公众参与发展和实施的时间较为悠久，有关城市建设规划领域公众参与的法律保障体系较为完备，并在各自国家发挥了良好的制度支撑作用。目前，在城市建设及邻避设施规划建设领域中，公众参与比较有代表性且能够为发展中国家提供一定经验启示的国家主要有美国、加拿大、英国和德国，因而本节以这4个国家为研究样本，通过深入剖析其在邻避设施或环保领域中有关公众参与层面的法制保障、参与途径和参与模式等内容，展开详实的比较分析，并形成典型案例的经验借鉴，从而为后续我国邻避设施公众参与制度设计提供案例依据。

7.1.1　典型发达国家邻避设施公众参与法律制度比较

在典型发达国家邻避设施公众参与的制度保障层面中，立法保障内容既是确保公众参与形成制度化的先行性工作，又是确保公众参与常态持续开展的基础性工作。具体而言，美国、加拿大、英国和德国在邻避设施公众参与层面的立法保障内容分别如下。

1. 美国邻避设施规划建设中的公众参与立法保障

美国一贯强调公众参与在重大邻避设施公共决策中的重要性。美国邻避设施规划建设领域的公众参与工作最早可以追溯到殖民地时期。1946年美国《联邦行政程序法》正式确立了公众参与的法律地位，1966年颁布的《信息自由法案》强调应当扩大公众参与范围并赋予公众参与的知情权，该法案规定除涉密信息不宜公开，邻避设施项目周边的相关社会公众均可以随时获取政府披露的项目规划建设信息。1969 年，美国多个州政府将环境评价纳入《国家环境政策法》中，并规定联盟政府相关部门应当定期吸收与邻避设施环境影响密切相关的社会公众主体的利益诉求和反馈意见(李艳芳，2001)。1978 年，美国改善环境质量委员会将公众参与纳入程序化和制度化的范畴，进一步丰富了公众参与的法律保障内容。

自美国环保局成立以来，民主决策一直贯穿政府公共政策制定的全过程，1981 年美国在公众参与环境保护行政法规的基础上，制定了《美国环保局公众参与政策(1981)》。次年，为进一步推进公众参与制度建设，在反复征求民众意见之后，修订了公众参与政策草案，直至 2003 年最终形成完整、健全的《美国环保局公众参与政策(2003)》，该法案的出台标志着美国邻避设施规划建设领域的公众参与工作已经达到了较好的法律保障水平。

2. 加拿大邻避设施规划建设中的公众参与立法保障

加拿大邻避设施规划建设领域的公众参与立法工作，不仅起步早，而且立法制度较为完备。1995 年加拿大实施的《加拿大环境评价法》中规定了社会公众应积极参与到可能对环境造成潜在影响的邻避设施项目决策和建设过程中，强调了具体的参与途径，包括公众集会、听证会等渠道，并界定了社会公众获取项目信息的方式，包括向专门的环境影响评价登记机构或者向环境保护管理主管部门申请项目信息公开等方式。

加拿大不同的地区在制定公众参与的相关法律时，也是因地制宜充分考虑各地的实际情况。例如，加拿大的安大略省在制定城市建设领域的《规划法》时，充分贯彻了公众参与理念，从规划前期编制、项目审批到最后规划方案实施，公众都享有知情权和参与权(李东，2005)。规划草案的编制阶段经历公众评论环节，而规划草案的修改阶段，则需要由政府相关职能部门组织召开公众参与集体会议，并通过当地的刊物、媒体发布公告将相关规划信息邮寄给利益相关的社会公众，并接受社会公众的评论及质询。总体上，加拿大邻避设施规划建设领域成熟的公众参与法律制度，保障了公众参与的层次更多是从形式性参与过渡到实质性参与，从而确保了其公众参与工作有章可循、有法可依。

3. 英国邻避设施规划建设中的公众参与立法保障

对于英国邻避设施规划建设领域的公众参与立法工作，最早可以追溯到其在城市规划建设领域的公众参与立法。20 世纪 40 年代，英国颁布的《城乡规划法案》就明确指出社会公众应当积极参与到城市规划建设的各个方面。1965 年，英国一个负责规划编制、咨询的小组，第一次提出了“公众参与城市规划”的思想，并于 1969 年发行了著名的《斯凯夫顿报告》，报告指出：公众参与不仅是规划政策和规划方案制定的共享过程，而且完整的公众参与也有助于科学编制城市规划并发挥重要的决策和监督作用(Taylor，1998)。随着社会公众参与意识的逐渐提高，英国政府于 1968 年修订了《城乡规划法案》，该法案明确了公众参与形式、公众参与途径和公众参与程序等重要内容。

此外，积极引导社区公众参与到政府公共事务中，也是一种重要的参与形式。1990 年英国颁布的《城镇和乡村规划条例》中，明确表示规划过程应包括社区参与，规划早期引入社区参与能提高公众参与规划决策的有效性(唐子来，2000)。该条例规定对可能造成环境影响的项目需开展环境影响评价，并将评估报告公之于众，同时公示信息中需提出降低影响环境的具体措施及备选方案。2000 年英国颁布的《信息自由法案》规定了重大公共决策信息公布的渠道，2004 年英国《环境信息条例》再一次强调了公众拥有环保信息知情权。针对区域功能、地方发展和可持续发展、基础设施建设领域的公众参与问题，英国于同年出台了《规划与强制购买法》。可见，英国对于邻避设施公众参与的法制保障，较为强调社区公众主动性参与的作用。

4. 德国邻避设施规划建设中的公众参与立法保障

德国邻避设施规划建设领域的公众参与立法内容，主要体现在土地规划和空间规划两个规划中关于公众参与的法律约定。1965 年德国联邦政府通过的《空间规划法》，明确指出邻避设施项目的相关主管部门应当负有告知公众项目信息的义务，公众个体也可向相关机构进行专业咨询(殷成志，2005)。该法案第 20 条规定了对于城市空间规划，联邦政府有关主管部门应当及时成立空间规划咨询委员会，并为社会公众提供规划建设方面的专业知识咨询及信息沟通反馈工作。

20 世纪 60 年代，德国建立了较为完备的城市规划建设程序中的公众参与制度；20 世纪 70 年代，德国针对邻避设施的环境影响评价工作也出台了相应的法律法规《环境影响评价法》，此法对社会公众在环境影响评价中的参与主体、参与程序及参与范围做出了明确的规定。此外，德国针对建设工程领域颁布的《建设法典》也指出在项目的前期规划、中期建设和后期运营阶段，政府职能部门、项目投资企业应当与社会公众保持密切的信息沟通和意见交流，并强调公众参与的早期介入有助于提高项目规划决策的效率和质量。

综上所述，美国、加拿大、英国和德国作为公众参与的立法时间较早、法律制度较为完善的典型发达国家，其在法律制度层面的经验值得我国参考借鉴。概括而言，这四个国家在邻避设施规划建设领域的公众参与立法保障的内容比较如表 7.1 所示。

表 7.1　美国、加拿大、英国、德国公众参与立法保障比较

国家	立法保障	涉及领域	参与组织	决策主体
美国	《联邦行政程序法》 《信息自由法案》 《国家环境政策法》	环境保护 重大项目决策 信息公开	当地规划局及委员会、环保局	城市规划委员、听证会、市议会
加拿大	《加拿大环境评价法》 《土地利用规划与土地开发法》	环境保护 城市规划	政府代表、居民委员会、环保局	市议会、规划局
英国	《城乡规划法案》 《信息自由法案》 《环境信息条例》 《规划与强制购买法》	城市规划 环境保护 信息公开	社区组织、环保 NGO、规划局、公众、环保局	环境事务大臣、地方规划局和相关人员
德国	《空间规划法》 《建设法典》 《环境影响评价法》	建设规划 环境保护	公共管理部门、环保 NGO、环保局	社区管委会、上一级管理机构

据表 7.1 可以得出：①美国公众参与的法律制度较为强调公众参与的实施程序及参与过程；②英国公众参与的法律制度较为注重邻避设施项目信息公开的渠道和方式；③加拿

大的公众参与立法主要体现在环境保护领域的参与途径及职能职责的明确；④德国的公众参与立法工作较为强调早期介入原则和空间规划方面的公众参与。可见，国外典型发达国家邻避设施规划建设中的公众参与立法保障主要体现在针对特定的单行法中，且都强调了信息公开、公众信息互动、重大项目决策必须充分参与的内容。

7.1.2　典型发达国家邻避设施公众参与途径比较

公众参与途径不仅是开展公众参与工作的重要抓手，而且也是影响公众参与工作能够持续有效推进的重要影响变量。具体而言，美国、加拿大、英国和德国采取的邻避设施公众参与途径如下所述。

7.1.2.1　美国邻避设施规划建设中的公众参与途径

美国颁布的《美国环保局公众参与政策(2003)》详细说明了公众参与细则，并提出了具体的公众参与途径，主要如下。

(1)信息公开。美国城市规划及城市建设中的公众参与计划详细列出了公众获得重大决策、规划信息的各种方式，例如，依托社区组织的项目信息说明会、公开发行刊物或者政府信息公开平台发布信息等方式。对法律法规要求必须公众参与决策的项目，政府及相关部门还需要举行项目听证会，同时将项目相关文件、宣传册等邮寄、发放至利益相关者手中。

(2)举行听证会。2005 年美国伊利诺伊州颁布的《地区规划法案》第 40 条第 2 款规定：地区规划方案拟定实施前需举行公共听证会，听证会中可针对某一具体问题讨论，也可就整个框架进行讨论(王曦　等，2014)。美国通过听证会实现公众参与，在听证会中，美国议会十分重视利益相关者的参与，也给予其参与听证的机会。在美国公众参与听证会过程中，特别值得一提的是听证内容允许媒体方介入全程直播，并逐字记载，从而有利于充分保障相关社会公众的合法利益。

(3)市民咨询委员会。美国伊利诺伊州《地区规划法案》第 40 条第 3 款规定：地区发展规划和公共政策信息应当及时反馈给公众，并专门成立市民咨询委员会来组织公众参与和信息反馈交流。美国的市民咨询委员会作为“自下而上”充分获取社会公众信息的重要职能部门，已经成为美国公众参与的重要方式。

7.1.2.2　加拿大邻避设施规划建设中的公众参与途径

加拿大邻避设施规划建设中的公众参与，通常可通过以下三个途径来实现。

(1)信息公开。加拿大政府致力于建设开放型政府机构，政府发布的信息广泛，既有时政新闻报道，也有关于即将规划建设邻避设施的专题信息公告。政府通过信息发布、电子邮件、手机短信等方式发布面向社会公众参与相关邻避设施的项目信息，公众也可以通过浏览环境评价署官方网站获取邻避设施项目的环境影响报告、邻避设施规划建设的实际进展情况等信息。加拿大政府网站提供信息双向互动服务，公众如有相关问题可即时与在线工作人员交流、提交个人意见，即使不能马上得到解答，工作人员也会在有关专家商讨后将信息回复给相关问题质询者。

(2) 举行公众集会或听证会。通过参加与审查小组有关的公众集会或听证会的方式参与环境评价，审查小组有权要求听证人员为审查环境评价作证，听证会采取公开的形式，但如果公开会对听证人员产生具体、直接和重大的伤害时则不予以公开。

(3) 通过环境评价署来开展利益诉求及意见反馈。按照加拿大《环境影响评价法》的有关规定，加拿大环境评价署设定公众参与的专项基金项目，以此鼓励支持社会公众参与项目的环境影响评价工作，从而在一定程度上形成对公众参与直接性的经济激励。

7.1.2.3　英国邻避设施规划建设中的公众参与途径

英国邻避设施规划建设中的公众参与主要通过信息公开、举行听证咨询会、引入环保NGO来开展公众参与。

(1) 信息公开。1990 年英国颁布的《城镇和乡村规划条例》第 39 条明确了公众参与邻避设施项目规划建设工作不仅拥有知情权，而且约定政府有关部门在项目规划建设过程中需要及时将邻避设施环境污染防范和治理方案告知社会公众。

(2) 举行听证咨询会。《城镇和乡村规划条例》第 42 条规定公众参与地方性规划方案拟定、修改等过程的程序性保障，需要由政府相关职能部门举行项目听证咨询会。

(3) 引入环保 NGO。环保 NGO 由于其性质的中立性，能很好地调节政府职能部门与社会公众之间的关系，避免利益驱动导致不公平、不公正行为的产生，从而形成政府与社会公众的良性互动。

7.1.2.4　德国邻避设施规划建设中的公众参与途径

德国邻避设施规划建设中的公众参与途径，更为注重参与阶段及参与程序的规范性。具体而言，其公众参与途径包括以下三个方面。

(1) 信息公开。德国工程建设领域的专门法《建设法典》规定政府职能部门向社会公众发布规划公告时应当公开透明地公示规划方案，对于涉及的项目关键节点环节及专业性问题，则需要以社会公众普遍能理解的方式加以说明。政府相关职能部门发布内容资料同时在官网、正规刊物和新闻报纸上予以公示，尤其是应保证与邻避设施规划建设利益密切相关的社会公众均能收到相关信息。

(2) 公众咨询。公众咨询作为一种非政府主导的参与途径，主要以公众讨论会、听证会和专家咨询会等方式开展。德国城市规划领域的《空间规划法》规定在开展城市空间规划设计时需要由规划部门牵头组建咨询委员会，社会公众积极主动参与到邻避设施规划建设的各个环节，并由规划部门及时解答社会公众提出与规划方案相关的问题。

(3) 公众评论。公众评论主要是由政府主导的公众参与途径，经过社会公众充分展开评论和信息反馈后，由政府职能部门充分收集利益相关社会公众提出的意见后，综合权衡提出修改或替代方案，并调整修改项目规划方案，寻求社会公共利益和项目利益的综合平衡。

综上所述，目前国外发达国家公众参与途径主要有信息公开、听证会、公开集会、咨询会和市民咨询委员会。在这些不同的参与途径中，采用较多的途径为信息公开和听证咨询会。究其原因，这两种参与途径在实际公众参与中具有可操作性强、公众参与成本低、参与工作程序和过程较为简便的特征，因而得到了更大范围的运用。

7.1.3　典型发达国家邻避设施公众参与模式比较

根据公众参与信息的流向方式和公众参与的主导性组织，将典型发达国家公众参与模式总结归纳为两种："自上而下"的公众参与模式和"自下而上"的公众参与模式。

7.1.3.1　"自上而下"的公众参与模式

"自上而下"的公众参与模式实质上是由政府主导的参与模式，相应的信息传递流向也是依据相应的政府职能层次，"自上而下"地传递和反馈信息。在这种模式下，政府一般通过发布公众参与文件来明确公众参与主体、参与方式、参与途径等内容，并且强调参与的程序环节应当是基于事前约定的步骤来实施。这种模式的信息传递一般为单向告知型参与方式，即社会公众具有获取项目规划建设信息的权利，但无权修改或者改变政府做出的相关规划和建设方案。显然，该模式有助于加快政府对公共事务的决策效率，但无法确保社会公众获得足够的公平，也难以调动社会公众参与的积极性和主动性。从参与层次而言，该模式在许多情形下大多表现为形式性的参与。有关"自上而下"的公众参与模式如图 7.1 所示。

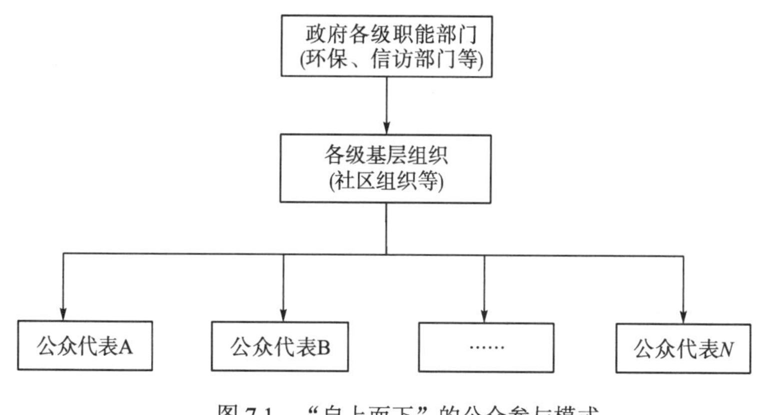

图 7.1　"自上而下"的公众参与模式

7.1.3.2　"自下而上"的公众参与模式

"自下而上"的公众参与模式，其信息流向主要表现为来自最基层的社会公众将自身对邻避设施项目的相关意见逐级逐层反馈给上层政府职能部门(如环保、信访部门或市民咨询委员会)。该公众参与模式的主导组织可以分为两种：政府职能部门和非政府职能部门的社会公益性组织机构。在这种参与模式下，强调积极提升公众参与的积极性，引导社会公众按照既定的参与程序开展自发性参与，有助于扩大公众参与范围、提高公众参与的主动性，提升公众参与层次和参与深度，建立政府职能部门与社会公众达成信息反馈的双向互动关系。有关"自下而上"的公众参与模式如图 7.2 所示。

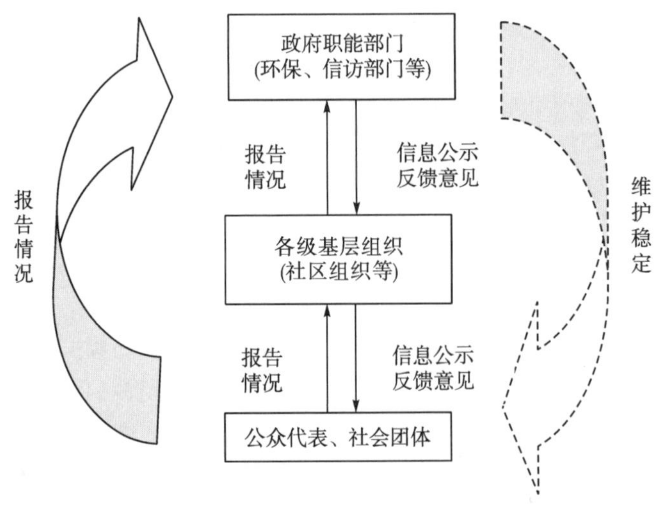

图 7.2　“自下而上”公众参与模式

对于“自上而下”和“自下而上”两种不同的公众参与模式，其参与主体、参与途径、参与目的、优缺点及适用范围的比较分析，具体如表 7.2 所示。

表 7.2　公众参与模式对比

参与模式	参与主体		参与途径	参与目的	优缺点	适用类型
“自上而下”	政府	社会团体、公众、社区组织、环评组织等	民意调查、发放宣传手册、邀请公众代表参会	征求公众意见、协商一致、提高公众参与决策程度	优点：项目决策高效。 缺点：公众参与度有限	大型、时间紧迫、必须建设的邻避项目
“自下而上”	公众	公众	自媒体、合法游行	维护自身权利、关心环保问题	优点：参与积极性高、主动性更强、参与效力更大。 缺点：参与成本不确定、项目决策周期较长	涉及利益相关者较多、可能会影响公众居住环境的项目
	社会团体	社会团体、公众、社区组织	咨询委员会、听证会、社区说明会、圆桌会议等	搭建政府与公众沟通平台、拓宽信息公布渠道、促使公众有效参与	优点：参与渠道广、范围更宽、可斡旋调解。 缺点：参与成本不确定、项目决策周期较长	涉及利益相关者较多、可能会影响公众居住环境的项目

结合表 7.2 的比较分析内容可知：①典型发达国家的公众参与模式大多采取“自下而上”的公众参与模式，其原因主要在于典型发达国家的经济发展水平和文化教育程度决定了公众对于重大邻避事项的参与具有较高的参与意识和参与能力；②典型发达国家公众参与模式不仅强调社会公众的主体性作用，而且还强调第三方机构组织在公众参与中的促进支撑作用，且其第三方机构能够在社会公众主体与政府职能部门的互动关系中起到较好的协调平衡作用。

7.1.4　典型发达国家邻避设施公众参与案例研究的启示

结合前述典型发达国家邻避设施公众参与在法律制度、参与途径和参与模式比较分析的内容，并基于中国的特定情景，得出如下启示。

(1)积极培育公众参与意识。较好的公众参与意识能够提高公众参与的主动性和参与态度，公众参与态度的改变有助于改进公众参与行为，进而改善公众参与效果。当前，典型发达国家公众参与邻避设施规划建设的意识和态度，整体上要高于我国许多地区社会公众参与的意识。

(2)拓宽公众参与的途径。较之于典型发达国家，我国许多地区邻避设施项目公众参与的途径更多表现为事后性参与，参与途径多数为问卷调查、民意收集，政府有关部门对信息公开的范围和尺度比较有限，且仍处于传统的惯性思维下公布一些无关紧要的项目信息，而对邻避设施规划建设的核心要素信息大多表现为不愿意或者不敢公之于众，并且也没有能够形成充分体现社会公众评论的参与途径。可见，参与途径的缺失，不仅会导致公众参与的意向降低，而且也会限制公众参与的深度和效果。

(3)应尽快引入“自上而下”和“自下而上”相结合的公众参与模式。相比较典型发达国家的公众参与模式，较为强调公众参与信息的双向反馈，以及公众参与的主导性作用和主体性地位，而我国大多地区公众参与模式大多停留在“自上而下”的参与模式，强调政府的主导性作用和参与信息的单向流动。显然，“自上而下”的参与模式对于一般性公共项目的公众参与是能够适应的，但对于今后可能会对项目周边地区造成较大程度影响的污染型邻避设施而言，显然难以满足制度的现实需要。因此，对于污染型邻避设施公众参与模式的构建，应当一开始就要强调“自上而下”和“自下而上”相结合的公众参与模式，搭建社会公众和政府职能部门在参与过程的协调互动关系，实现公众参与效率问题和公平问题的统筹兼顾。

(4)应当加紧完善有关邻避设施公众参与的配套法律制度。要形成公众参与工作的持续化和常态化运行，倘若没有法律制度的保障，则如同参天大树缺乏良性土壤的孕育。有关公众参与配套法律制度的建立，不仅对于经济发达国家和地区是明确公众参与的标尺，而且是对于我国许多欠发达地区必要且重要的基础性工作。当前，我国许多地区污染型邻避设施公众参与更多表现为形式性参与和事后性参与，其中一个重要的因素在于缺乏公众参与法律制度的依据和法律责任的明确。为此，需要基于法律先行的思维，从法律、技术、经济和管理统筹的视角来解决污染型邻避设施公众参与面临的现实困境。

7.2　污染型邻避设施规划建设中的公众参与机制框架设计

科学、合理、有效的顶层机制框架设计，是构建污染型邻避设施规划建设中公众参与机制的核心要素及重要内容。

设计污染型邻避设施规划建设中的公众参与机制框架，不仅需要从理论层面确定公众参与行为原则、行为要求和行为过程的理论框架，而且亦需要从实践操作层面提供公众参与的行动指南，从而解决污染型邻避设施规划建设中公众参与的参与目标是什么、由谁来参与、参与职责如何、参与方式如何以及怎么实现参与等基本问题。

对于公众参与机制框架设计的具体逻辑过程，可以概括如下。

(1)依托前述相关章节分别对污染型邻避设施规划建设中公众参与的关键影响因素分析、行为意向分析、演化博弈分析和有效性评价的相关研究结果，借鉴典型发达国家(美国、加拿大、英国、德国)污染型邻避设施公众参与的成功经验和良好模式。

(2)以改进完善公众参与效果为基本要求，以转变公众参与层次(促使公众参与层次达到实际性参与)为参照标准，以畅通拓宽公众参与途径为实际抓手，以建立健全公众参与机制为最终导向。

(3)结合我国污染型邻避设施公众参与的现实特征及特定情境，基于迫切破解现行污染型邻避设施公众参与障碍的实际考虑，按照统筹公众参与效率与参与公平相结合的理念，基于“自上而下”和“自下而上”相结合的构建原则，确保社会公众与政府职能部门实现互动式参与。

(4)设计出来的公众参与机制框架应当具有较好的科学性和有效性，并且应涵盖公众参与阶段、公众参与目标、公众参与主体、公众参与客体、公众参与主体职责、公众参与环境、公众参与方式、公众参与程序、公众参与途径等内容，进而可为类似的邻避设施项目公众参与问题解决和参与模式及途径的实践运用提供参考借鉴。

综上所述，遵循上述四个有关公众参与框架机制设计的逻辑过程，设计出来的污染型邻避设施规划建设中的公众参与机制框架如图7.3所示。

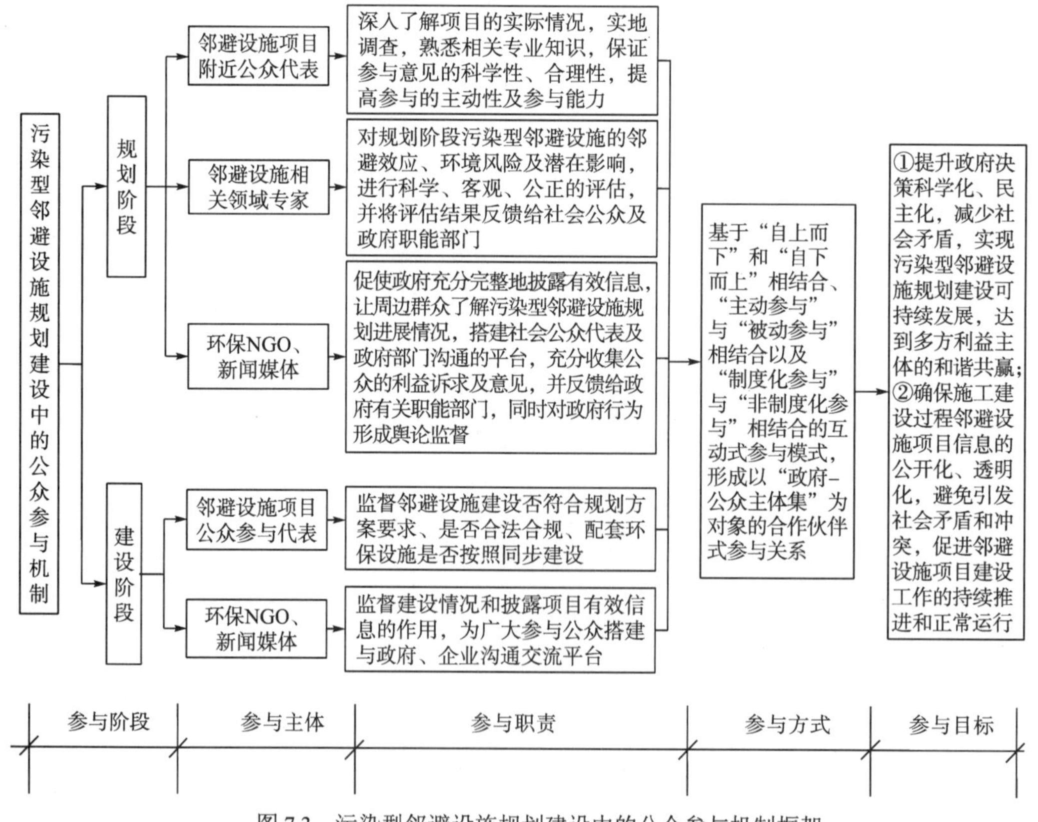

图7.3　污染型邻避设施规划建设中的公众参与机制框架

7.2.1　公众参与阶段划分

公众参与阶段是指公众参与的具体环节及包括的参与时间节点。根据公众参与主体在不同时期参与要求及参与过程的差异，本书认为，污染型邻避设施公众参与工作实施发生的阶段主要集中在规划阶段和建设阶段。对于运营阶段的公众参与问题，由于邻避项目已投产运行，其公众参与的范围、内容及过程要比规划建设阶段缩小许多，故运营阶段不属于本书对象的阶段范畴。规划和建设阶段的公众参与，其涉及的具体环节如下。

(1)规划阶段的公众参与贯穿邻避设施项目前期准备及规划设计的全过程，主要包括项目建议书、预可行性研究、可行性研究、项目前评估、项目评估、项目设计等若干个子过程。

(2)建设阶段的公众参与贯穿自邻避设施项目具备开工条件并取得施工许可后直至项目竣工验收的全过程。

根据不同阶段对应的具体参与环节，公众参与的时间节点通常可以分为两种方式：定期性参与的时间节点和非定期性参与的时间节点。

所谓定期性参与的时间节点是指按照现行国家及省市有关邻避设施项目公众参与的法律法规要求，社会公众按照预先设定好的参与时间节点要求，参与到项目各个环节的意见表达及意见征集或者项目听证过程中的固定性时间要素，该时间节点通常预先固定好且较少发生变化。

具体来说，定期性参与的时间节点通常在规划阶段表现为项目选址、环境影响评价、征地拆迁工作开展的固定性时间点，其在建设阶段又表现为项目爆破施工、项目“三同时”设施施工和验收的固定性时间点。

所谓非定期性参与的时间节点则是指在项目的规划设计和建设施工过程中，社会公众出于自身经济利益和环境健康的现实考虑，在项目规划建设的各个环节，随时可以通过一定的参与方式来参与项目规划建设工作的时间要素。

有关污染型邻避设施规划和建设阶段公众参与的固定性时间节点，如图 7.4、图 7.5 所示。

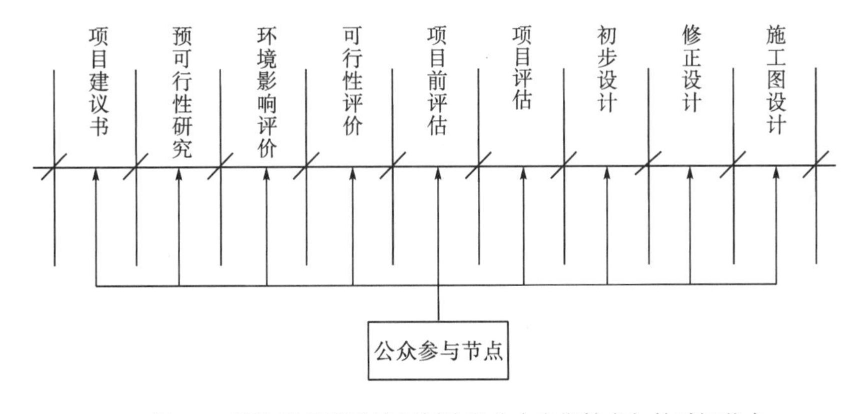

图 7.4　污染型邻避设施规划阶段公众定期性参与的时间节点

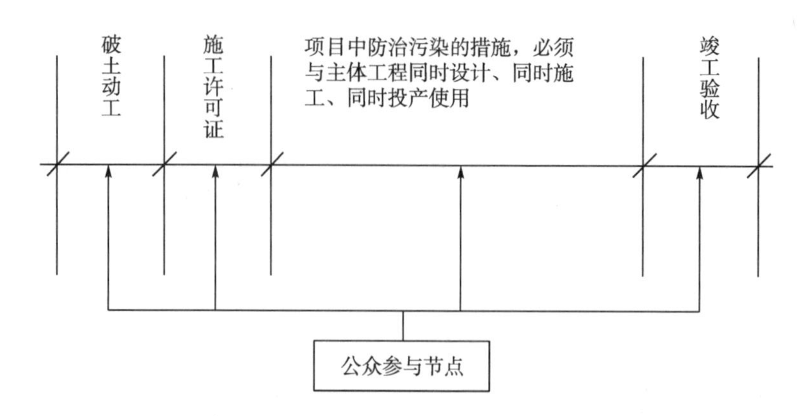

图 7.5 污染型邻避设施建设阶段公众定期性参与的时间节点

7.2.2 公众参与目标确定

公众参与目标的确定，既是开展公众参与工作的导向性总则，又是公众参与预先设定的价值性准则。公众参与的目标通常分为总体目标和具体目标，总体目标是公众参与的总体纲领要求，而具体目标则是实现总体目标的具体途径选择及相关措施性目标。

对于污染型邻避设施规划建设阶段公众参与的总体目标，主要表现为：提高政府规划建设的科学化和民主化、降低社会矛盾发生的可能、促进邻避设施项目的持续推进，达到多方利益主体的和谐共赢。而对于污染型邻避设施规划建设阶段公众参与的具体目标，则需要区分不同阶段，按照目标细化和逐级分解的逻辑思路，分别界定针对不同阶段的子目标，关于污染型邻避设施规划建设阶段的公众参与目标，其内容分析如表 7.3 所示。

表 7.3 污染型邻避设施规划建设中公众参与的总体目标和具体目标

阶段	导向性	总体目标	具体目标
规划阶段	以提升决策科学化、民主化为导向	提升政府决策科学化、民主化，降低社会矛盾，实现污染型邻避设施规划建设可持续发展，达到多方利益主体的和谐共赢	①获得专业知识及经验，弥补专家思考的不足，明确项目的目标及要求，进而提升决策质量； ②提高决策过程的透明性、可信性和合理性，充分考虑公众利益诉求，保障决策民主化； ③协调项目建设有关主体与社会公众的关系，减少邻避冲突，降低社会稳定风险和处置成本； ④降低公众参与成本，提高公众参与度，提升公众参与层次，改进公众参与效果
建设阶段	以提升监督主动性、时效性为导向	确保施工建设过程邻避设施项目信息的公开化、透明化，避免引发社会矛盾和冲突，促进邻避设施项目建设工作的持续推进和正常运行	①监督邻避设施所在地区的政府职能部门和企业对于邻避设施项目建设阶段的行为活动； ②确保建设阶段邻避设施项目信息及时公开，并实时监督邻避设施对环境造成的实际影响； ③降低公众参与成本，提升公众参与层次，改进公众参与效果

7.2.3 公众参与主体界定

公众参与主体的界定，既是把握公众参与问题解决和参与效果实现的关键要素，又是公众参与工作开展实施的组织者、协调者和执行者。公众参与主体的合理界定，有助于把握公众参与的组成要素及人员结构，提高公众参与的代表性和有效性。

结合利益相关者理论分析结果，可以将污染型邻避设施公众参与主体的构成分为两大主体：核心参与主体及辅助参与主体。具体而言，一方面要选出能够有效代表大多数社会公众利益的公众代表，而这些来自不同家庭背景、具有不同年龄及专业知识的参与公众代表就形成了一个集合——参与公众代表集合，显然，参与公众代表集合是公众参与主体的主要构成。对于参与公众代表的遴选，通常可以从代表利益相关维度、代表能力维度和代表社会责任维度来综合遴选。另一方面，对于公众参与主体，还应积极引入能够为公众代表提供专业知识咨询和对政府工作形成有效舆论监督的第三方主体，主要表现为相关专业知识领域的专家和环保 NGO 或新闻媒体，来构成公众参与核心主体的辅助主体，从而构成对污染型邻避设施主要参与主体的外部协作力量，以有效提高社会公众的专业参与能力，并搭建政府与社会公众的信息沟通平台。

因此，污染型设施公众参与主体实际上是由若干个公众代表、相关专家、环保 NGO 和新闻媒体构成的集合体，具体如图 7.6 所示。显然，较之于一般公共项目的参与主体，污染型邻避设施公众参与主体在公众代表之外，还增加了辅助参与主体，其原因如下。

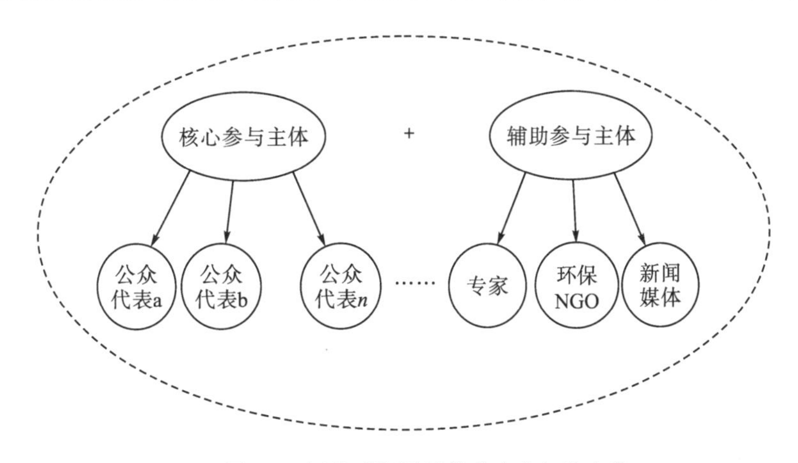

图 7.6　污染型邻避设施公众参与集合体

(1) 污染型邻避设施的参与主体需要具有一定的参与专业技术门槛，而这往往需要引入核心参与主体之外的相关专家及第三方机构的力量，弥补社会公众专业知识的欠缺，以提升社会公众参与的能力。

(2) 考虑到社会公众与项目投资企业、项目所在地政府可能会存在关于项目信息的不对称，因而需要通过第三方咨询机构和新闻媒体的介入，来缩小政府与社会公众的信息不对称差距，从而保障污染型邻避设施社会公众参与工作的有效开展。

7.2.4　公众参与客体界定

在哲学范畴中，客体是指主体指向的物体，是主体认识和实践的对象。对于污染型邻避设施而言，公众参与客体不仅包括参与时间节点范畴，也包括参与事项及参与工作职责范畴。因而，本书认为公众参与客体是指参与主体在特定项目、特定阶段、特定环节及特定工作事项参与到公共事务中的指向对象统称。

具体而言，在项目规划阶段，公众参与的客体是指社会公众参与到项目选址、项目征地拆迁、项目可行性评价和环境影响评价等工作的统称；在项目建设阶段，公众参与的客体则是指社会公众对邻避设施项目施工建设过程中有关环境健康影响的实时监督及实地调查等工作的统称。

辨析公众参与客体的概念，有助于明确社会公众参与污染型邻避设施规划建设的时间边界、事项范围和职责界线。

7.2.5　公众参与主体职责确定

根据前述对公众参与阶段的划分及公众参与目标的确定，以公众参与各阶段的参与目标为导向，考虑到污染型邻避设施公众参与的核心参与主体及辅助参与主体职能职责的不同分工，分别界定以下参与主体的具体职责。

7.2.5.1　参与公众代表职责的确定

在污染型邻避设施规划阶段，参与公众代表的参与职责包括：①全面收集污染型邻避设施项目周边群众的意见反馈及利益诉求，及时将公众的意愿反馈给邻避设施规划建设的责任单位及主管部门，并且将政府职能部门、项目投资企业对邻避设施项目的民意调查和项目信息传递给广大的最基层一线社会公众群体；②参与污染型邻避设施项目前期准备、规划设计及项目决策的各个环节，并建言献策；③综合运用各种方式，并做好相关专业知识的学习和储备，对污染型邻避设施的关键性技术问题及环境健康方面的综合影响做出评估和判断。

在污染型邻避设施建设阶段，参与公众代表的主要职责体现为：①实时动态地监督邻避设施项目在施工建设过程中产生的污染排放及污染治理情况，并将监督情况及时反馈给社会基层民众和政府相关监督职能部门；②积极参与邻避设施项目施工、建设的各个环节，对邻避设施项目进行实地体验和风险感知；③对比核查邻避设施项目建设过程是否符合规划方案要求、是否合法合规、配套环保设施是否按照规划要求同步建设；④对邻避设施周边群众是否造成施工过程中的干扰影响和利益影响进行整体分析。

7.2.5.2　相关专家职责的确定

污染型邻避设施规划建设阶段的专家介入，作为公众参与主体不可或缺的辅助构成，其主要职能职责包括两点。

(1)在规划阶段为政府有关职能部门及社会公众代表提供专业性的技术咨询，并对污染型邻避设施项目涉及专业性和技术性的评估论证工作展开详细研究，从而为公众参与代表提供一定的技术培训和咨询服务。

(2)在建设阶段相关专家作为双重性的角色，不仅具有与污染型邻避设施相关的专业知识能力，而且具有普通社会公众的属性，因而在建设阶段引入相关专家的参与能够对污染型邻避设施的施工建设提供良好的监督管理和专业咨询，提高社会公众实质参与的深度和效果。

7.2.5.3　环保 NGO 和新闻媒体职责的确定

自 20 世纪 70 年代以来，环保 NGO 日益广泛地参与到社会事务中，引入环保 NGO 机构(如第三方的环境保护协会或组织)有助于加强环境保护、维护社会公众利益。引入环保 NGO 参与公共事务不仅是目前国际上通行的公众参与的尝试做法，而且对于平衡社会公众和政府利益具有较好的作用。

具体而言，环保 NGO 的职能作用包括：①对污染型邻避设施规划阶段涉及环境、生态、社会公众方面的问题进行评估分析；②对污染型邻避设施建设阶段的环境影响情况开展及时监督和信息反馈；③作为中立的第三方，既需要做好相关项目信息的传递，又需要对项目信息开展加工、整理和研究。

与环保 NGO 机构一样，作为邻避设施的间接利益相关者，新闻媒体也是一股强有力的社会监督力量，媒体舆论兼具监督建设情况和披露项目有效信息的作用，为广大参与社会公众搭建与政府、项目投资企业沟通交流的平台，及时反馈各方主体的利益诉求，从而解决社会公众与政府职能部门和项目投资企业在邻避设施项目上存在的信息不对称和信息传递滞后的问题。

7.2.6　公众参与环境确定

根据前述对污染型邻避设施公众参与的关键影响因素分析，可知外部参与环境不仅是决定公众参与效果的核心要素，而且也是支撑公众参与活动有序开展的重要因素。随着我国许多地区经济发展水平的快速提高，以及人民群众物质生活的日益丰富，公众参与意识不仅觉醒而且日渐增强，迫切需要一个完善、完备的公众参与环境，从而形成公众有效参与到污染型邻避设施项目的重要外部力量。

污染型邻避设施公众参与环境的确定，主要是指支持公众参与的外部土壤或软体环境，而非邻避设施项目所处的实际自然环境，其主要包括四个方面。

(1) 公众参与的法律制度环境。本章根据国外典型发达国家公众参与法律制度层面的研讨分析内容，可知法律制度环境是确保公众参与工作的持续化和常态化的重要基石。当前，我国出台的与污染型邻避设施公众参与相关的法律制度还不够完备健全，仅有诸如城乡规划法、环境保护法做出了公众参与的相关制度要求。然而，尽管公众参与法律制度在环境保护、城市规划领域中都有涉及，但目前我国污染型邻避设施规划建设通常遇到的现实困境是有法不依或执法不严，从而使得公众参与相关的法律制度常常流于形式主义。

(2) 公众参与的社会人文环境。社会人文环境不同于法律制度环境，其可以在一定程度上积极地影响公众的参与意识和参与行为，在公众参与中起到潜移默化的重要作用。其中社会公众的文化水平、认知程度、观念信仰、思想开明情况等共同构成了公众参与的人文环境。社会人文环境通常因地域、社会包容程度等因素而不尽相同。

(3) 公众参与的经济发展环境。公众经济发展环境主要体现在邻避设施项目所处区域的经济发展状况和周边群众的经济收入水平。一般而言，地区经济发展水平和公众个体经济收入与公众参与社会公共事务的行为意向表现为正向相关的关系。

(4)公众参与的宣传教育环境。根据前述分析结果可知，公众参与意识作为影响公众参与主动性的重要诱因，其参与意识意愿的改进不能仅仅依靠公众个体本身文化素质程度的提高，也不能单纯指望公众个体自觉主动性的改善，还应当靠外部的宣传教育工作来推动公众个体参与意识的改进和完善。政府有关部门可以通过不同形式的宣传教育活动，积极引导社会公众主动参与到污染型邻避设施项目的各个环节，激发公众参与热情，培育和提高公众参与能力，从而构成对公众参与邻避设施项目的正面激励引导。

具体而言，关于污染型邻避设施规划建设中公众参与环境的组成体系如图 7.7 所示。

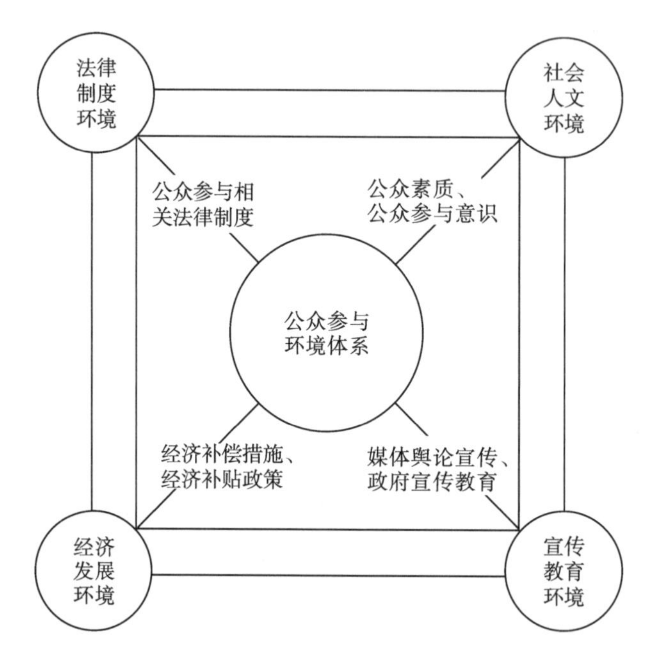

图 7.7　污染型邻避设施规划建设中公众参与环境的组成体系

7.2.7　公众参与方式：基于“自上而下”与“自下而上”相结合的互动式参与方式

根据本章对典型发达国家邻避设施公众参与方式的比较分析及有关启示可知：①单一的“自上而下”或者“自下而上”的参与方式，各自都带有固有的模式弊端，难以完全适应污染型邻避设施公众参与的现实需要，也难以确保公众参与效率问题和参与公平问题的统筹兼顾；②有效公众参与方式的构建应当力求实现三个转变：参与层次的转变(从过去的形式性参与转变为实质性参与)层面，参与方式的转变(从过去的被动参与转变为主动参与和被动参与相结合)，参与信息反馈流向的转变(从过去的单向参与转变为互动式参与)；③公众参与方式应当基于公众参与总体目标及具体目标的实现，按照有利于改进参与效率和提高参与程度，确保利益相关主体实现和谐共赢，促进规划建设各项工作决策和实施的科学化和民主化的整体要求来组合设计。

总体而言，本书认为有别于一般的公共投资建设项目，污染型邻避设施的公众参与方法应当基于“自上而下”与“自下而上”相结合的思维来加以构建，从而形成“主动参与”

与“被动参与”相结合以及“制度化参与”与“非制度化参与”相结合的政府主体与公众主体达到和谐的互动式参与目标。

有关基于“自上而下”与“自下而上”相结合的污染型邻避设施公众参与双向互动模型如图 7.8 所示。

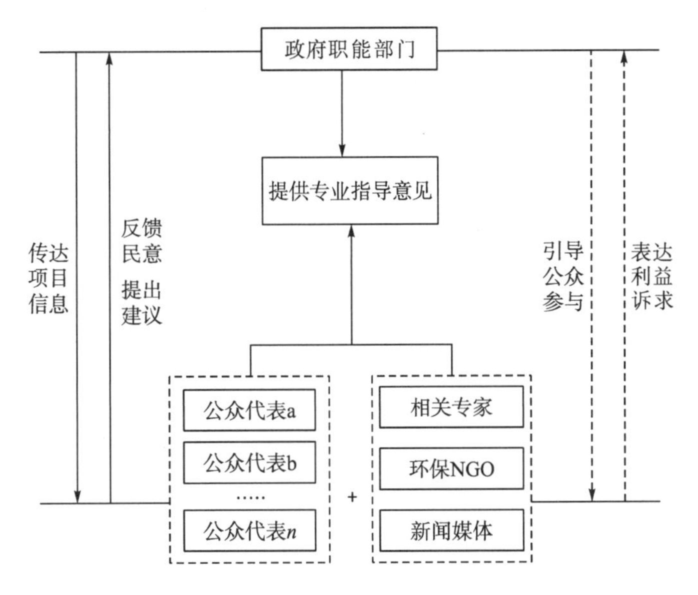

图 7.8　污染型邻避设施公众参与双向互动模型

7.2.8　公众参与程序设计

公众参与程序是指公众参与的具体流程或步骤，科学合理的参与程序设计不仅可以优化公众参与的信息流向，而且有助于降低公众参与的时间成本、提高公众参与的实效性。

7.2.8.1　传统邻避设施公众参与程序

我国污染型邻避设施公众参与起步较晚，大多处于无效参与或形式性参与层次，即按照“决策—宣布—辩护”的方式，政府有关职能部门告知社会公众有限的邻避项目信息，进而征集社会公众对邻避项目规划和建设的相关建议，而并非让社会公众直接参与邻避设施的规划建设过程的核心环节。根据公众参与阶段的划分，污染型邻避设施规划阶段和建设阶段的传统公众参与程序具体流程分别如图 7.9、图 7.10 所示。

7.2.8.2　传统邻避设施公众参与程序的弊端

传统邻避设施公众参与程序的弊端主要体现在：①公众参与程序中对应阶段的参与形式大多数时候表现为被动式参与，政府有关部门对待公众参与问题则是安排相关社会公众学习了解有关邻避设施的相关规划和建设信息，并未安排专门人员提供答疑解释，鲜有公众能独立地提出自己的意见并影响政府和项目投资建设企业对邻避设施项目的决策，即参与形式为“走过场式”的被动参与；②传统公众参与程序阶段中参与工作的组织化程度低，即政府选择的公众参与代表大多是单独的公众个体，公众个体意见的内容整体呈分散游离状态，以致公众参与的实质性程度不高，并且难以达到平等有效的参与；③传统公众参与程序中缺乏双向互动的反馈流程，传统公众参与过程的信息流向大多表现为政府主体向公众主体进行单向的正向信息告知，而缺乏公众主体、环保NGO主体对政府主体的逆向意见征询和利益诉求反馈，这就导致社会公众的总体意见难以有效渗透到政府主体的决策和监管过程。

可见，有必要正视传统公众参与程序的缺陷，理顺公众与政府主体的职责关系，优化公众参与流程，以解决污染型邻避设施公众参与工作“怎样参与”“按照何流程参与”的现实问题。

7.2.8.3　污染型邻避设施规划建设中的公众参与程序设计

为有效解决污染型邻避设施规划建设过程中传统公众参与程序存在的弊端，结合前述国外典型案例研究的结果，以改进公众参与流程、理顺参与节点的逻辑关系、优化参与工作的具体过程、促进政府与社会公众形成互动式参与关系作为程序设计的导向要求，区分规划与建设阶段公众参与程序的差异性特征，对污染型邻避设施公众参与程序加以重构设计。

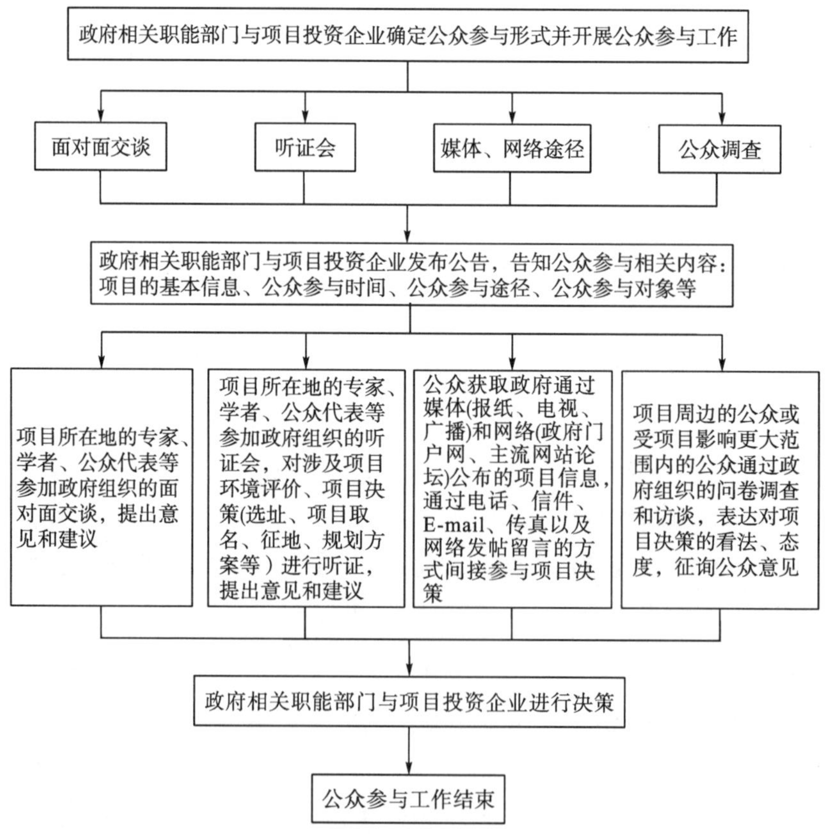

图 7.9　污染型邻避设施项目规划阶段中传统公众参与程序

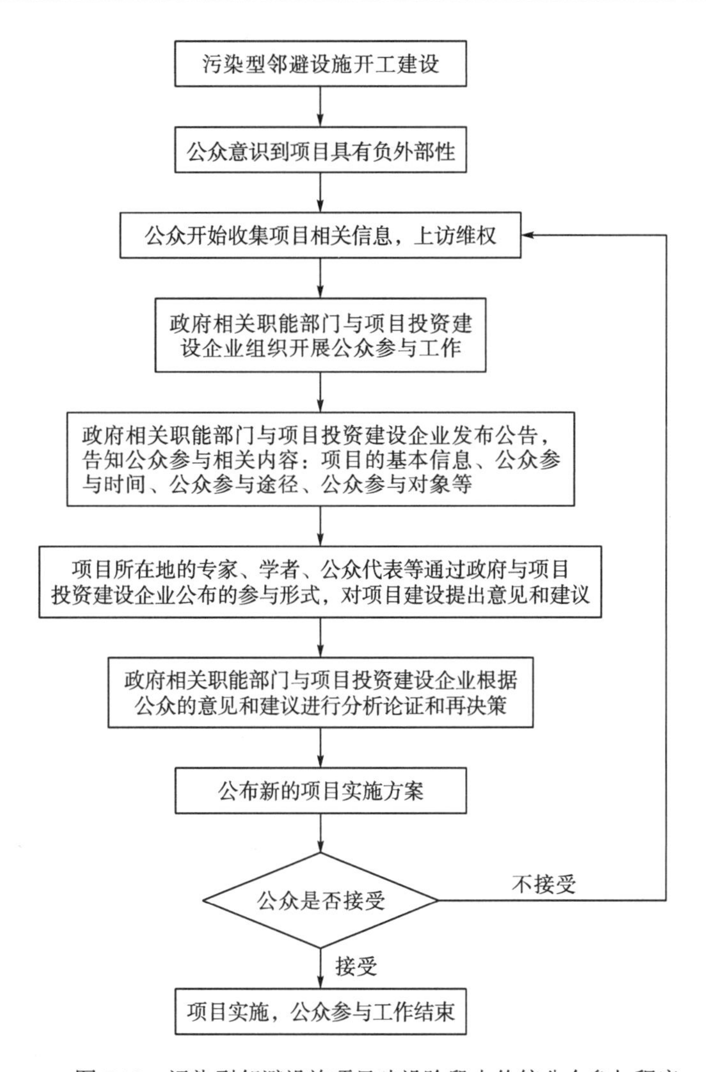

图 7.10　污染型邻避设施项目建设阶段中传统公众参与程序

具体而言，规划阶段的污染型邻避设施公众参与程序主要包括六个步骤(图 7.11)。

(1)组建公众参与决策小组：遴选公众代表、组建公众代表参与小组、明确公众代表的参与决策目标、制定参与工作计划。

(2)公众代表收集整理项目规划方案信息：全面收集、整理邻避设施项目规划方案信息及有关资料文件。

(3)公众意见集结及第一轮研讨分析：基于公众主体视角充分集结参与代表人员对邻避设施项目提出的相关意见和问题，并展开充分的研讨分析。

(4)公众意见反馈和意见交流：参与小组需要将集结的公众代表意见反馈给邻避设施所在地区政府的有关职能部门，并和政府有关职能部门、项目投资企业展开充分的沟通交流。

(5)第二轮研讨分析：对政府根据公众反馈交流意见修改调整后的方案进行二次研讨分析，倘若公众代表研讨分析的结论一致通过政府有关部门提交修改后的规划方案，则转入下一个步骤；反之，则需要转入步骤(3)，重新开展公众意见集结和研讨分析。

(6)公众参与工作结束：公众代表获得政府有关职能部门提交修改后的最终项目规划方案，并告知给社会基层民众，至此，规划阶段的公众参与工作暂时告一段落。

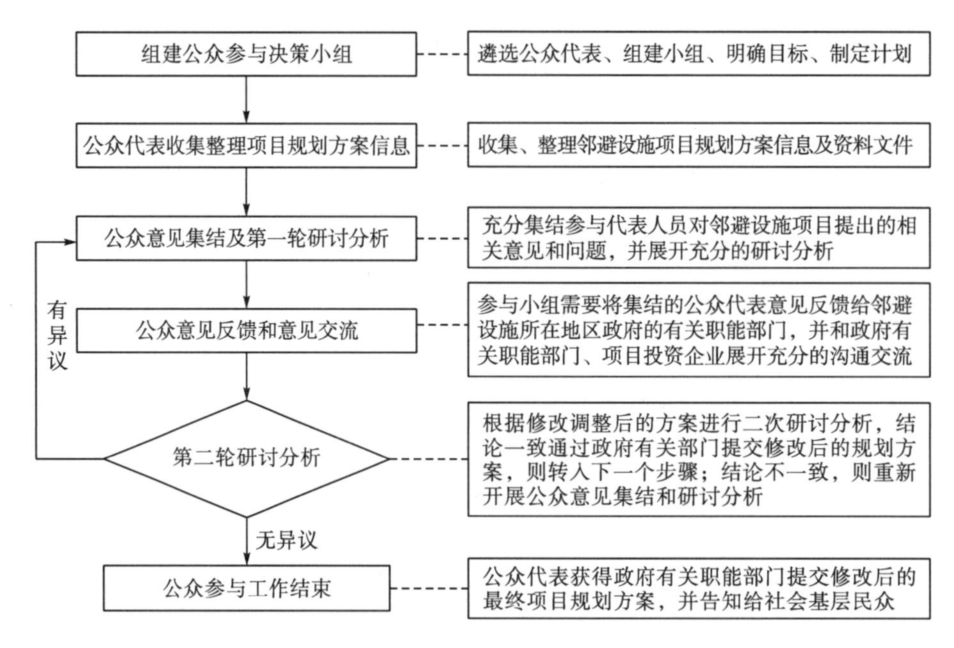

图 7.11　污染型邻避设施项目规划阶段中公众参与程序

说明：步骤(3)～步骤(5)为闭环循环过程，即在第二轮研讨分析中，倘若公众代表集合体对政府职能部门的相关规划决策方案提出异议时，可以以一定的方式否决规划方案，要求政府职能部门重新修改规划方案，公众参与小组重新转入新一轮的公众意见收集及评价反馈流程。

可见，该程序适用于污染型邻避设施规划阶段的项目选址、项目环境影响评价、征地拆迁、项目评估、方案设计等时间节点的公众参与流程。

规划阶段公众参与的程序中较为强调对规划方案的信息收集、意见征询及研讨分析，而建设阶段公众参与程序注重的是对邻避设施项目配套的环保设施是否按照既定规划方案来同时施工，监督政府职能部门对邻避设施项目的监管活动是否合法合规。具体而言，在污染型邻避项目的建设阶段，污染型邻避设施公众参与的主要程序包括七个步骤(图 7.12)。

(1)组建公众参与监督小组：遴选公众代表、组建公众代表参与监督项目建设过程、明确公众代表的参与监督目标、制定参与工作计划。

(2)公众代表深入现场收集第一手信息：通过可视化监督、项目接待日等参与途径，深入污染型邻避设施施工现场进行实地考察和现场感知，参与监督项目的进展情况，并实时获取项目建设过程的第一手信息。

(3)社会公众意见征集：公众代表收集社会公众对项目建设的意见，并集结社会公众意见。

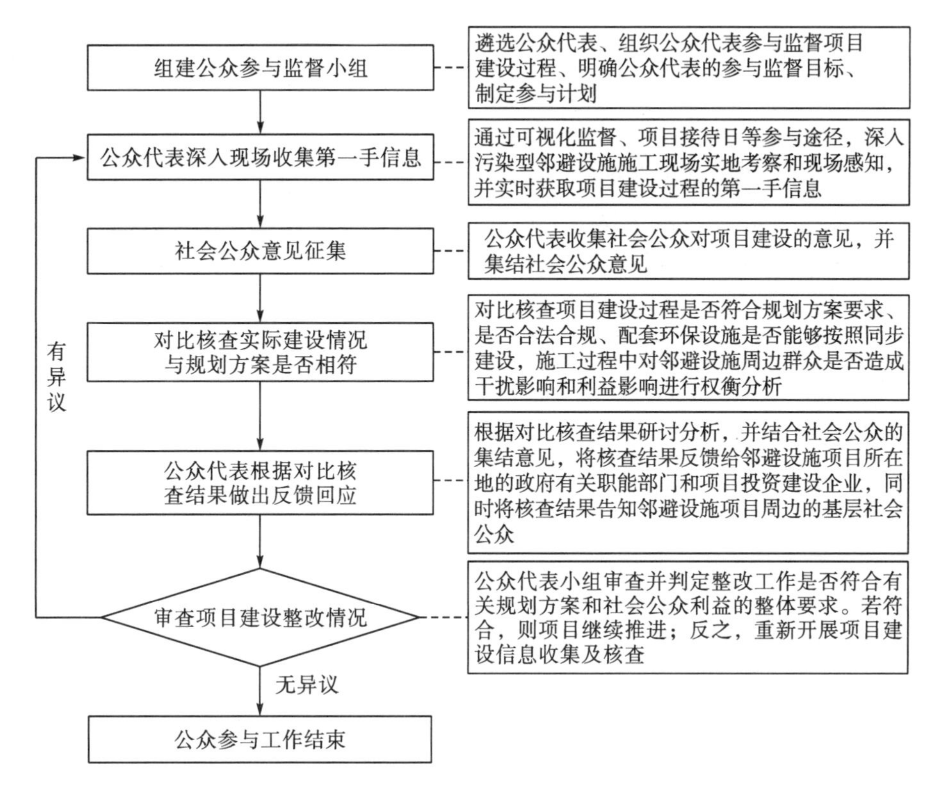

图 7.12　污染型邻避设施项目建设阶段中公众参与程序

(4) 对比核查实际建设情况与规划方案是否相符：对比核查邻避设施项目建设过程是否符合规划方案要求、是否合法合规，配套环保设施是否按照规定同步建设，施工过程中对邻避设施周边群众是否造成干扰影响和利益影响进行权衡分析。

(5) 公众代表小组根据对比核查结果做出反馈回应：公众参与小组在根据公众代表对比核查结果研讨分析的基础上，结合社会公众的集结意见，一方面将核查结果反馈给邻避设施项目所在地的政府有关职能部门和项目投资建设企业，另一方面将核查结果告知邻避设施项目周边的基层社会公众。

(6) 审查项目建设整改情况：公众代表小组审查政府职能部门和项目投资建设企业针对施工过程出现问题的整改情况（主要包括整改对象、整改措施及整改效果等），并判定整改工作是否符合有关规划方案和社会公众利益的整体要求。倘若符合，则项目建设工作继续推进；反之，则转入步骤 (2)，重新开展项目施工建设现场信息收集及核查。

(7) 公众参与工作结束。当步骤 (1)～步骤 (6) 均按照既定要求顺利完成时，则公众参与小组在污染型邻避设施建设阶段的参与工作告一段落。

7.2.9　公众参与途径选择的二维矩阵构建

公众参与途径是指基于公众参与的目标和方式，采取可操作化的参与渠道和策略技巧。相对而言，对于公众参与公共管理事务的具体途径，国内学术界关注较少。对于污染型邻避设施而言，其公众参与途径的选择应当因阶段、项目、参与主体特征、外部社会环境而有所区别，且确保所选的参与途径具有广泛性和简便性特点，以及具有较好的社会群众基础。

根据公众参与途径的涵盖范围及基于特定技术使用的情况，可将污染型邻避设施公众参与途径分为两类：传统参与途径和新型参与途径。

传统参与途径主要包括：座谈会、听证会、信访检举、游行抗议、参加民意调查(含问卷调查等)、向人大代表和政协委员表达意愿、社区公告栏、新闻发布会、市民热线电话等。

而新型参与途径则包括：项目接待日、可视化参与、微博微信平台参与、BBS论坛、网络问政平台、公众辩论等。

在前述研究结论的基础上，根据污染型邻避设施项目的典型特性，综合参考借鉴城市规划、旧城改造及环境保护领域运用较为普遍且成熟的公众参与途径，注重结合传统途径和新型途径的交叉运用，同时有效区分污染型邻避设施的规划阶段和建设阶段参与途径的差异性特征。在此基础上，进而分别基于两个维度视角：①公众参与内层维度视角，主要是指参与主体自身的参与意识和能力的强弱因素；②公众参与外层维度视角，主要是指参与主体开展公众参与工作所处的外部社会环境的完善程度，构建污染型邻避设施公众参与途径选择的二维矩阵(图7.13、图7.14)，为解决污染型邻避设施项目“如何参与”的现实问题提供方法依据和实践参考。

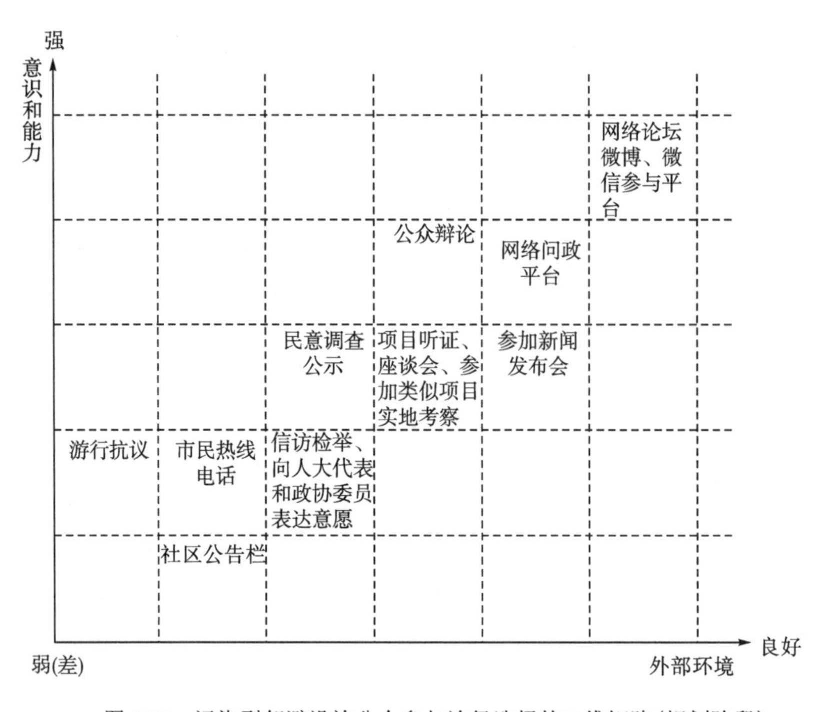

图7.13　污染型邻避设施公众参与途径选择的二维矩阵(规划阶段)

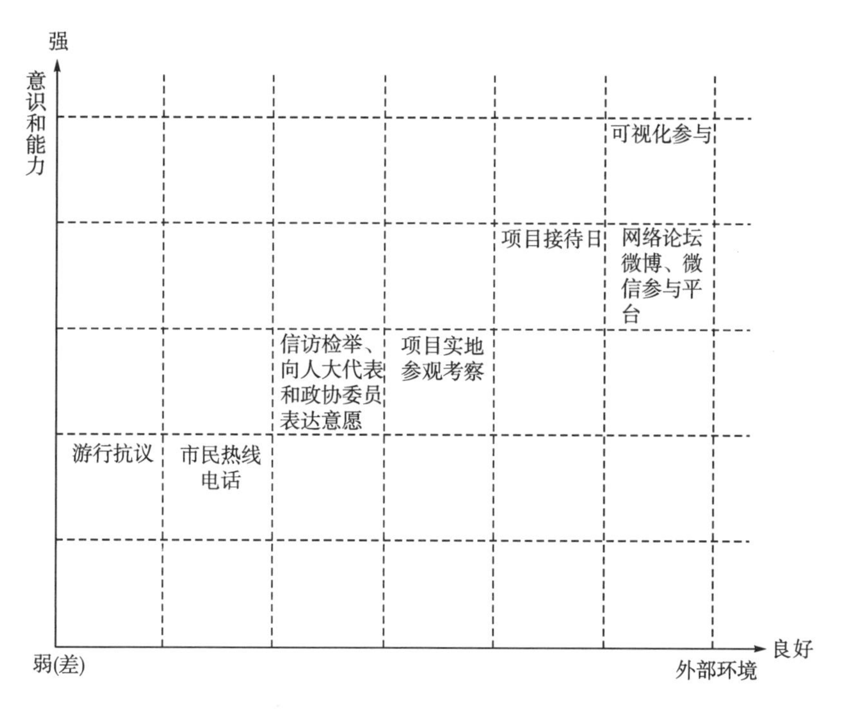

图 7.14　污染型邻避设施公众参与途径选择的二维矩阵(建设阶段)

根据对图 7.13、图 7.14 进行分析，大致可以得出四点结论。

(1) 传统公众参与途径适用的范围大多位于图中第一象限的左下角区段，而新型公众参与途径适用的范围则多数位于图中第一象限的右上角区段。

(2) 在当前互联网等新媒体、新技术快速发展的背景下，随着公众主体的参与意识和能力的逐步提高且公众参与的外部环境逐步完善，公众参与主体越来越倾向于选择新型公众参与途径(如微信、微博公众平台)。

(3) 规划阶段的污染型邻避设施公众参与途径，主要表现为与提高决策科学化和民主化有关的参与途径，如民意调查、项目听证会、座谈会、新闻发布会等；而在建设阶段的污染型邻避设施公众参与途径，主要表现为除政府法律监督之外，由邻避设施周边群众开展“自下而上”监督的参与途径，诸如市民热线电话、网络论坛、项目接待日、可视化参与、微博微信平台等。

(4) 根据不同参与途径的信息反馈流向，可以分为单向型和互动型途径。对于污染型邻避设施的公众参与主体，应当尽可能选择互动型的参与途径(如依托于“互联网+”的多媒体途径)，从而降低公众参与成本，打通公众参与渠道，提高公众参与效率。

需要说明的是，本书设计的污染型邻避设施公众参与途径选择的二维矩阵在今后的实践应用中应考虑污染型邻避设施项目的所处阶段、参与主体特征、外部社会环境的不同因素来选择具体参与途径，以确保途径选择的差异化和多元化。

7.3 污染型邻避设施规划建设中公众参与的政策机制

污染型邻避设施规划建设中公众参与机制的制度安排，不仅包括对公众参与的目标、主客体、环境、方式和途径等原则性内容做出总体设计，同时还包括对公众参与目标实现的政策机制内容给予详细安排。

鉴于此，根据本章前一节所设计的顶层公众参与机制框架内容，以建立健全污染型邻避设施规划建设中公众参与机制为目标导向，以提高公众参与主体的意识和能力作为基本手段，以拓宽公众参与途径和改善公众参与层次作为内在要求，以增进公众参与的实效性和完善公众参与的外部环境作为外在抓手；进而结合前述相关模型构建(包括关键影响因素分析模型、公众参与主体行为意向模型、公众参与主体行为演化博弈模型、公众参与有效性集成评价模型)及模型启示分析的内容，在参考借鉴国外典型发达国家污染型邻避设施公众参与途径和模式的基础上，依托本章前一节构建的污染型邻避设施顶层公众参与机制框架，分别基于参与主体内部及外部对公众参与不同的作用关系，按照“主体意识—主体能力—外部环境”的逻辑维度，采取政策机制设计内在动力与外部推力相结合的总体思路，拟分别从参与意识、参与能力、参与环境、参与途径、参与意见的吸收和结果反馈、参与时间节点、经济激励和培育鼓励环保 NGO 八个层面，综合设计污染型邻避设施规划建设中公众参与的政策机制。

7.3.1 培育和提高公众参与意识的政策机制

伴随着我国经济社会的发展，国民整体受教育程度有所提高，但社会公众维权意识并未扎根于所有公众心里，当公众权益受到侵害时，多数社会公众尚未有自觉维权的意识。对于污染型邻避设施的规划建设活动，公众不知如何参与、何时参与，在未对污染型邻避设施的有关规划建设情况进行充分了解和理性分析的情形下，社会公众的参与效果往往不尽理想，难以达到实质性的参与层次，也难以通过参与方式来有效维护公众主体自身的经济社会利益和生态环境利益。因而，社会公众主体要想自身的真实利益诉求被政府和投资企业所考虑、所接纳，就应该主动参与污染型邻避设施的规划建设，提高公众参与行为意愿、提升公众主体的城市主人翁意识和自我社会责任意识。

根据前述有关公众参与的关键影响因素和行为意向模型分析结果及启示内容，可知积极转变公众参与态度、提高公众参与意识，促使公众参与实现“被动参与—主动参与”“要我参与—我要参与—我要参与好”等转变，对于改善公众参与效果具有十分重要的影响。具体而言，可以从以下三个方面来促进提高公众参与的意识。

(1)提高公众参与的主人翁意识。污染型邻避设施的规划和建设工作，要避免公众参与流于形式，首先就是要确保公众具有主人翁的主体责任意识。一方面，政府有关职能部门及环保 NGO、社区基层集体组织应当充分加大宣传教育的工作力度，宣传公众参与到污染型邻避设施规划建设中的必要性和益处，引导公众自觉主动地参与到邻避设施规划建设的全过程；另一方面，对于公众个体自身而言，应当意识到每个个体的主动参与对于污染型邻避设施的决策和监督具有重要的意义，并让其形成定期和非定期参与邻避设施意见征集和反馈的习惯。

(2)提高公众参与的生态环境意识。相较于一般邻避设施，污染型邻避设施具有较强的邻避污染效应，可能会直接对社会公众的生产、生活造成一定的影响。因而，可以依托世界环境日、地球日和节水日的环保宣传活动，引导公众主动了解生态环保知识和主动维护生态环境，强化社会公众在生态保护、环境污染及治理方面的培训学习，促使公众形成正确的环境价值观，提高公众参与的生态环境意识，从而有助于生态公民的形成和生态公民社会的建立。

(3)提高公众参与的社会责任意识。培育公众的社会责任意识有助于激发公众参与的积极性、自主性和责任感。一方面，社会公众应以大局为重，以社会效益最大化作为价值准则，避免个体理性与集体理性发生冲突，秉持利己利人、利国利民的思想意识参与到污染型邻避设施的规划建设活动中；另一方面，对于公众参与代表，应引导其在参与过程中，按照全面辩证的原则，以对国家、社会和子孙后代高度负责的态度，客观公正地看待污染型邻避设施的利弊关系，科学有效地提出评论意见。

7.3.2 提高公众参与能力的政策机制

较之于普通邻避设施，由于污染型邻避设施在后期的建设运营过程中可能会对周边环境和社会公众产生一定的潜在威胁，并且其规划设计及建设运营过程也具有较强的技术性和专业性，如核电邻避设施，许多社会公众对其并不具有相应的专业知识，甚至从未听过。可见，要想真正实现社会公众参与到污染型邻避设施的规划建设中，需要参与主体具有良好的专业能力。通常，污染型邻避设施规划建设中对公众参与主体在诸如资料收集、整理、加工、意见集结和反馈评论等参与环节，其对参与主体的能力要求要远远高于普通邻避设施。

根据前述章节中对我国污染型邻避设施公众参与的整体现状分析结果可知，当前我国公众参与主体的能力不足，结合前述有关公众参与的行为意向分析结果，获悉公众个体效能对知觉行为控制和行为意向具有积极的影响。因此，提高公众参与能力对于保障公众参与效果具有重要的影响。总体而言，对于污染型邻避设施，其公众参与主体的能力要求主要包括公众参与的专业能力、沟通表达能力以及新媒体和新技术的运用能力等。

(1)提高公众参与的专业能力。根据前文中归纳出的公众参与的现实困境可知，社会主体本身参与项目的专业能力与工程项目决策知识、社会管理相关知识、接受国民教育程度以及有相关的项目管理经验密切相关。在污染型邻避设施规划的技术要求方面，需要政府加以组织引导对社会公众的专业技术知识培训，来降低公众参与门槛，普及相关专业技术知识，以此促进提升参与主体整体的参与能力，使得公众更好地履行参与权利，提高公众参与质量和参与效率。

(2)提高公众参与的沟通表达能力。公众有效地表达自己的利益诉求不仅对于污染型邻避设施规划建设的科学民主决策很重要，而且对于改善社会公众与政府职能部门之间的信任关系同样重要。具体而言，提高公众参与的沟通表达能力可通过组织听证会、咨询委员会、公众辩论会等多种参与方式，为社会公众提供与政府基层组织、邻避设施投资建设企业直接对话的机会。从长远促进公众参与的视角考虑，基层政府组织可定期组织群众开展学习，以提升公众参与能力为导向，对群众如何有效、及时表达自我利益诉求和观点建议开展专门的技术培训工作。

(3)提高公众参与的新媒体和新技术的运用能力。一方面，搭建基于微信、微博等新媒体技术的公众参与平台，不仅可以有效降低公众参与的成本，拓宽公众参与的渠道，形成快捷有效的社会监督；另一方面，充分运用电视电话、互联网技术、虚拟现实技术等新技术，提高公众参与效率、改进公众参与质量，促进公众主体内部、公众与外部主体建立反应迅速的互动反馈机制，从而提高社会公众参与污染型邻避设施规划建设的敏捷性和实效性。

7.3.3　完善公众参与外部环境的政策机制

公众参与环境决定了公众参与工作的长效性和可持续性，其主要解决“支不支持参与的问题”。较之于国外发达国家，当前我国在旧城改造、城市规划的领域中公众参与尚处于初级阶段，公众参与工作尚未能深入人心，而在环境保护、邻避设施领域中公众参与则处于起步阶段，公众参与的软体环境更是显得单薄。

根据前述公众参与关键影响因素和有效性的相关分析结果可知，外部社会环境对公众参与效果和目标的实现具有显著的影响。为此，不仅需要注意公众参与主体自身的内在要素，还需要从公众参与主体之外的外部环境视角来完善公众参与的环境机制。具体而言，可以从以下四个方面加以完善。

(1)政策法规环境。一方面，建议国家层面有关职能部门尽快编制专门的“污染型邻避设施公众参与管理办法”“污染型邻避设施公众参与条例”，明确公众参与在污染型邻避设施规划建设活动中的法律地位，并将公众参与的主体、程序、范围、阶段等关键性内容具体化；另一方面，建议各级地方政府尽快研究制定适合于本地区针对污染型邻避设施公众参与的规章制度，明确政府不同职能部门对于公众参与问题的职能范围和法律责任，促使污染型邻避设施公众参与工作有法可依和有章可循，确保公众参与的制度化和长效化。

(2)经济发展环境。鉴于经济发展水平对公众参与意向呈现出正向的影响关系，一方面，可以通过改善地区投资环境、优化投资结构、合理配置资源来促进经济发展；另一方面，地方政府需要积极转变过去唯GDP的发展理念，树立绿色GDP新型发展观。出于发展经济和拉动就业的现实需要，地方政府有时不得不引进一些污染型邻避设施项目上马建设，这时就需要加大对污染型邻避设施项目的前期论证、信息公开和公众参与，确保公众参与实现规范化和常态化。

(3)人文社会环境。我国不同地区的人文社会环境存在较大的差异，在思想开明的地区，往往社会公众的参与意愿及主动性更高。反之，社会公众的参与程度越低、参与态度较为被动。因此，政府应当基于“小政府、大社会”的理念，按照“政府牵头、公众参与、社会协同、科学民主”的原则，构建全民参与、全社会参与、社会公众与政府互动参与的污染型邻避设施公众参与文化氛围。

(4)宣传教育环境。根据前述章节中问卷调查的统计分析结果可知，调查中约一半以上的受访对象对我国污染型邻避设施规划建设中的公众参与了解很少，甚至有些污染型邻避设施在公众毫不知情的情况下开工建设。为此，宣传教育机制的建立可以通过以下两个方面的努力得以实现：一是宣传教育工作下沉到各级社区或村级集体组织，尤其要发动对本辖区群众的宣传教育，并采取多种形式普及环境科学知识，提高公众环境保护意识；二是借助多样化且公益性的宣传平台(如广播电视、主流网站、环保大使、有奖竞赛等)，开展丰富多彩的宣传教育活动。

7.3.4　拓宽多样化公众参与途径的政策机制

相较于发达国家，我国污染型邻避设施的公众参与途径较为单一(大多表现为民意调查或者听证会的参与途径)、参与渠道和形式也较为有限(多表现为单向的信息反馈式的参与途径)，在一定程度上限制了公众参与的范围，制约了公众参与的实施效果。

根据前述污染型邻避设施公众参与的现状分析、关键影响因素、行为意向及有效性研究的总体性结论，可以得出：建立多样化、便捷化的公众参与途径对于降低公众参与成本、畅通公众参与流程、改善公众参与效果具有重要的作用。具体而言，可以从以下三个方面来拓宽公众参与的多样化途径。

(1)注重运用和完善传统公众参与途径。相对于新型参与途径，座谈会、听证会等传统的公众参与途径，使用范围较为广泛，在以往的公众参与中发挥了重要作用。但是，传统公众参与途径中存在一些问题，如在座谈会、听证会等公众参与途径中信息公开不及时、公众代表不具代表性、结果未能及时得到反馈等。因此，需要对传统公众参与途径进行完善，在运用传统公众参与途径时需要考虑多种途径相结合的组合形式，以确保公众参与过程的有效性。

(2)积极推广运用基于互联网以及新媒体、新技术的参与途径。通过利用新媒体信息传播的双向互动和无限开发特征搭建公众参与平台，可以有效地将信息公开范围、公众参与范围扩大至污染型邻避设施规划建设的全过程。一方面，在项目规划阶段，应采取定期和不定期方式客观公开污染型邻避设施特征、污染型邻避设施规划建设的相关信息，加强污染型邻避设施的通俗化科普教育，增强公众对污染型邻避设施的了解程度，同时通过在微博、微信等平台建立污染型邻避设施意见征询板块，充分收集社会公众意见，并对污染型邻避设施的环境影响评价、安全风险评估等过程的开展情况予以全过程公示。另一方面，在项目建设阶段，应主动引入社会公众对污染型邻避设施环保措施等的施工建设情况开展“自下而上”的社会化监督[如可采用基于建筑信息化模型(building information modeling，BIM)平台的可视化监管途径]。总之，利用新媒体手段建立公众参与平台，可以便于社会公众对污染型邻避设施的规划建设过程实现全程跟踪和全面监督，实现公众参与渠道的便捷化和畅通化。

(3)对于不同地区、不同行业、不同阶段、不同邻避效应的污染型邻避设施，应基于差异化和组合化的思路，有针对性地选择适用性好、代表性高、参与成本低、参与通道快捷的一种或者多种途径相结合的参与途径。一方面，与一般邻避设施不一样，污染型邻避设施应当倾向于选择双向互动型的参与途径(如圆桌讨论会议、公众辩论会、微博微信平台等)，以此来提高社会公众意见对于政府职能部门决策方案的反馈影响作用。另一方面，对大规模、影响重大的污染型邻避设施，在民意调查程序的基础上，应引入大型的“公民陪审团”或“公共辩论会”等参与途径加深公众参与程度。通过选择政府、企业、专家、社会公众代表围绕污染型邻避设施的决策议题进行公开讨论或辩论，实现对各方意见的积极听取，尤其可以避免因专家对污染型邻避设施的了解而忽视了对社会公众切身利益的关注。同时，为实现公众参与的常态化开展，应对污染型邻避设施规划建设过程中各阶段面临的重大问题定期开展涉及广泛社会群众的中小型讨论会，对一般问题征询公众代表意见。

7.3.5　改进公众参与意见吸收及结果反馈的政策机制

与一般邻避设施或者非邻避设施不同的是，污染型邻避设施公众参与涉及的参与阶段呈现出由众多参与子过程构成、包括众多利益诉求表达构成和需要实时开展互动参与的特征，为此，不能像以往仅仅依靠问卷调查、民意调查和项目听证等途径来单向地获取社会公众主体的意见和诉求，还需要通过合理的方式来加强对公众参与意见的吸收，并对参与结果开展及时有效的反馈，以提高公众参与效率及参与效果。

根据前述章节中对公众参与有效性分析中各个评价指标的权重系数排序，并结合国外典型发达国家邻避设施公众参与的分析结果，得知改进公众参与意见的吸收和对参与结果的有效反馈，对于提高公众参与结果的有效性和促进参与工作长效化具有积极的影响意义。

7.3.5.1　在改进公众参与意见吸收的策略机制层面

(1)对于公众主体意见的采纳，应剔除参与者的教育背景、社会背景和污染型邻避设施认知背景等差异性而导致的非理性因素，以筛选出客观、公正的意见进入待定程序；

(2)应增加公众代表、政府职能部门和邻避设施投资建设企业等三方主体的实时互动交流环节，明确社会公众的利益诉求，慎重采纳其意见；明确在何种情况下采纳或者不采纳公众意见，有效的建议应予以采纳，无效的建议应给出不予采纳的理由。

7.3.5.2　在改进公众参与结果反馈的策略机制层面

(1)通过多种方式反馈公众意见。建议政府有关职能部门可以建立完善的参与结果反馈方式，具体包括设立专员接待、来访信访、电子政府、论坛、微博等，通过这些方式来及时对公众的意见和诉求给予合理的反馈处理意见。

(2)强化反馈信息的及时公开。建议对社会公众意见尤其是反对意见的处理，不能仅仅停留在采纳与否的层面，而应当结合信息公开机制，建立稳定的邻避设施政府信息反馈平台，将政府有关职能部门和邻避设施投资建设企业的反馈信息纳入公开反馈的范畴，并附带反馈意见的详细说明及提供公众申诉的渠道。

7.3.6　前置公众参与时间节点和延长公众参与时间的政策机制

由于污染型邻避设施在今后的生产运营环节可能会带来潜在的环境污染，因而污染型邻避设施的投资建设主体及政府行业主管部门，出于社会公众可能会发生过激对抗的担忧考虑，往往不愿意提前公布设施项目诸如规划设计方面的信息，对邻避设施的规划建设行为遮遮掩掩，这反而在一定程度上加重了社会公众对政府主体不信任和不合作的态度倾向，并增加了社会公众对污染型邻避设施的风险感知等级。

根据前述章节中对于公众参与行为意向分析的结论可以得出：提前化解邻避冲突和减少邻避风险发生概率、增加公众参与的行为意向和有效性的源头性因素，在于尽可能前置公众参与时间节点和适当延长公众参与时间。

(1) 基于早期介入的原则，尽可能前置公众参与的时间节点。越来越多的污染型邻避设施案例表明，将公众参与的时间节点予以适当提前，有利于充分增加社会公众对污染型邻避设施项目的了解程度，降低社会公众对邻避设施的风险感知，改善社会公众对邻避设施的心理接纳预期，从而可以提前有效稀释和化解社会民众的抵触情绪。因此，政府有关部门及社区基层组织，应当按照“早公开、早参与、早反馈”的原则，组织参与主体尽早地参与到污染型邻避设施的前期准备及前期论证环节中。

(2) 基于全过程参与的原则，适当延长公众每个阶段的参与时间。污染型邻避设施的专业性和技术性特征导致社会公众做出正确的价值判断需要的考虑分析时间要比一般项目要长得多，这就使得政府有关职能部门在组织公众参与到邻避设施的讨论、分析及意见反馈的阶段中，不能像过去一样急于求成，而应当适当增加公众参与环节，延长公众在各个环节的参与时间，引导其做出全面、客观、理性的判断，保证公众在各个阶段的正当环保意见得到申诉和反馈，从而保证公正参与达到充分参与、全过程参与和全方位参与。

7.3.7　建立引导公众参与经济激励的政策机制

污染型邻避设施在整个公众参与过程中导致公众参与程度比较弱的内在原因之一在于参与成本与参与效益的不对称，即缺乏一套完整的有关公众参与的配套经济机制。

为达到“参与与不参与不一样”“参与好与参与差不一样”的激励效果，根据前述章节关于公众参与行为演化博弈分析模型的政策启示内容，可知公众参与成本和参与获得增量效益直接影响公众参与的积极性和主动性；同时，结合前述章节中有关公众参与有效性评价的分析结果，可知公众参与的成本对于公众参与过程具有积极重要的影响作用。可见，结合当前我国污染型邻避设施公众参与的现实情形，设计一套合理的引导公众参与的经济激励机制，解决“公众参与的外部刺激激励问题”。具体而言，可以从以下两个方面着手。

(1) 直接经济激励方式。从经济学的角度而言，经济激励对污染型邻避冲突解决具有良好的效果。直接经济激励又包括实物补贴和货币补贴等方式。为促进公众参与，政府可出台一系列的直接经济激励措施。首先，建议政府有关部门应建立较为完整的《公众参与货币化补贴办法》，明确污染型邻避设施规划建设阶段公众参与货币补贴的补贴金额、补贴范围、补贴对象及补贴资金来源。其次，建议政府有关部门出台有关《公众参与配套奖励办法》，明确公众参与民意调查、参与听证会、参与咨询会、参与网络问政等不同形式的物质奖励金额、奖励范畴和非物质的奖励方式(如颁发荣誉市民称号)，以及对参与主体根据地区经济条件提供合理的参与成本(如交通费、午餐费、通信费)报销。

(2)间接经济激励方式。除直接性的经济激励方式之外，还有诸如增加公益性基础设施、税收减免或优惠、提供就业机会等间接经济激励。一方面，可在污染型邻避设施项目周边一定的地域范围为当地社区修建公益性设施(如市政生态公园、幼儿园、游乐健身设施、市政道路等)，改善周边社会公众对污染型邻避设施项目的风险感知预期，提高其对邻避设施项目的接纳度；另一方面，为周围居民提供就业岗位、提供医疗保健服务、实现房屋置换与搬迁、提供长期的低息贷款等来对邻避设施周边群众开展非货币化补偿。此外，对积极参与的社区居民，给予一定的税收减免或优惠政策，以激励其进一步参与到污染型邻避设施的规划建设活动中。

值得注意的是，从以往案例中可以发现，直接经济激励方式并不适用于所有人群，对于受教育程度低、经济条件差、年纪偏大的人群容易实施；而对于经济条件较好、受教育程度较高及年轻群体不易实施，他们更加关注的是设施规划建设给自身带来的健康影响、设施的风险后果、对下一代的影响等问题，经济激励对于此类人群实施效果差。因此，政府要明晰经济补偿的范围，在安抚公众反对情绪的过程中将直接经济激励和间接经济激励方式有效结合，并根据不同情况做灵活调整。在补偿协商过程中鼓励公众参与设施的规划建设，及时反馈公众自身的真实需求，并通过与政府和投资企业的沟通协商提升对彼此的信任。

7.3.8　培育鼓励环保 NGO 公众参与的政策机制

污染型邻避设施大多是专业性设施，且有些设施对应的专业属性为冷门专业。例如，核电设施对应核科学技术专业，钼铜设施对应冶金与矿业工程专业，而多数公众个体的专业知识较为有限，难以对设施的专业问题做出科学合理的判断，并且公众主体在与政府有关职能部门及邻避设施投资建设企业的利益博弈过程中，往往处于弱势的地位。为此，需要针对社会公众主体与政府和投资建设企业在污染型邻避设施规划建设中的信息获取不对称、专业能力不对等的局面，积极培育鼓励专业化、社会化的环保 NGO 作为公众参与污染型邻避设施的重要支持力量。

根据前述章节对于公众参与行为意向的分析结果，可知引进环保 NGO 强化公众参与对于公众个体的主观规范具有显著的影响作用。同时，结合本章对国外典型发达国家的案例分析结果，可知组织化的公众参与形式要比非组织化的公众参与形式更为有效，组织化的公众参与形式不仅适合发达国家，同样也适合发展中国家。具体而言，培育鼓励环保 NGO，充分发挥环保 NGO 的专业化和社会化作用，可以从以下三个方面展开。

(1)降低环保 NGO 的注册门槛。由于环保 NGO 在我国的许多地区属于新社会组织，其社会影响力还较为有限，且相比较于国外发达国家，国内环保 NGO 的规模和实力都远远不足。为此，政府有关行业部门，应当出台关于培育鼓励环保 NGO 的办法文件，降低环保 NGO 的注册准入门槛，并给予政策、资金和法律方面的支持。

(2) 建立政府主体与环保 NGO 良好的沟通协作渠道。在环保意识不强的地区和农村，应当加大宣传和建立民间的环保 NGO，并建立良好的沟通协作渠道，增加环保 NGO 在污染型邻避设施规划建设过程中的影响地位，充分发挥其在生态环境领域的专业性和灵活性的特征，保障公众参与主体参与过程的规范化和专业化，以此来改变过去过多的公众个体无序参与的局面。

(3) 将环保 NGO 机构的工作重心下移到社区或村级等基层集体组织。建议在有条件的地区，可以将环保 NGO 的工作重心适当下移到社区或村级等基层集体组织，并考虑以社区或村级集体组织为基本单元，设立社区或村级环保协会，强化基层组织对于污染型邻避设施的集体性参与和组织化参与，提高参与主体行为的一致性和参与行动的统一性，构建政府与社会公众互动沟通的关键节点，确保公众参与工作实现组织化和规范化。

7.4 本 章 小 结

本章在对发达国家污染型邻避设施公众参与机制的比较分析基础上，根据我国污染型邻避设施公众参与的具体特征及特定情境，明确了公众参与的阶段、目标、主体、客体、主体职责、环境、方式组合、程序设计、途径选择的二维矩阵，进而运用管理机制设计理论从参与意识、参与能力、参与环境、参与途径、参与意见的吸收和结果反馈、参与时间节点、经济激励和培育鼓励环保 NGO 八个层面设计了公众参与的政策机制，从而为污染型邻避设施规划建设中公众参与工作的有序推进和有效运行提供重要的政策支持和实践参考。

第8章 研究结论及展望

8.1 研究结论

本书综合运用经济学、管理学、社会学、统计学及系统工程的基本原理，基于利益相关者理论、计划行为理论、扎根理论、演化博弈理论、结构方程模型、云模型理论、机制设计理论全面展开污染型邻避设施规划建设中的公众参与机制研究。纵览本书全部内容，通过对有关污染型邻避设施规划建设中公众参与影响因素识别、公众参与行为意向模型构建、公众参与行为演化博弈分析、公众参与有效性研究、公众参与机制设计等问题进行系统研究，可以得出以下主要结论。

(1)本书分析了污染型邻避设施规划建设中公众参与的总体现状，识别了污染型邻避设施规划建设中的关键影响因素。通过归纳分析污染型邻避设施规划建设中公众参与现状，可以发现当前公众参与的现实困境主要包括五个方面：公众参与的法律制度不健全、公众参与的意识不强、公众参与的主体能力不足、公众参与渠道单一、公众参与的时间和阶段滞后。通过运用文献研究法和专家咨询法，从公众参与主体、参与过程特征、环境特征和项目决策层面初步识别了污染型邻避设施规划建设过程中的公众参与影响因素(建立了含有29个因素的公众参与影响因素清单)。在此基础上，通过问卷调查和量表项目分析对公众参与影响因素进行了探索性因子分析，并基于主成分分析法和结构方程模型进行了验证性因子分析，最终得到了关于外部环境、社会主体、项目决策和参与过程四个维度的21个关键影响因素。因素分析结果表明：①外部环境、公众参与社会主体、公众参与过程和项目决策均对污染型邻避设施规划建设中的公众参与存在正向相关关系，且效果显著；②在路径系数方面，污染型邻避设施规划建设中的公众参与受到外部环境、公众参与社会主体、项目决策和公众参与过程的共同影响，影响程度依次为外部环境>公众参与社会主体>项目决策>公众参与过程。根据影响因素识别的最终结果，分别从外部环境等四个层面做出了相应的因素理论诠释，并从公众参与的制度化、公众参与主体的多元化和公众参与过程的常态化三个层面提出了相应的模型启示及对策建议。

(2)本书构建了基于TPB的污染型邻避设施规划建设中的公众参与行为意向模型。以公众参与主体为研究对象，从公众个体内部视角，引入对公众参与个体意愿有较强解释力的计划行为理论，构建了污染型邻避设施规划建设中的公众参与行为意向模型。通过问卷调查、数据收集及数据检验等方式，深入分析影响我国污染型邻避设施规划建设中的公众参与行为意向的主要因素。行为意向分析结果表明：①行为态度、主观规范和知觉行为控制的路径系数分别为0.532、0.231和0.303，具体表现为行为态度的影响程度最大，其次是知觉行为控制，主观规范的影响程度最小；②公众参与的行为态度受利益因素、社会责任和知觉行为控制的显著正向影响，路径系数分别为0.763、0.221和0.271，但不受主观规范的影响；③公众参与的自我效能和保障条件对知觉行为控制有显著正向影响，路径系数分别为 0.267 和 0.636；④信任感对行为意向产生了显著负向作用，而风险感知对行为意向产生了显著正向作用，路径系数分别为-0.349 和 0.207。最后，根据行为意向分析结果分别从积极引导公众参与的正向态度、转变公众参与意识、从被动参与转向主动参与等层面提出了模型启示及有关政策建议。

(3) 本书构建了污染型邻避设施规划建设中公众参与行为的演化博弈分析模型。污染型邻避设施规划建设中的公众参与主体行为呈现出动态行为的特征。本书基于公众参与行为主体的视角，选择对污染型邻避设施规划建设工作的运行效果产生主要影响的利益相关主体，在演化博弈主体基本假设分析的基础上，分别构建了公众内部、政府与投资企业、投资企业与公众的演化博弈模型，并对不同情形下各博弈模型的稳定性展开分析，进而基于系统演化理论分析了污染型邻避设施规划建设中的公众参与的演化规律。演化博弈分析结果表明：①当公众因参与获得的增量效益大于部分公众参与付出的成本时，公众会以一定的概率选择参与，且全部参与的成本越低，公众选择参与策略的概率越高，当公众参与获得的增量效益小于部分公众参与付出的成本时，公众的行为会受到参与获得的增量效益所影响；②在政府与投资企业的演化博弈分析中，投资企业考虑公众利益诉求的概率与政府的监管成本成反比，而政府监管的概率与投资企业考虑公众利益诉求的成本成正比；③在公众与投资企业的演化博弈分析中，当公众参与获得的收益大于不参与获得的收益且投资企业考虑公众利益诉求获得的收益大于不考虑公众利益诉求获得的收益时，系统演化博弈具有唯一稳定策略(参与，考虑公众利益诉求)，即公众选择参与策略、投资企业选择考虑公众利益诉求策略。根据公众、政府、投资企业三者之间的演化博弈分析结果，以引导公众积极参与和投资企业配合公众参与实施为目标，分别从政府、公众及投资企业角度提出了相应的策略建议。

(4) 本书构建了污染型邻避设施公众参与有效性的评价体系。通过后验性评价的方式对污染型邻避设施规划建设中公众参与有效性做出评价，有助于从公众参与预期效果反馈的视角揭示影响公众参与效果的制约性要素，探索提升公众参与效果的关键性要素。综合运用文献计量分析法、专家咨询法初步识别了公众参与有效性的表征指标，进而运用主成分分析法识别出参与主体、参与过程、参与结果和参与环境 4 个隐变量。根据识别的表征指标和隐变量，以公众参与的有效性为总体目标层，以 4 个隐变量为系统准则层，以 17 项表征指标为基本指标层，建立了污染型邻避设施规划建设中公众参与有效性评价指标体系，并对指标加以信度和效度检验。在此基础上，鉴于污染型邻避设施公众参与有效性评价的模糊性和随机性特征，考虑到公众参与有效性评价的定量分析和客观评价的需求，按照“组合评价”的研究思路，将云模型及灰色关联分析法组合运用，构建了基于云模型和灰色关联分析法的污染型邻避设施公众参与有效性评价的 CM-GRA 集成模型及具体算法。而后，以山西省某市垃圾焚烧发电厂项目为例，通过问卷调查采集该项目规划建设中的公众参与相关数据，并加以实例分析，使之具有较强的实践运用价值。实例分析结果表明该项目规划建设中的公众参与的有效性一般，并根据公众参与有效性的评价结果提出了相应的模型启示。

(5) 本书探索设计了污染型邻避设施规划建设中的公众参与机制框架及政策机制。污染型邻避设施规划建设中的公众参与机制设计不仅是污染型邻避设施科学化和民主化决策的重要内容，也是确保污染型邻避设施项目可持续规划和建设运营的重要前提，同时还是本书的出发点和着力点。本书按照“模型启示结果运用→比较分析→机制设计”的逻辑思路，首先从公众参与机制立法保障、公众参与具体途径和参与模式等三个层面，对典型发达国家(美国、加拿大、英国、德国)污染型邻避设施公众参与制度展开全面比较分析；其次，在前述有关污染型邻避设施规划建设中公众参与理论阐释和模型分析的基础上，尝试理论发散与制度安排，并按照“自上而下”与“自下而上”相结合的原则，设计政府、投资企业、公众“互动”的污染型邻避设施项目的“正向参与+逆向参与”公众参与机制的基本框架。该公众参与机制框架详细界定了公众参与阶段、参与目标、参与主体、参与客体、参与主体职责、参与环境、参与方式、参与程序、参与途径选择的二维矩阵等内容；进而运用机制设计理论，基于参与主体内部及主体外部对公众参与不同的作用关系，按照“主体意识—主体能力—外部环境”的逻辑维度，采取政策机制设计内在动力与外部推力相结合的总体思路，分别从参与意识、参与能力、参与环境、参与途径、参与意见的吸收和结果反馈、参与时间节点、经济激励和培育鼓励环保 NGO 八个层面，综合设计了污染型邻避设施规划建设中的公众参与政策机制，从而为污染型邻避设施规划建设中公众参与工作的有序推进和有效运行提供重要的政策支持和实践参考。

8.2 研究展望

污染型邻避设施规划建设中公众参与机制研究是一项全新而又复杂的研究课题，需要进一步完善公众参与的理论与方法，并探索设计更为科学的公众参与机制。尽管本书对污染型邻避设施规划建设中公众参与机制展开了较为系统的研究，取得了一定的研究成果，但由于水平及时间限制，尚有一些问题有待进一步解决，主要包括三个方面。

1. 研究视域方面

本书以污染型邻避设施为对象，对污染型邻避设施规划建设中公众参与机制进行了较为全面的研究。通过行业细分可知，污染型邻避设施按照项目所属行业类别可分为化工类污染型邻避设施、垃圾处理类污染型邻避设施、噪声污染型邻避设施等，不同行业类别的污染型邻避设施规划建设中公众参与机理可能会略有不同。因而，今后可针对某一具体行业类别的污染型邻避设施(如 PX 化工、垃圾处理、市政交通等)，探究其规划建设中公众参与的具体作用机理，以进一步提高研究对象的针对性。

2. 研究方法方面

①针对行为意向分析中的实证分析由于受到人力、物力及财力的限制，主要针对西安部分污染型邻避设施周边社区进行问卷调查，有一定的地域局限性，研究结果可能有一定的偏差，今后可扩大研究地域范围，提高研究结果的准确性；②针对演化博弈分析后续研究中，可构建多群体博弈模型，分析污染型邻避设施规划建设中政府、公众和投资企业三者共同博弈时的演化路径和策略组合状态；③针对公众参与有效性评价的 CM-GRA 集成

模型，尽管有效实现了定性和定量的不确定性转换，但当样本数据较多时，对专家知识和经验要求非常高，需要进一步运用虚云、云变换等工具来提高评价决策的精确度。

3. 机制设计方面

在政策机制设计方面，今后可以采用复杂适应系统(complex adaptive system，CAS)理论，运用多主体仿真工具(SWARM 软件)对选取的典型污染型邻避设施案例的公众参与机制进行政策仿真，以确保设计出来的公众参与机制具有更强的科学性和有效性。

参 考 文 献

包存宽，2013. 公众参与规划环评、源头化解社会矛盾[J]. 现代城市研究，28(2)：36-39.

蔡定剑，2009. 公众参与：欧洲的制度和经验[M]. 北京：法律出版社.

蔡利忠，2012. 公众参与政府投资建设项目的绩效评价[D]. 广州：华南理工大学.

陈洁琳，2013. 论邻避冲突的动因及其治理机制[J]. 克拉玛依学刊，3(2)：30-35.

陈金贵，1992. 公民参与的研究[J]. 台湾行政学报，(24)：95-128.

陈凯丽，2013. 论邻避设施规划、选址中的公众参与机制及其完善[J]. 现代物业(上旬刊)，12(10)：14-17.

陈昕，2010. 基于有效管理模型的环境影响评价公众参与有效性研究[D]. 长春：吉林大学.

邸凯昌，李德毅，李德仁，1999. 云理论及其在空间数据发掘和知识发现中的应用[J]. 中国图像图形学报，4(11)：32-37.

樊伟成，2013. 重大工程建设中公共机构与公众互动关系研究[D]. 南宁：广西师范大学.

方长春，2012. 组织化的权力和资本与碎片化的多元利益主体——旧城改造中的公众参与及其本质缺陷[J]. 江苏行政学院学报，(4)：68-74.

冯一帆，2014. 非经营性政府投资项目公众参与决策机制研究[D]. 北京：华北电力大学.

弗里曼，2006. 战略管理：利益相关者方法[M]. 王彦华，等译. 上海：上海译文出版社.

耿佳丽，贾宁凤，2015. 论土地利用规划中的公众参与[J]. 华北国土资源，(1)：64-65.

宫银海，2015. 垃圾焚烧邻避心理的成因及对策研究[J]. 环境保护，43(10)：43-45.

管在高，2010. 邻避型群体性事件产生的原因及预防对策[J]. 管理学刊，23(6)：58-62.

国家统计局，2017.《2016 年统计公报》评读[OL]. http://www. stats. gov. cn/tjsj/sjjd/201702/t20170228_1467357. html[2017-02-28].

国务院办公厅，2006. 国务院关于印发全面推进依法行政实施纲要的通知(国发〔2004〕10 号)[OL]. http://www. gov. cn/ztzl/yfxz/content_374160. htm[2006-08-31].

国务院办公厅，2010. 国务院关于加强法治政府建设的意见[OL]. http://www. gov. cn/gongbao/content/2010/content_1745842. htm[2010-10-10].

何艳玲，2014. 对“别在我家后院”的制度化回应探析——城镇化中的“邻避冲突”与“环境正义”[J]. 人民论坛•学术前沿，(6)：56-61.

侯锦雄，1997. 由居民态度观点探讨不宁适公共设施的环境冲突——以台中市垃圾焚化设置过程为例[J]. 中国园艺，43(3)：208-224.

侯璐璐，刘云刚，2014. 公共设施选址的邻避效应及其公众参与模式研究——以广州市番禺区垃圾焚烧厂选址事件为例[J]. 城市规划学刊，(5)：112-118.

黄振威，2014. 城市邻避设施建造决策中的公众参与[J]. 湖南城市学院学报，35(1)：21-27.

黄振威，2015. “半公众参与决策模式”——应对邻避冲突的政府策略[J]. 湖南大学学报(社会科学版)，29(4)：132-136.

贾生华，陈宏辉，2002. 利益相关者的界定方法述评[J]. 外国经济与管理，24(5)：13-18.

江必新，李春燕，2005. 公众参与趋势对行政法和行政法学的挑战[J]. 中国法学，(6)：50-56.

姜杰，周萍婉，2004. 论城市治理中的公众参与[J]. 城市规划，(3)：101-106.

姜明安，2004. 公众参与行政法治[J]. 中国法学，(2)：28-38.

姜维国，2014. 环境影响评价中公众参与影响因素及方式分析研究[J]. 环境科学与管理，39(3)：1-4.

李东，2005. 公众参与在加拿大[J]. 北京规划建设，(6)：45-48.

李开猛，王锋，李晓军，2014. 村庄规划中全方位村民参与方法研究——来自广州市美丽乡村规划实践[J]. 城市规划，38(12)：34-42.

李敏，2013. 城市化进程中邻避危机的公民参与[J]. 东南学术，(2)：146-152.

李姝静，马辉，2015. 旧城住区生态改造中公众有效参与制度保障体系研究[J]. 经济研究导刊，(4)：151-153.

李文姣，2016. 邻避型群体性事件中的心理台风眼效应研究[J]. 学习论坛，32(1)：73-77.

李艳芳，2001. 美国的环境影响评价公众参与制度[J]. 环境保护，(10)：33-34.

李永展，1997. 邻避症候群之解析[J]. 都市与计划，24(1)：69-79.

刘超，杨娇，2015. 协商民主视角下的邻避冲突治理[J]. 吉首大学学报(社会科学版)，36(3)：1-6.

刘超，吴诗滢，2016. 影响居民参与邻避抗议的认知因素分析[J]. 湖南财政经济学院学报，32(1)：148-155.

刘晶晶，2014. “不要建在我家后院”的心理形成过程及启示——基于邻避案例的分析[J]. 领导科学，(35)：8-10.

刘敏，2012. 天津建筑遗产保护公众参与机制与实践研究[D]. 天津：天津大学.

刘明燕，2012. 近年中国环境群体性事件高发年均递增29%[N]. 新京报，2012-10-27.

刘淑妍，2010. 公众参与导向的城市治理——利益相关者分析视角[M]. 上海：同济大学出版社.

刘新宇，2014. 上海环保公众参与的制度建设与绩效评价[J]. 环境与生活，(4)：80-82.

刘智勇，陈立，郭彦宏，2016. 重构公众风险认知:邻避冲突治理的一种途径[J]. 领导科学，(32)：29-31.

罗胜，张保明，郭海涛，2008. 基于云模型的影像地图质量综合评估[J]. 测绘科学，(3)：44-46.

罗问，孙斌栋，2010. 国外城市规划中公众参与的经验及启示[J]. 上海城市规划，(6)：58-61.

麻晓菲，2016. 我国环境保护中的公众参与制度研究[D]. 济南：山东大学.

曼瑟尔•奥尔森，陈郁，郭宇峰，等，2014. 集体行动的逻辑[M]. 上海：格致出版社.

潘丽军，2017. 地方立法公众参与的问题及对策——以惠州市为例[J]. 惠州学院学报，37(1)：13-18.

潘庆华，2013. 旧城改造中的公众参与探索与思考——以成都市中心城区北部片区改造工程为例[J]. 规划师，29(S1)：54-57.

彭亚洲，2011. 公共工程项目中的公众参与问题研究[D]. 上海：上海师范大学.

任宏，晏永刚，周韬，等，2011. 基于云模型和灰关联度法的巨项目组织联盟合作伙伴评价研究[J]. 土木工程学报，44(8)：147-152.

任嵘嵘，吴凯，2015. 科普领域的质性分析：MAXQDA 软件使用[M]. 北京：中国科学技术出版社.

任小明，2012. 土地规划中公众参与的行为选择及其因素分析[J]. 华北国土资源，(4)：63-65.

任远，2014. 邻避设施决策中公众参与实施效果评价研究[D]. 天津：天津大学.

桑燕鸿，吴仁海，陈国权，2001. 中国环境影响评价公众参与有效性的分析[J]. 陕西环境，(2)：30-32.

孙柏瑛，2005. 公民参与形式的类型及其适用性分析[J]. 中国人民大学学报，(5)：124-129.

孙晓琳，2012. 基于计划行为理论的我国核电项目公众参与影响因素研究[D]. 衡阳：南华大学.

汤志伟，邹叶荟，2015. 基于公民参与视角下邻避冲突的应对研究——以广东省茂名市 PX 项目事件为例[J]. 电子科技大学学报(社科版)，17(2)：1-5.

唐钧，2015. 社会稳定风险评估与管理[M]. 北京：北京大学出版社.

唐子来，2000. 英国城市规划核心法的历史演进过程[J]. 国外城市规划，(1)：10-12.

陶鹏，童星，2010. 邻避型群体性事件及其治理[J]. 南京社会科学，(8)：63-68.

王春雷，2008. 基于有效管理模型的重大事件公众参与研究——以2010年上海世博会为例[D]. 上海：同济大学.
王国胤，李德毅，姚一豫，2012. 云模型与粒计算[M]. 北京：科学出版社.
王介石，2011. 基于利益相关者理论的工程项目治理机制与项目绩效关系研究[D]. 芜湖：安徽工程大学.
王利敏，欧名豪，邵晓梅，等，2010. 土地利用规划公众参与表达机制构建[J]. 生态经济，(1)：38-41.
王利敏，李淑杰，2015. 土地整治公众参与主体权益偏差分析——基于利益相关者理论[J]. 安徽师范大学学报(人文社会科学版)，43(6)：724-729.
王鹏，2014. 新媒体与城市规划公众参与[J]. 上海城市规划，(5)：21-25.
王身余，2008. 从"影响""参与"到"共同治理"——利益相关者理论发展的历史跨越及其启示[J]. 湘潭大学学报(哲学社会科学版)，32(6)：28-35.
王顺，包存宽，2015. 城市邻避设施规划决策的公众参与研究——基于参与兴趣、介入时机和行动尺度的分析[J]. 城市发展研究，22(7)：76-81.
王曦，谢海波，2014. 美国政府环境保护公众参与政策的经验及建议[J]. 环境保护，42(9)：61-64.
韦飚，戴哲敏，2015. 比较视域下中英两国的公众参与城市规划活动——基于杭州和伦敦实践的分析及启示[J]. 城市规划，39(5)：32-37.
翁士洪，叶笑云，2013. 网络参与下地方政府决策回应的逻辑分析——以宁波PX事件为例[J]. 公共管理学报，10(4)：26-36.
吴明隆，2009. 结构方程模型：AMOS的操作与应用[M]. 重庆：重庆大学出版社.
吴明隆，2010. 问卷统计分析实务——SPSS操作与应用[M]. 重庆：重庆大学出版社.
许世光，魏建平，曹轶，等，2012. 珠江三角洲村庄规划公众参与的形式选择与实践[J]. 城市规划，36(2)：58-65.
许瑛超，2008. 浅谈环境规划中公众参与有效性的影响因素[J]. 环境科学与管理，(8)：20-23.
鄢德奎，陈德敏，2016. 邻避运动的生成原因及治理范式重构——基于重庆市邻避运动的实证分析[J]. 城市问题，(2)：81-88.
晏永刚，姚秋霞，刘蓉，等，2017. 污染型邻避设施规划中公众参与行为的演化博弈分析[J]. 城市发展研究，24(2)：91-97.
杨梦瑀，2015. 环境政策制定中的公众参与影响因素研究——基于北京市的实证分析[J]. 环境与发展，27(5)：1-5.
杨秋波，2012. 邻避设施决策中公众参与的作用机理与行为分析研究[D]. 天津：天津大学.
杨一浏，2016. 旧城改造中的公众参与问题研究[D]. 北京：中央民族大学.
殷成志，2005. 德国城市建设中的公众参与[J]. 城市问题，(4)：90-94.
应立弢，2015. 基于利益相关者理论的大型工程项目建设方案综合评价研究[D]. 成都：西南交通大学.
余光辉，胡江玲，朱佳文，等，2016. 环境影响评价中公众参与绩效考核指标体系构建与实证研究[J]. 工业安全与环保，42(3)：25-28.
余晔，2014. 邻避型群体性事件的治理研究[D]. 长沙：中南大学.
俞可平，2006. 公民参与的几个理论问题[N]. 学习时报，2006-12-20.
约翰·梅纳德·史密斯，2008. 演化与博弈论[M]. 上海：复旦大学出版社.
曾九利，于儒海，高菲，2015. 成都旧城改造实施规划探索[J]. 规划师，31(1)：31-36.
张慧，2015. 提高环境影响评价公众参与的有效性研究[D]. 上海：上海师范大学.
张洁，2015. 基于利益相关者理论的工程项目进度管理研究[D]. 西安：西安科技大学.
张萍，邵丹，孙青，等，2011. 环境影响评价中公众参与有效性的研究[J]. 环境科学与管理，36(9)：179-183.
张倩倩，2013. 浅谈环境管理中的公众参与[D]. 北京：中央民族大学.
张晓云，2016. 环境影响评价中公众参与的影响因素分析及其完善[J]. 山西农业大学学报(社会科学版)，15(10)：735-739.
张雪，2012. 社区规划的公众参与影响因素研究[C]//2012中国城市规划年会论文集. 昆明：中国城市规划学会.

郑炜，2014. 转型期中国城市邻避冲突与治理研究[D]. 重庆：西南政法大学.

郑卫，2013. 我国邻避设施规划公众参与困境研究——以北京六里屯垃圾焚烧发电厂规划为例[J]. 城市规划，37(8)：66-71.

郑卫，石坚，欧阳丽，2015. 并非“自私”的邻避设施规划冲突——基于上海虹杨变电站事件的个案分析[J]. 城市规划，39(6)：73-78.

郑文玉，2012. 论行政立法中的公众参与机制[D]. 合肥：安徽大学.

周航，2013. 中国地方政府绩效评价中公众参与的有效性研究[D]. 成都：西南财经大学.

周文，余伟梁，2014. 旧城改造政民互动规划模式——以广州同德围为例[J]. 规划师，30(S5)：120-123.

周亚越，俞海山，2015. 邻避冲突、外部性及其政府治理的经济手段研究[J]. 浙江社会科学，(2)：54-59.

诸大建，2011. “邻避”现象考验社会管理能力[N]. 文汇报，2011-11-8.

住房和城乡建设部，2017. 2016 年城乡建设统计公报[OL]. http://www. mohurd. gov. cn/xytj/tjzljsxytjgb/tjxxtjgb/201708/t20170818_232983. html[2017-12-27].

邹积超，2015. 城市邻避现象的法律防控[J]. 城市规划，39(6)：69-72.

Ali A, Gumbe L, Mohammed A, et al, 2010. Nairobi solid waste management practices: Need for improved public participation and involvement[J]. Tanzania Journal of Forestry & Nature Conservation, 80(1): 11-17.

Arnstein S R, 1969. A ladder of citizen participation[J]. Journal of the American Institute of Planners, 35(4): 216-224.

Blair M M. 1995. Ownership and control: Rethinking corporate governace for the 21 century[R]. Washington D.C.

Boatwright J A, 2013. Siting community wind farms: An investigation of NIMBY[D]. Blacksburg: Virginia Polytechnic Institute and State University.

Dill W. 1975. Public participation incorporate planning: Strategic management in a Kibiter's world[J]. Long Range Planning, 1: 57-63.

Doney P M, Cannon J P, 1997. An examination of the nature of trust in buyer-seller relationships[J]. Journal of Marketing, 61(2): 35-51.

Dorshimer K R, 1996. Sitting major projects and the NIMBY phenomenon: The decker energy project in charlotte[J]. Economic Development Review, 4(20): 60-62.

Feldman S, Turner D, 2014. Why not NIMBY[J]. Ethics Place & Environment, 17(1): 105-115.

Fischel W A, 2000. Why are there NIMBYS[J]. Land Economics, 77(1): 144-152.

Flynn G, 2011. Court decisions, NIMBY claims, and the siting of unwanted facilities: Policy frames and the impact of judicialization in locating a landfill for toronto's solid waste[J]. Canadian Public Policy, 37(3): 381-393.

Frech E R, 1991. How can we deal with NIMBY in nuclear waste management[J]. High Level Radioactive Waste Management, (1): 442-446.

Freeman R E, 1984.Strategic Management:A Stakeholder Approach[M]. Boston: Pitman/Ballinger.

Friedman D, 1998. On economic applications of evolutionary game theory[J]. Journal of Evolutionary Economics, 8(1): 15-43.

Furia L D, Wallace-Jones J, 2000. The effectiveness of provisions and quality of practices concerning public participation in EIA in Italy[J]. Environmental Impact Assessment Review, 20(4): 457-479.

Gaber S L, 1996. From Nimby to fair share: The development of New York City's municipal shelter siting policies[J]. Urban Geography, 17(4): 294-316.

Gale J S, Eaves L J, 1975. Logic of animal conflict[J]. Nature, 254(5499): 463-464.

Germain M, Peeters D, 2013. NIMBY, taxe fonci ere et vote par les pieds[J]. Working Papers, (1): 37-42.

Gibson T A, 2005. NIMBY and the civic good[J]. City and Community, 4(4): 381-401.

Gintis H, 2009.The Bounds of Reason: Game Theory and the Unification of the Behavioral Sciences[M]. New Jersey: Princeton University Press.

Gladwin T N, 1980. Patterns of environmental conflict over industrial facilities in the United States, 1970-78[J]. Nat Resources J. 20(2): 243-274.

Glaser B G, Strauss A L, 1968.The Discovery of Grounded Theory:Strategies for Qualitative Research[M]. New York: Aldine Publishing Company.

Hager C, Haddad M, 2015.Nimby is beautiful: Cases of local activism and environmental innovation around the World[M]. New York: Berghahn Books.

Hunter S, Leyden K M, 2010. Beyond NIMBY: Explaining opposition to hazardous waste facilities[J]. Policy Studies Journal, 23(4): 601-619.

Ibitayo O O, Pijawka K D, 1999. Reversing NIMBY: An assessment of state strategies for siting hazardous-waste facilities[J]. Environment & Planning Government & Policy, 17(4): 379-389.

Johnson R J, Scicchitano M J, 2012. Don' t call me NIMBY: Public attitudes toward solid waste facilities[J]. Environment & Behavior, 44(3): 410-426.

Kawasaki K, Katsuki H, Takahara I, et al., 2016. Probability of NIMBY problems in the spread process of FCV[J]. Japan Science and Technology Agency (JST), 51(3): 452-458.

Komendantova N, Battaglini A, 2016. Beyond Decide-Announce-Defend (DAD) and Not-in-My-Backyard (NIMBY) models? Addressing the social and public acceptance of electric transmission lines in Germany[J]. Energy Research & Social Science, (22): 224-231.

Kraus S, 1995. Attitudes and the prediction of behavior: A meta-analysis of the empirical literature[J]. Personality & Social Psychology Bulletin, 21(1): 58-75.

Leitch V, 2010. Securing planning permission for onshore wind farms: The imperativeness of public participation[J]. Environmental Law Review, 12(3): 182-199.

Lesbirel H, 1998. NIMBY politics in Japan: Energy siting and the management of environmental conflict[J]. American Politicalence Review, 38(1): 103-123.

Levinson A, 1999. State taxes and intestate hazardous waste shipments[J]. The American Economic Review, 89(3): 666-667.

Mankiw N G, 2008. Principles of Economics, 5th Edition[M]. Santa Fe: South-Western College Pub.

Mann B J, 2013. The wiley-blackwell encyclopedia of social and political movements[J]. Reference Reviews, (2): 21-22.

Mcavoy G E, 1998. Partisan probing and democratic decisionmaking rethinking the NIMBY syndrome[J]. Policy Studies Journal, 26(2): 274-292.

Messina E, 2015. Risks and social costs of the NIMBY syndrome and innovative factors for communication[J]. Life Safety and Security, 3(10): 49-52.

Nadeem O, Fischer T B, 2011. An evaluation framework for effective public participation in EIa in pakistan[J]. Environmental Impact Assessment Review, 31(1): 36-47.

O' Hare M, 1997. Not on my block you don' t: Facility siting and the strategic importance of compensation[J]. Public Policy, 24(4): 407-458.

Olsen B E, 2010. Wind energy and local acceptance: How to get beyond the NIMBY effect[J]. European Energy & Environmental

Law Review, 19(5): 56-63.

Pelekasi T, Menegaki M, Damigos D, 2012. Externalities, NIMBY syndrome and marble quarrying activity[J]. Journal of Environmental Planning and Management, 55(9): 1192-1205.

Pignataro G, Prarolo G, 2011. Nimby clout on the 2011 Italian nuclear referendum[J]. Ssrn Electronic Journal, (4): 23-28.

Portney K E, 1984. Allaying the NIMBY syndrome: The potential for compensation in hazardous waste treatment facility siting[J]. Hazardous Waste, 1(3): 411-421.

Quah E, Tan K C, 2001.Siting environmentally unwanted facilities: Risks, trade-offs and choices[J]. Cheltenham: Edward Elgar Publishing.

Rgn J R, Rmn M B, Brooker C, et al., 1996. Public attitudes towards mental health facilities in the community[J]. Health & Social Care in the Community, 4(5): 290-299.

Rowe G, Frewer L J, 2000. Public participation methods: A framework for evaluation[J]. Science Technology & Human Values, 25(1): 3-29.

Shanoff B, 2000. Not in my backyard: The sequel[J]. Waste Age, (8): 16.

Suau-Sanchez P, Pallares-Barbera M, Paül V, 2011. Incorporating annoyance in airport environmental policy: Noise, societal response and community participation[J]. Journal of Transport Geography, 19(2): 275-284.

Takahashi L M, 1997. The socio-spatial stigmatization of homelessness and HIV/AIDS: Toward an explanation of the NIMBY syndrome. Social Science & Medicine, 45(6): 903-914.

Taylor N, 1998.Urban Planning Theory Since 1945[M]. New York: SAGE Publications Ltd.

Taylor P D, Jonker L B, 1978. Evolutionarily stable strategies and game dynamics[J]. Journal of heoretical Biology, 40(1-2): 145-156.

Tempalski B, Friedman R, Keem M, et al., 2007. NIMBY localism and national inequitable exclusion alliances: The case of syringe exchange programs in the United States[J]. Geoforum, 38(6): 1250-1263.

Wolsink M, 2000. Wind power and the NIMBY-myth: Institutional capacity and the limited significance of public support[J]. Renewable Energy, 21(1): 49-64.

Wu Y Q, Zhai G F, Li S S, et al., 2014. Comparative research on NIMBY risk acceptability between Chinese and Japanese college students[J]. Environmental Monitoring & Assessment, 186(10): 6683-6694.

Zhu Z, Wu J, 2016. Extrusion of space and identity remodeling: The occurring logic of NIMBY pretests and the improvement of governance[J]. Journal of Gansu Administration Institute, (3): 12-18.

附录A　污染型邻避设施规划建设过程中公众参与的关键影响因素调查问卷

尊敬的_____老师(专家):

您好！基于您的宝贵实践经历与研究经验，诚邀您进行此次调查。对于您的支持与配合，不胜感激！

本次问卷调查基于国家社会科学基金项目《污染型邻避设施规划建设中的公众参与机制研究》(15CGL051)，旨在获取影响公众参与到污染型邻避设施规划建设过程中的关键影响因素。本次问卷中的问题不涉及您的个人隐私，只需根据您的工作经验和切身体会认真作答即可。我们在此承诺，对于您填写的一切内容仅作为学术研究使用，绝无任何商业目的。

填写注意事项：

①问题选项有单选和多选；

②请在对应的答案上打“√”。

第一部分　基本信息调查

1. 您的最高学历是[单选题][必答题]:

○ 高中及以下

○ 专科

○ 本科

○ 硕士

○ 博士及以上

2. 您的工作性质是[单选题][必答题]:

○ 政府及事业单位

○ 高校及学术机构

○ 建设单位/开发商

○ 施工承包单位

○ 咨询与评估单位

○ 其他

3. 您对于我国污染型邻避设施规划建设中公众参与的了解程度[单选题][必答题]?

○ 非常了解

○ 了解
○ 一般了解
○ 了解很少
○ 完全不了解

第二部分　污染型邻避设施规划建设中公众参与的基本认知调查

4. 您认为现阶段我国污染型邻避设施规划建设中公众参与的有效性如何［单选题］［必答题］？

○ 非常好
○ 好
○ 较差
○ 完全没用

5. 若污染型邻避设施的兴建可能会影响您和家人工作或生活，您会选择哪些公众参与途径［多选题］［必答题］？

□ 到政府部门上访
□ 向新闻媒体求助
□ 向非政府环保组织求助
□ 积极参加座谈会、论证会或听证会
□ 网上发帖
□ 上街游行
□ 法律诉讼
□ 不参与
□ 其他 ________________

6. 若您参与一项污染型邻避设施规划建设活动，为保证公众参与有效性，您认为公众应当何时参与［单选题］［必答题］？

○ 全程参与
○ 决策阶段
○ 环评法中规定的时间
○ 不参与
○ 其他 ________________

7. 关于公众参与活动中所产生的部分费用需要您个人来承担，您认为［单选题］［必答题］：

○ 不能接受，将不参与
○ 较合理，但费用要控制在 ________________

8. 若邀您参加某污染型邻避设施规划建设的公众参与活动，您愿投入的时间累计为［单选题］［必答题］：

○ 1～3 天

○ 1 周

○ 2～3 周

○ 1～2 月

○ 其他 ________________

第三部分　污染型邻避设施规划建设中公众参与行为的影响因素调查

此部分各影响因素的重要性由分值表示，1～5 重要性递增。因素略多，为确保调查结果的准确性，望您耐心勾选每个因素的重要性，谢谢！

因素代码	影响因素名称	影响因素重要程度				
		非常重要	重要	一般	不重要	可以忽略
		5	4	3	2	1
c_1	参与主体的代表性	○	○	○	○	○
c_2	公众参与的热情	○	○	○	○	○
c_3	公众的环境意识	○	○	○	○	○
c_4	公众参与代表履职能力	○	○	○	○	○
c_5	公众参与目的的针对性	○	○	○	○	○
c_6	公众的社会经济地位	○	○	○	○	○
c_7	政府赋权公众的程度	○	○	○	○	○
c_8	政府对于公众参与的态度	○	○	○	○	○
c_9	环保 NGO 的参与程度	○	○	○	○	○
c_{10}	专业人士与公众之间的平衡与互动	○	○	○	○	○
c_{11}	公众参与目标的明确程度	○	○	○	○	○
c_{12}	公众参与过程的介入程度	○	○	○	○	○
c_{13}	公众参与过程的透明性	○	○	○	○	○
c_{14}	公众参与过程的独立性	○	○	○	○	○
c_{15}	公众参与的完整性	○	○	○	○	○
c_{16}	公众参与的收益/成本	○	○	○	○	○
c_{17}	公众参与的时效性(越早越好)	○	○	○	○	○
c_{18}	参与行为影响决策的概率	○	○	○	○	○
c_{19}	公众参与方式的决策影响	○	○	○	○	○
c_{20}	公众参与方式与参与目标的匹配程度	○	○	○	○	○

续表

因素代码	影响因素名称	影响因素重要程度				
		非常重要	重要	一般	不重要	可以忽略
		5	4	3	2	1
c_{21}	政府信息公开程度	○	○	○	○	○
c_{22}	环评机构的中立/客观程度	○	○	○	○	○
c_{23}	新闻媒体的关注程度	○	○	○	○	○
c_{24}	相关法律法规的健全程度	○	○	○	○	○
c_{25}	社会文化关于公众参与的接受程度	○	○	○	○	○
c_{26}	污染型邻避设施的邻避效应（环境影响）	○	○	○	○	○
c_{27}	污染型邻避设施的影响程度和范围（社会经济方面）	○	○	○	○	○
c_{28}	污染型邻避设施决策主体（投资、建设和运营）的开明性	○	○	○	○	○
c_{29}	污染型邻避设施经济、社会、环境的综合效益和费用的合理性	○	○	○	○	○

附录B　污染型邻避设施规划建设中公众参与行为意向的影响因素调查问卷

尊敬的受访者:

您好！本次问卷调查是基于国家社会科学基金项目《污染型邻避设施规划建设中的公众参与机制研究》(15CGL051)中关于公众参与行为意向的研究需要而进行，其主要目的是获取影响公众参与污染型邻避设施规划建设中的行为意向因素。

本次问卷中的问题不涉及您的个人隐私，只需根据您的工作经验和切身体会认真作答即可。我们在此承诺，对于您填写的一切内容仅作为学术研究使用，绝不对外公布或用作他途，衷心希望得到您的支持和配合，谢谢！

【名词解释】

污染型邻避设施：对一定区域整体存在某种公众效应，但生产或运营过程中可能对空气、水、土壤造成污染及产生噪声的设施，因具有潜在污染性或危险性使得公众不愿居住、生活在其附近，如垃圾处理厂、垃圾焚烧发电厂、污水处理设施等。

公众参与：指利害关系人、一般社会公众和相关社会组织基于合理的利益诉求，通过各种合法渠道和途径，参与到政府对于公共事务的决策中，以影响决策或政策制定的整个过程，实现公众与决策机构之间的有效沟通，达到多方共赢局面，从而体现决策的科学性和民主性要求。

行为意向：主要是指公众对参与污染型邻避设施规划建设中的愿意程度。

(本问卷没有特殊备注的题目，均为单项选择)

第一部分　基本情况调查

(请您在基本信息上选择合适的选项并标注“√”)

1. 您的性别是：男 □　　女 □　　年龄：________
2. 您的职业是：

企业/公司管理人员 □　　普通职工/工人 □　　农民□

个体户/自由职业者 □　　学生 □　　业□　　其他_____

3. 您的学历：

小学及以下 □　　初中 □　　高中及大专 □　　本科及以上 □

4. 您目前的平均月收入大约是：

2000元以下 □　　2001～5000元 □　　5000元以上 □

5. 您的住址与您附近的污染型邻避设施的距离：

5km 以下 □　　5～10km □　　10～20km □　　20km 以上 □

6. 关于公众参与活动中所产生的部分费用需要您个人来承担，您认为：

不能接受，将不参与 □　　较合理，但费用要控制在 ____________

7. 若邀您参加某污染型邻避设施规划建设的公众参与活动，您愿投入的时间累计为：

1～3 天 □　　1 周 □　　2～3 周 □

第二部分　污染型邻避设施决策中公众参与行为意向调查

下面是关于公众参与污染型邻避设施决策过程的不同观点。请您根据对下列观点的赞同程度，在您认为最合适的赞同程度的“○”上标注“√”或其他方便您标注的方法(限选一项)。

1 表示不同意；2 表示比较不同意；3 表示不确定；4 表示比较同意；5 表示同意。

您对参与污染型邻避设施决策过程的态度是		不同意		不确定	同意	
		1	2	3	4	5
1	我觉得参与该类设施的决策过程非常重要	○	○	○	○	○
2	我觉得参与该类设施的决策过程非常有意义	○	○	○	○	○
3	我支持参与该类设施的决策过程	○	○	○	○	○
4	我认为在参与过程中可以了解它是否会损害我的经济利益	○	○	○	○	○
5	我认为在参与过程中可以了解它对我的生活环境、健康有无影响	○	○	○	○	○
6	我认为在参与过程中可以让自己对它有更深入的认识与了解	○	○	○	○	○
7	我认为在参与过程中可以锻炼自己参与公共事务管理的能力	○	○	○	○	○
8	我认为可以借此让公众的意见得到重视，对解决问题起到作用	○	○	○	○	○
9	我认为在参与过程中可以帮助改进方案，确保该类设施安全环保	○	○	○	○	○
10	我对周边情况更了解，可以为有关政府部门/单位提供有用信息	○	○	○	○	○
您觉得周围人或组织对您的参与污染型邻避设施决策过程的态度是		不同意		不确定	同意	
		1	2	3	4	5
11	我的家人、朋友、同事/同学及邻居支持我参与该类设施的决策过程	○	○	○	○	○
12	各级政府部门、民间环保组织和新闻媒体大力倡导居民参与该类设施的决策过程	○	○	○	○	○
13	如果周围大部分人认为我应该参与该类设施的决策过程，我愿意参与	○	○	○	○	○

续表

14	如果各级政府部门、环保 NGO 及新闻媒体常常倡导居民参与该类设施的决策过程，我就愿意参与	○	○	○	○	○
您觉得自己参与污染型邻避设施决策过程的难易程度是	不同意	不确定		同意		
		1	2	3	4	5
15	目前，我的经验和知识让我觉得参与该类设施的决策过程困难不大	○	○	○	○	○
16	如果参与该类设施的决策活动对我来说非常方便时，我愿意参与	○	○	○	○	○
您觉得自己会选择参与污染型邻避设施决策过程的必备条件是		不同意		不确定	同意	
		1	2	3	4	5
17	我需要有相关专业知识和技能	○	○	○	○	○
18	我需要有足够的空闲时间去参与	○	○	○	○	○
19	我需要有足够的经济能力或支付能力，并且参与所花费的钱少	○	○	○	○	○
20	事前对该类设施的相关信息需要有足够的了解	○	○	○	○	○
21	需要有便利、多种形式的参与渠道	○	○	○	○	○
22	举办参与活动的场地离居住地或办公地距离近	○	○	○	○	○
23	需要有完善的公众参与相关法律政策和实施细则	○	○	○	○	○
您对各级政府部门、建设/运营单位或专家的信任程度是		不同意		不确定	同意	
		1	2	3	4	5
24	我相信政府会认真对待我们所反馈的意见，保障公众的利益	○	○	○	○	○
25	我相信政府开展了较为充分、完善的环境影响评价工作	○	○	○	○	○
26	我相信相关领域专家解释污染型邻避设施对人体健康无害的言论	○	○	○	○	○
27	我相信污染型邻避设施运营过程中采用的专业处理技术是安全的	○	○	○	○	○
您对污染型邻避设施项目的风险感知情况是		不同意		不确定	同意	
		1	2	3	4	5
28	我认为污染型邻避设施会威胁我的身体健康	○	○	○	○	○
29	我认为污染型邻避设施在运营过程中会发生事故	○	○	○	○	○
30	我认为污染型邻避设施如果发生事故会非常严重	○	○	○	○	○
31	我认为污染型邻避设施会损害我的经济利益	○	○	○	○	○
您选择参与污染型邻避设施项目的行为意向是		不同意		不确定	同意	
		1	2	3	4	5
32	现有条件下，我愿意参与污染型邻避设施决策中的公众参与活动	○	○	○	○	○
33	未来我愿意参与污染型邻避设施决策中的公众参与活动	○	○	○	○	○

附录C　污染型邻避设施规划建设中公众参与有效性的表征指标调查问卷

尊敬的女士/先生:

您好!鉴于您宝贵的知识和经验，诚邀您进行此次调查。对于您的支持与配合，我们不胜感激!

本次问卷调查是基于国家社会科学基金项目《污染型邻避设施规划建设中的公众参与机制研究》(15CGL051)的研究需要而进行，旨在获取公众有效参与污染型邻避设施项目规划建设的表征指标，因此本次问卷中的问题不涉及您的个人隐私。我们在此承诺，对于您填写的一切内容仅作为学术研究使用，绝无任何商业用途。

【名词解释】

污染型邻避设施:对一定区域整体存在某种公众效应，但生产或运营过程中可能对空气、水、土壤造成污染及产生噪声的设施，因具有潜在污染性或危险性使得公众不愿居住、生活在其附近，如垃圾处理厂、垃圾焚烧发电厂、污水处理设施等。

公众参与:指利害关系人、一般社会公众和相关社会组织基于合理的利益诉求，通过各种合法渠道和途径，参与到政府对于公共事务的决策中，以影响决策或政策制定的整个过程，实现公众与决策机构之间的有效沟通，达到多方共赢局面，从而体现决策的科学性和民主性要求。

(本问卷没有特殊备注的题目，均为单项选择)

第一部分　基本情况调查

1. 您的最高学历是:

○ 高中及以下　　○ 专科　　○ 本科

○ 硕士　　○ 博士及以上

2. 您的工作性质是:

○ 政府及事业单位　　○ 高校及学术机构　　○ 建设单位

○ 施工单位　　○ 咨询与评估单位　　○ 其他 ___________

3. 您了解的污染型邻避设施的类型包括［多选题］:

○ 垃圾处理设施　　○ 污水处理设施

○ 污染性工厂　　○ 其他 ___________

4. 您对于我国污染型邻避设施规划建设中公众参与的了解程度为：

○ 非常了解　○ 了解　○ 一般了解

○ 了解很少　○ 完全不了解

第二部分　污染型邻避设施规划建设中公众参与的基本认知调查

1. 您认为现阶段公众参与的有效性如何？

○ 非常好　○ 好　○ 较差　○ 完全没用

2. 您会选择哪些公众参与方式[多选题]？

○ 到政府部门上访　○ 参加座谈会　○ 向非政府环保组织求助

○ 向新闻媒体求助　○ 网上发帖　○ 上街游行

○ 法律诉讼　○ 不参与　○ 其他 ＿＿＿＿＿

3. 您认为公众应当何时参与？

○ 全程参与　○ 决策阶段　○ 环评法规定的时间

○ 不参与　○ 其他 ＿＿＿＿＿

4. 您认为公众参与的部分成本将由个人承担的合理性如何？

○ 不合理，将不参与　○ 较合理，但费用要控制在 ＿＿＿＿＿

5. 您愿意投入公众参与的时间累计为：

○ 1～3 天　○ 1 周　○ 2～3 周

○ 1～2 月　○ 其他 ＿＿＿＿＿

第三部分　污染型邻避设施规划建设中公众参与有效性的表征指标调查

此部分将采用利克特 5 分量表法对公众参与有效性的表征指标进行定序测量，其中 1 分代表的是“不重要”，2 分代表的是“一般”，3 分代表的是“较重要”，4 分代表的是“重要”，5 分代表的是“非常重要”。

1. 参与主体［矩阵单选题］

表征指标	1	2	3	4	5
公众的参与意识	○	○	○	○	○
参与公众的代表性	○	○	○	○	○
参与公众与目标的明确程度	○	○	○	○	○
参与公众的专业知识	○	○	○	○	○
环保 NGO 的参与程度	○	○	○	○	○
专业人士与公众之间的平衡与互动	○	○	○	○	○

2. 您认为参与主体中还有哪些重要性为 5 分的表征指标[填空题]

____

3. 参与过程 [矩阵单选题]

表征指标	1	2	3	4	5
公众参与过程的透明性	○	○	○	○	○
公众参与过程的独立性	○	○	○	○	○
公众参与过程的完整性	○	○	○	○	○
公众参与的时效性(越早越好)	○	○	○	○	○
公众参与的互动性	○	○	○	○	○
公众参与方式的适用性	○	○	○	○	○
公众参与的成本	○	○	○	○	○

4. 您认为参与过程中还有哪些重要性为 5 分的表征指标[填空题]

____

5. 参与结果 [矩阵单选题]

表征指标	1	2	3	4	5
公众意见影响决策的程度	○	○	○	○	○
公众参与结果的反馈程度	○	○	○	○	○

6. 您认为参与结果中还有哪些重要性为 5 分的表征指标 [填空题]

____

7. 参与环境 [矩阵单选题] [必答题]

表征指标	1	2	3	4	5
政府对公众参与的支持程度	○	○	○	○	○
项目信息的公开程度	○	○	○	○	○
相关法律法规及参与制度的保障程度	○	○	○	○	○

8. 您认为参与环境中还有哪些重要性为 5 分的表征指标[填空题]

____

9. 您认为除了上述四个类别，还有哪些重要性为 5 分的因素影响公众参与的有效性[填空题]

____

附录D　山西省某市垃圾焚烧发电厂项目公众参与有效性调查问卷

尊敬的女士/先生：

您好!鉴于您宝贵的实践和经历，诚邀您进行此次调查。对于您的支持与配合，我们不胜感激!

本次问卷调查是基于国家社会科学基金项目《污染型邻避设施规划建设中的公众参与机制研究》（15CGL051）的研究需要，旨在了解您对本市垃圾焚烧发电厂项目中公众参与有效性的真实想法，因此本次问卷中的问题不涉及您的个人隐私。我们在此承诺，对于您填写的一切内容仅作为学术研究使用，绝无任何商业用途。

本市垃圾焚烧发电厂项目的建设目的是通过本市生活垃圾的回收、处理、焚烧、发电等流程，实现本市垃圾无害化处理的重要项目。

（本问卷未特别指出的题目均为单项选择，请在符合您的选项处划“√”）

一、基本信息

性别：○ 男　○ 女

年龄：__________

工作单位：

○ 项目附近居民　○ 环评机构　○ 建设单位

○ 政府部门　○ 科研机构　○ 其他：__________

○ 最高学历：

○ 博士及以上　○ 硕士　○ 本科

○ 专科　○ 高中及以下

(选填)

姓名：__________　邮箱：__________

二、公众参与有效性评价

1. 您认为公众参与的积极性如何?

A. 非常积极　B. 积极　C. 比较积极　D. 不太积极　E. 没有参与

2. 您认为参与公众的代表性如何?

A. 代表性很强　B. 代表性强　C. 代表性较强　D. 代表性不强　E. 没有代表性

3. 您认为参与公众的知识背景是否可以理解专业信息？
A. 完全可以 B. 可以 C. 基本可以 D. 基本不可以 E. 完全不可以
4. 您认为非政府环保组织对公众参与的效果如何？
A. 非常好 B. 好 C. 较好 D. 不太好 E. 不好
5. 您认为相关领域专家对公众参与的效果如何？
A. 非常好 B. 好 C. 较好 D. 不太好 E. 不好
6. 您认为参与过程的透明性如何？
A. 非常透明 B. 透明 C. 比较透明 D. 有些不透明 E. 不透明
7. 您认为公众是否能够独立行使自己的权力？
A. 非常独立 B. 独立 C. 比较独立 D. 有些不独立 E. 不独立
8. 您认为参与过程的完整性如何？
A. 非常好 B. 好 C. 较好 D. 不太好 E. 不好
9. 您认为公众参与应在项目规划建设的哪个阶段开始进行？
A. 立项阶段 B. 选址阶段 C. 环评阶段 D. 建设阶段 E. 运营阶段
10. 您认为公众是否可以与政府进行相互沟通？
A. 完全可以 B. 可以 C. 基本可以 D. 基本不可以 E. 完全不可以
11. 您认为参与方式是否可以满足公众的需求？
A. 完全可以 B. 可以 C. 基本可以 D. 基本不可以 E. 完全不可以
12. 您认为参与的时间成本和经济成本是否合理？
A. 非常合理 B. 合理 C. 较合理 D. 不太合理 E. 过多，不合理
13. 您认为公众意见对项目最终决策的影响程度如何？
A. 影响非常大 B. 影响较大 C. 有一定影响 D. 影响较小 E. 没有影响
14. 您认为公众参与结果的反馈情况如何？
A. 非常好 B. 好 C. 较好 D. 不太好 E. 不好
15. 您认为政府对公众参与的支持情况如何？
A. 非常好 B. 好 C. 较好 D. 不太好 E. 不好
16. 您认为项目信息的公开情况如何？
A. 非常好 B. 好 C. 较好 D. 不太好 E. 不好
17. 您认为相关法律制度对参与活动的保障情况如何？
A. 非常好 B. 好 C. 较好 D. 不太好 E. 不好